工程造价编制疑难问题解答丛书

建筑电气工程造价编制 800 问

本书编写组　编

中国建材工业出版社

图书在版编目(CIP)数据

建筑电气工程造价编制800问/《建筑电气工程造价编制800问》编写组编．—北京：中国建材工业出版社，2012.9

（工程造价编制疑难问题解答丛书）

ISBN 978-7-5160-0104-2

Ⅰ.①建… Ⅱ.①建… Ⅲ.①房屋建筑设备：电气设备-建筑安装工程-工程造价-预算编制-问题解答

Ⅳ.①TU85-44

中国版本图书馆CIP数据核字(2012)第009085号

建筑电气工程造价编制800问
本书编写组　编

出版发行：中国建材工业出版社
地　　址：北京市西城区车公庄大街6号
邮　　编：100044
经　　销：全国各地新华书店
印　　刷：北京紫瑞利印刷有限公司
开　　本：850mm×1168mm　1/32
印　　张：14
字　　数：431千字
版　　次：2012年9月第1版
印　　次：2012年9月第1次
定　　价：36.00元

本社网址：www.jccbs.com.cn
本书如出现印装质量问题，由我社发行部负责调换。电话：(010)88386906
对本书内容有任何疑问及建议，请与本书责编联系。邮箱：dayi51@sina.com

内 容 提 要

本书依据《建设工程工程量清单计价规范》(GB 50500—2008) 和《全国统一安装工程预算定额》第二册《电气设备安装工程》(GYD—202—2000) 进行编写，重点对建筑电气工程造价编制时常见的疑难问题进行了详细解释与说明。全书主要内容包括电气工程造价概述、电气工程定额原理、电气工程定额计价、电气工程工程量清单计价、工程量计算基础、变配电设备安装工程计量与计价、电机及低压电气安装工程计量与计价、室内外配线工程计量与计价、防雷与接地工程计量与计价、电气调整试验工程计量与计价、照明器具安装工程计量与计价、电气工程工程价款结算与索赔等。

本书对建筑电气工程造价编制疑难问题的讲解通俗易懂，理论与实践紧密结合，既可作为建筑电气工程造价人员岗位培训的教材，也可供建筑电气工程造价编制与管理人员工作时参考。

建筑电气工程造价编制 800 问
编　写　组

主　　编：郤建荣
副 主 编：侯双燕　　郭　旭
编　　委：秦礼光　　郭　靖　　梁金钊　　方　芳
　　　　　伊　飞　　杜雪海　　范　迪　　马　静
　　　　　葛彩霞　　汪永涛　　李良因　　何晓卫
　　　　　王　冰　　徐梅芳　　蒋林君　　黄志安
　　　　　沈志娟

前 言

工程造价涉及国民经济各部门、各行业，涉及社会再生产中的各个环节，其不仅是项目决策、制定投资计划和控制投资以及筹集建设资金的依据，也是评价投资效果的重要指标以及合理利益分配和调节产业结构的重要手段。编制工程造价是一项技术性、经济性、政策性很强的工作。要编制好工程造价，必须遵循事物的客观经济规律，按客观经济规律办事；坚持实事求是，密切结合行业特点和项目建设的特定条件并适应项目前期工作深度的需要，在调查研究的基础上，实事求是地进行经济论证；坚持形成有利于资源最优配置和效益达到最高的经济运作机制，保证工程造价的严肃性、客观性、真实性、科学性及可靠性。

工程造价编制有一套科学的、完整的计价理论与计算方法，不仅需要工程造价编制人员具有过硬的基本功，充分掌握工程定额的内涵、工作程序、子目包括的内容、工程量计算规则及尺度，同时也需要工程造价编制人员具备良好的职业道德和实事求是的工作作风，并深入工程建设第一线收集资料、积累知识。

为帮助广大工程造价编制人员更好地从事工程造价的编制与管理工作，快速培养一批既懂理论，又懂实际操作的工程造价工作者，我们组织工程造价领域有着丰富工作经验的专家学者，编写这套《工程造价编制疑难问题解答丛书》。本套丛书包括的分册有：《建筑工程造价编制 800 问》、《装饰装修工程造价编制 800 问》、《水暖工程造价编制 800 问》、《通风空调工程造价编制 800 问》、《建筑电气工程造价编制 800 问》、《市政工程造价编制 800 问》、《园林绿化工程造价编制 800 问》、《公路工程造价编制 800 问》、《水利水电工程造价编制 800 问》、《工业管道工程造价编制 800 问》。

本套丛书的内容是编者多年实践工作经验的积累，丛书从最基础的工程造价理论入手，采用一问一答的编写形式，重点介绍了工程造价的组成及编制方法。作为学习工程造价的快速入门级读物，丛书在阐述工程造价基础理论的同时，尽量辅以必要的实例，并深入浅出、循序渐进地进行讲解说明。丛书中还收集整理了工程造价编制方面的技巧、经验和相关数据资料，使读者在了解工程造价主要知识点的同时，还可快速掌握工程预算编制的方法与技巧，从而达到易学实用的目的。

本套丛书主要包括以下特点：

(1) 丛书内容全面、充实、实用，对建设工程造价人员应了解、掌握及应用的专业知识，融会于各分册图书之中，有条理进行介绍、讲解与引导，使读者由浅入深地熟悉、掌握相关专业知识。

(2) 丛书以"易学、易懂、易掌握"为编写指导思想，采用一问一答的编写形式。书中文字通俗易懂，图表形式灵活多样，对文字说明起到了直观、易学的辅助作用。

(3) 丛书依据《建设工程工程量清单计价规范》(GB 50500—2008) 及建设工程各专业概预算定额进行编写，具有一定的科学性、先进性、规范性，对指导各专业造价人员规范、科学地开展本专业造价工作具有很好的帮助。

由于编者水平及能力所限，丛书中错误及疏漏之处在所难免，敬请广大读者及业内专家批评指正。

编　者

目 录

第一章　电气工程造价概述　/ 1

1. 什么是工程造价？　/ 1
2. 工程造价的特殊职能有哪些？　/ 1
3. 怎样理解工程造价的预测职能？　/ 1
4. 怎样理解工程造价的控制职能？　/ 1
5. 怎样理解工程造价的评价职能？　/ 1
6. 怎样理解工程造价的调节职能？　/ 2
7. 理论上,工程造价是由哪些内容构成的？　/ 2
8. 建筑安装工程造价可分为哪些种类？　/ 2
9. 什么是投资估算？　/ 2
10. 什么是投资估算指标？　/ 2
11. 什么是工程预算？工程预算包括哪些内容？　/ 3
12. 什么是设计概算？　/ 3
13. 什么是施工图预算？　/ 3
14. 什么是施工预算？　/ 3
15. 概算造价与预算造价区别在哪些方面？　/ 4
16. 施工图预算与施工预算有什么区别？　/ 4
17. 什么是合同价？　/ 4
18. 工程合同价的确定方式有哪些？　/ 4
19. 怎样对工程合同价款进行约定？　/ 4
20. 怎样对工程合同价款进行调整？　/ 5
21. 什么是投标价？　/ 6
22. 什么是中标价？　/ 6
23. 什么是工程竣工结算？　/ 6
24. 什么是工程竣工决算？　/ 6
25. 我国现行工程造价是怎样划分的？　/ 6
26. 建筑安装工程造价的确定为什么要进行多次计价？　/ 7
27. 我国现阶段工程造价的计算方法有哪些？　/ 7

第二章　电气工程定额原理　/ 8

1. 什么是定额？　/ 8
2. 什么是建筑安装工程定额？　/ 8
3. 定额有哪些作用？　/ 8
4. 定额具有哪些特点？　/ 9
5. 按专业不同分类,定额分为哪几类？　/ 9
6. 按编制单位和执行定额的范围不同,定额分为哪几类？　/ 9
7. 按生产要素不同,定额分为哪几类？　/ 9
8. 按用途不同,定额分为哪几类？　/ 9
9. 什么是《全国统一安装工程预算定额》？　/ 9
10. 全统定额的适用范围是什么？　/ 10
11. 全统定额的作用是什么？　/ 10
12. 全统定额有哪些分册？　/ 10
13. 全统定额适用于哪些施工条件？　/ 10
14. 全统定额基价由哪些内容组成？　/ 11
15. 什么是地方统一定额？　/ 11
16. 什么是行业统一定额？　/ 11
17. 什么是企业定额？　/ 11
18. 企业定额具有哪些特点？　/ 11
19. 企业定额的构成及表现形式有哪些？　/ 12
20. 企业定额的作用体现在哪些方面？　/ 12
21. 编制企业定额应遵循哪些原则？　/ 13
22. 编制企业定额应依据哪些内容？　/ 13
23. 企业定额的编制分为哪几个步骤？　/ 13

24. 《企业定额编制计划书》包括哪些内容？ / 14
25. 编制企业定额需要搜集哪些资料？ / 14
26. 拟定的企业定额的工作方案与计划包括哪些内容？ / 14
27. 编制企业定额初稿应包括哪些内容？ / 14
28. 企业定额的编制方法有哪些？ / 14
29. 企业定额的编制分为几个阶段？ / 15
30. 企业定额的消耗量指标有哪些？ / 16
31. 怎样确定企业定额的人工消耗量？ / 16
32. 怎样通过定额测算法确定企业定额的人工消耗量？ / 17
33. 怎样确定预算人工工日消耗量？ / 18
34. 怎样计算人工工效增长率？ / 18
35. 怎样计算施工方法对人工工日消耗的影响？ / 18
36. 怎样计算施工技术规范及验收标准对人工工日消耗的影响？ / 18
37. 怎样计算劳动的技术装备程度？ / 19
38. 怎样确定企业定额的材料消耗量？ / 19
39. 怎样确定企业定额的机械台班消耗量？ / 19
40. 怎样确定企业定额的措施费用指标？ / 19
41. 怎样确定企业定额的费用定额？ / 20
42. 怎样确定企业定额的利润率？ / 20
43. 什么是补充定额？ / 20
44. 什么是劳动定额？ / 20
45. 劳动定额的作用体现在哪些方面？ / 20
46. 按用途不同，劳动定额可分为几种表现形式？ / 21
47. 什么是时间定额？ / 21
48. 怎样计算时间定额？ / 21
49. 什么是产量定额？ / 21
50. 怎样计算产量定额？ / 21
51. 时间定额与产量定额之间是什么关系？ / 22
52. 劳动定额的编制分为哪些步骤？ / 22
53. 影响劳动定额工时消耗的因素有哪些？ / 22
54. 如何对观察资料进行分析研究和整理？ / 23
55. 编制劳动定额需要采集哪些日常积累资料？ / 23
56. 拟定的劳动定额编制方案包括哪些内容？ / 23
57. 如何拟定正常的人工工作施工条件？ / 24
58. 如何拟定时间定额？ / 24
59. 如何拟定基本工作时间？ / 24
60. 如何拟定辅助工作时间和准备与结束工作时间？ / 25
61. 如何拟定不可避免的中断时间？ / 25
62. 如何拟定休息时间？ / 25
63. 什么是材料消耗定额？ / 26
64. 施工中的材料消耗有哪些？ / 26
65. 什么是材料的损耗量、净用量、总消耗量及损耗率，它们之间的关系如何？ / 26
66. 怎样制定材料消耗定额？ / 27
67. 如何用观测法制定材料消耗定额？ / 27
68. 如何用试验法制定材料消耗定额？ / 27
69. 如何用统计法制定材料消耗定额？ / 27
70. 如何用理论计算法制定材料消耗定额？ / 28
71. 什么是周转性材料消耗的定额量？ / 28
72. 什么是周转性材料的一次使用量？ / 28
73. 什么是周转性材料的周转使用量？ / 28
74. 什么是周转性材料的周转次数？ / 28
75. 什么是周转性材料的损耗量？ / 29
76. 什么是周转性材料的周转回收量？ / 29
77. 什么是周转性材料摊销量？怎样计算？ / 29
78. 什么是机械台班使用定额？ / 30
79. 按表现形式不同，机械台班使用

定额分为哪几类? / 30
80. 什么是机械时间定额? / 30
81. 什么是机械产量定额? / 30
82. 编制机械台班使用定额分为几个步骤? / 31
83. 如何确定正常的机械工作施工条件? / 31
84. 如何确定机械纯工作1小时的正常生产率? / 31
85. 如何确定施工机械的正常利用系数? / 32
86. 如何计算机械台班使用定额? / 32
87. 什么是施工定额? / 33
88. 施工定额的作用体现在哪些方面? / 33
89. 什么是定额水平? / 33
90. 什么是人工工资标准? / 34
91. 人工工资标准由哪些基本费用构成? / 34
92. 什么是生产工人基本工资? 如何计算? / 34
93. 什么是生产工人工资性补贴? 如何计算? / 34
94. 什么是生产工人辅助工资? 如何计算? / 34
95. 什么是职工福利? 如何计算? / 35
96. 什么是生产工人劳动保护费? 如何计算? / 35
97. 定额中的人工单价是否允许调整? / 35
98. 什么是材料预算价格? / 35
99. 材料预算价格由哪些费用构成? 如何计算? / 35
100. 什么是材料原价? 如何计算? / 36
101. 什么是材料运杂费? 如何计算? / 36
102. 什么是材料运输损耗费? 如何计算? / 36
103. 什么是材料采购保管费? 如何计算? / 36
104. 什么是材料检验试验费? 如何计算? / 37
105. 什么是计价材料? / 37
106. 什么是未计价材料? / 37
107. 未计价材料在定额中的表现形式有几种? / 37
108. 怎样计算未计价材料的数量和价值? / 37
109. 什么是施工机械台班单价? / 38
110. 施工机械台班单价由哪些费用构成? / 38
111. 什么是台班折旧费? 如何计算? / 38
112. 什么是台班大修理费? 如何计算? / 38
113. 什么是台班经常修理费? 如何计算? / 38
114. 什么是施工机械安拆费? / 39
115. 什么是施工机械场外运费? / 39
116. 什么是机上人员工资? / 39
117. 什么是动力燃料费? 如何计算? / 39
118. 什么是车船使用税? 如何计算? / 39
119. 什么是保险费? / 39
120. 什么是定额计价法? / 39
121. 电气设备安装工程定额计价的依据有哪些? / 39
122. 定额计价的前提条件有哪些? / 40
123. 定额计价应分为哪些步骤? / 40
124. 定额计价模式下,建筑安装工程费由哪些部分构成? / 40
125. 什么是直接工程费? 如何计算? / 42
126. 什么是人工费? / 42
127. 什么是材料费? / 42
128. 什么是施工机械使用费? / 42
129. 什么是措施费? / 42
130. 什么是环境保护费? 如何计算? / 42
131. 什么是文明施工费? 如何计算? / 42
132. 什么是安全施工费? 如何计算? / 43
133. 什么是临时设施费? 如何计算? / 43
134. 什么是夜间施工费? 如何计算? / 43
135. 什么是二次搬运费? 如何计算? / 44

136. 什么是大型机械设备进出场及安拆费？如何计算？ /44
137. 什么是混凝土、钢筋混凝土模板及支架费？如何计算？ /44
138. 什么是脚手架费？如何计算？ /44
139. 什么是已完工程及设备保护费？如何计算？ /45
140. 什么是施工排水降水费？如何计算？ /45
141. 间接工程费由哪几项组成？如何计算？ /45
142. 什么是规费？如何计算规费费率？ /45
143. 什么是工程排污费？ /46
144. 什么是工程定额测定费？ /46
145. 社会保障费具体包括哪些费用？ /46
146. 什么是住房公积金？ /46
147. 什么是危险作业意外伤害保险？ /46
148. 什么是企业管理费？如何计算？ /46
149. 什么是管理人员工资？ /47
150. 什么是办公费？ /47
151. 什么是差旅交通费？ /47
152. 什么是固定资产使用费？ /47
153. 什么是工具用具使用费？ /47
154. 什么是劳动保险费？ /47
155. 什么是工会经费？ /47
156. 什么是职工教育经费？ /47
157. 什么是财产保险费？ /48
158. 什么是财务费？ /48
159. 什么是税金？ /48
160. 企业管理费的其他费用包括哪些内容？ /48
161. 什么是利润？ /48
162. 什么是工料单价法？ /48
163. 如何利用工料单价法计算利润？ /48
164. 什么是税金？ /48
165. 如何征收营业税？ /49
166. 如何征收城市维护建设税？ /49
167. 如何征收教育费附加？ /49
168. 如何计算税金及税率？ /49

第三章 电气工程定额计价 /50

1. 什么是预算定额？ /50
2. 预算定额的作用体现在哪些方面？ /50
3. 预算定额与企业定额有什么区别？ /50
4. 按表现形式不同，预算定额可分为哪几类？ /50
5. 什么是单位估价表？ /51
6. 单位估价表可分为哪些类别？ /51
7. 单位估价表的作用体现在哪些方面？ /52
8. 单位估价表的编制应注意哪些问题？ /52
9. 地区单位估价表的编制依据有哪些？ /53
10. 编制地区单位估价表时应怎样计算人工工资？ /53
11. 编制地区单位估价表时应怎样计算材料预算价格？ /54
12. 编制地区单位估价表时应怎样计算构件及配件预算价格？ /54
13. 编制地区单位估价表时应怎样确定机械费？ /54
14. 编制地区单位估价表时应怎样取定材料规格及单价？ /54
15. 编制地区单位估价表时应怎样确定计量单位？ /54
16. 什么是单位估价汇总表？ /54
17. 什么是补充单位估价表？ /55
18. 补充单位估价表由哪些费用组成？ /55
19. 编制补充单位估价表应符合哪些要求？ /55
20. 编制补充单位估价表应分为哪些步骤？ /56
21. 编制补充单位估价表时应怎样计算人工消耗量？ /56
22. 按综合程度不同，预算定额可分为哪几类？ /56
23. 什么是综合预算定额？ /56
24. 综合预算定额有哪些表现形式？ /57

25. 预算定额的编制应遵循哪些原则? / 57
26. 预算定额的编制依据有哪些? / 57
27. 预算定额的编制应分为哪几个步骤? / 57
28. 预算定额编制过程中的重大原则问题应怎样统一? / 58
29. 怎样对定额水平进行测算? / 58
30. 影响定额水平的因素有哪些? / 59
31. 预算定额编制说明包括哪些内容? / 59
32. 预算定额编制包括哪些工作内容? / 59
33. 对定额项目进行划分时应考虑哪些因素? / 59
34. 怎样确定预算定额的计量单位? / 60
35. 怎样确定预算定额的计算精度? / 60
36. 怎样确定预算定额中人工、材料、施工机械消耗量? / 60
37. 预算定额项目表的格式如何? / 61
38. 预算定额包括哪些内容? / 61
39. 预算定额表格形式如何? / 61
40. 全统定额(电气设备安装工程分册)的适用范围如何? / 63
41. 电气设备安装工程施工时怎样确定脚手架搭拆费? / 63
42. 电气设备安装工程施工时怎样确定工程超高增加费? / 63
43. 电气设备安装工程施工时怎样确定高层建筑增加费? / 63
44. 电气设备安装工程施工时怎样确定总人工增加费? / 64
45. 全统定额电气设备安装工程由哪些分部工程构成? / 65
46. 全统定额变压器分部工程由哪些分项工程构成? / 65
47. 全统定额配电装置分部工程由哪些分项工程构成? / 65
48. 全统定额母线、绝缘子分部工程由哪些分项工程构成? / 65
49. 全统定额控制设备及低压电器分部工程由哪些分项工程构成? / 65
50. 全统定额蓄电池分部工程由哪些分项工程构成? / 66
51. 全统定额电机分部工程由哪些分项工程构成? / 66
52. 全统定额滑触线装置分部工程由哪些分项工程构成? / 66
53. 全统定额电缆分部工程由哪些分项工程构成? / 66
54. 全统定额防雷及接地装置分部工程由哪些分项工程构成? / 67
55. 全统定额 10kV 以下架空配电线路分部工程由哪些分项工程构成? / 67
56. 全统定额电气调整试验分部工程由哪些分项工程构成? / 67
57. 全统定额配管、配线分部工程由哪些分项工程构成? / 67
58. 全统定额照明器具分部工程由哪些分项工程构成? / 67
59. 全统定额电梯电气装置分部工程由哪些分项工程构成? / 68
60. 如何确定预算定额指标与定额基价? / 68
61. 电气设备安装工程预算定额指标由哪些组成? / 68
62. 如何确定电气设备安装工程主材消耗量? / 68
63. 如何确定电气设备安装工程定额人工费? / 70
64. 如何确定电气设备安装工程安装材料消耗量? / 71
65. 如何确定电气设备安装工程机械使用费? / 71
66. 如何确定电气工程定额执行界限? / 71
67. 什么是概算定额? / 72
68. 概算定额的作用体现在哪些方面? / 73
69. 概算定额与预算定额有哪些相

同点?	/73
70. 概算定额与预算定额有哪些不同点?	/73
71. 概算定额可分为哪些类别?	/74
72. 什么是概算指标?	/74
73. 概算指标的表现形式有哪几种?	/74
74. 什么是综合概算指标?	/74
75. 什么是单项概算指标?	/74
76. 概算指标的作用体现在哪些方面?	/74
77. 如何计算概算指标?	/75
78. 概算指标的编制应遵循哪些原则?	/75
79. 概算指标的编制依据有哪些?	/75
80. 概算指标的编制分为哪几个阶段? 各阶段工作内容有哪些?	/76
81. 概算定额包括哪些内容?	/76
82. 概算定额编制应遵循哪些原则?	/76
83. 概算定额编制依据有哪些?	/77
84. 概算定额编制应分为哪几个阶段?	/77
85. 概算定额编制时怎样确定定额计量单位?	/78
86. 概算定额编制时怎样确定定额幅度差?	/78

第四章 电气工程工程量清单计价 /79

1. 什么是工程量清单?	/79
2. 工程量清单有哪些作用和要求?	/79
3. 什么是工程量清单计价?	/79
4. 什么是工程量清单计价方法?	/79
5. 编制工程量清单应依据哪些内容?	/80
6. 编制工程量清单应注意哪些事项?	/80
7. 我国现行的清单计价规范是何时发布的?	/80
8. "08计价规范"是根据哪些法律基础制定的?	/81
9. "08计价规范"具有哪些特点?	/81
10. "08计价规范"编制的指导思想是什么?	/81
11. "08计价规范"编制的原则是什么?	/82
12. "08计价规范"的"四个统一"指什么?	/82
13. "08计价规范"适用于哪些计价活动?	/82
14. 实行工程量清单计价具有哪些意义?	/82
15. 工程量清单计价的基本原理是什么?	/83
16. 影响工程量清单计价的因素有哪些?	/83
17. 现阶段工程量清单计价主要存在哪些问题?	/83
18. 工程量清单计价的基本过程是怎样的?	/84
19. 实行工程量清单计价时怎样对人工费进行有效管理?	/85
20. 实行工程量清单计价时怎样对材料费用进行管理?	/85
21. 实行工程量清单计价时怎样对机械费用进行管理?	/86
22. 实行工程量清单计价时怎样对水电费进行管理?	/86
23. 实行工程量清单计价时怎样对设计变更和工程签证进行管理?	/86
24. 实行工程量清单计价时其他成本要素管理注意事项是什么?	/87
25. 什么情况下必须采用工程量清单计价?	/87
26. 国有资金投资包括哪些项目?	/88
27. 国家融资投资包括哪些项目?	/88
28. 什么情况下不强制采用工程量清单计价?	/88
29. 清单计价模式下的建筑安装工程费由哪些费用构成?	/88
30. 什么是分部分项工程费?	/90
31. 什么是措施项目费?	/90
32. 工程量清单计价模式下的其他费	

目 录

用包括哪些项目？ / 90
33. 什么是暂列金额？ / 90
34. 什么是暂估价？ / 90
35. 什么是计日工？ / 90
36. 什么是总承包服务费？ / 90
37. 什么是索赔？ / 90
38. 什么是现场签证？ / 91
39. 工程量清单的使用过程中应注意哪些事项？ / 91
40. 分部分项工程量清单应包括哪些要件？ / 91
41. 怎样设置工程量清单项目编码？ / 91
42. 工程量清单项目编码设置应注意哪些问题？ / 92
43. 怎样确定分部分项工程量清单的项目名称？ / 92
44. 如何编制"08 计价规范"附录中未包括的清单项目？ / 92
45. 怎样确定分部分项工程量清单中工程量的有效位数？ / 93
46. 怎样确定分部分项工程量清单中的计量单位？ / 93
47. 对分部分项工程量清单项目进行特征描述具有哪些意义？ / 93
48. 分部分项工程量清单项目特征描述时应遵循哪些原则？ / 94
49. 分部分项工程量清单项目特征必须描述的内容包括哪些？ / 94
50. 分部分项工程量清单项目特征可不描述的内容包括哪些？ / 95
51. 分部分项工程量清单项目特征可不详细描述的内容包括哪些？ / 95
52. 编制分部分项工程量项目清单应遵循哪些原则？ / 96
53. 编制分部分项工程量清单的依据有哪些？ / 96
54. 分部分项工程工程量清单编制程序是怎样的？ / 97

55. 分部分项工程量清单"项目特征"与"工程内容"有哪些区别？ / 97
56. 编制措施项目清单时，通用措施项目应怎样列项？ / 98
57. 编制措施项目清单时，建筑工程、安装工程的措施项目应怎样列项？ / 98
58. 什么是非实体性项目？ / 99
59. 如何增减措施项目？ / 99
60. 编制其他项目清单时如何列项？ / 100
61. 编制规费项目清单时如何列项？ / 100
62. 编制税金项目清单时如何列项？ / 101
63. 工程量清单应由哪些人编制？ / 101
64. 如何保证工程量清单的准确性？ / 101
65. 工程量清单编制完成后如何复核？ / 101
66. 工程量清单应采用统一的格式，一般应包括哪些内容？ / 102
67. 填写工程量清单时应符合哪些规定？ / 102
68. 清单计价模式下的企业竞争应符合哪些要求？ / 103
69. 什么是招标控制价？ / 103
70. 招标控制价的作用具体体现在哪些方面？ / 103
71. 招标控制价的编制人员有哪些？应遵循哪些要求？ / 104
72. 招标控制价的编制依据有哪些？ / 104
73. 编制招标控制价时怎样对分部分项工程费进行计价？ / 104
74. 分部分项工程量清单应采用什么计价方式？ / 105
75. 工程量清单计价价款包括哪些费用？ / 105
76. 如何利用综合单价法计算各分部分项工程费？ / 105
77. 当实际工程量与工程量清单不一致时应如何处理？ / 107
78. 措施项目清单计价的方式是什么？ / 107

79. 编制招标控制价时怎样确定措施项目费? / 107
80. 哪些费用在清单计价中为不可竞争费用? / 107
81. 编制招标控制价时怎样确定暂列金额? / 107
82. 编制招标控制价时怎样确定暂估价? / 108
83. 编制招标控制价时怎样确定计日工? / 108
84. 编制招标控制价时怎样确定总承包服务费? / 108
85. 编制招标控制价时怎样确定规费和税金? / 108
86. 编制招标控制价应注意哪些问题? / 108
87. 清单计价模式下的投标总价编制应注意哪些问题? / 109
88. 投标总价的编制依据有哪些? / 109
89. 编制投标报价时怎样确定分部分项工程费? / 110
90. 编制投标报价时怎样确定措施项目费? / 110
91. 编制投标报价时怎样确定其他项目费? / 110
92. 编制投标报价时怎样确定规费和税金? / 111
93. 什么是合同价款? / 111
94. 工程合同价款是如何约定的? / 111
95. 建设工程合同包括哪几种形式? / 112
96. 合同约定如与招标文件和投标文件不一致时该怎么办? / 112
97. 发、承包双方在合同条款中应约定哪些事项? / 112
98. 工程计量时,若工程量清单中出现差错该怎么办? / 113
99. 发包人应如何向承包人支付工程预付款? / 113
100. 工程进度款的计量与支付方式有哪几种? / 114
101. 当发、承包双方在合同中未对工程量计量时间、程序、方法和要求作约定时应如何处理? / 114
102. 承包人向发包人递交的进度款支付申请应包括哪些内容? / 115
103. 发包人在收到承包人递交的工程进度款支付申请后该怎么办? / 115
104. 工程进度款支付过程中发生争议该怎样处理? / 116
105. 工程量清单计价表格由哪些组成? 各适用哪些范围? / 116
106. 工程量清单封面格式如何? 填写时应符合哪些规定? / 118
107. 招标控制价封面格式如何? 填写时应符合哪些规定? / 119
108. 投标报价封面格式如何? 填写时应符合哪些规定? / 120
109. 清单计价总说明格式如何? 填写时应符合哪些规定? / 121
110. 工程项目招标控制价/投标报价汇总表格式如何? 填写时应符合哪些规定? / 122
111. 单项工程招标控制价/投标报价汇总表格式如何? / 123
112. 单位工程招标控制价/投标报价汇总表格式如何? / 124
113. 分部分项工程量清单与计价表格式如何? 填写时应符合哪些规定? / 125
114. 工程量清单综合单价分析表格式如何? 填写时应符合哪些规定? / 126
115. 措施项目清单与计价表格式如何? 填写时应符合哪些规定? / 127
116. 其他项目清单与计价汇总表格式如何? 填写时应符合哪些规定? / 129
117. 暂列金额明细表格式如何? 填写时应符合哪些规定? / 130

118. 材料暂估单价表格式如何？填写时应符合哪些规定？ / 131
119. 专业工程暂估价表格式如何？填写时应符合哪些规定？ / 132
120. 计日工表格式如何？填写时符合哪些规定？ / 132
121. 总承包服务费计价表格式如何？填写时应符合哪些规定？ / 133
122. 索赔与现场签证计价汇总表格式如何？ / 135
123. 费用索赔申请（核准）表的格式如何？填写时应符合哪些规定？ / 135
124. 现场签证表格式如何？填写时应符合哪些规定？ / 137
125. 规费、税金项目清单与计价表格式如何？填写时应符合哪些规定？ / 138
126. 工程款支付申请（核准）表格式如何？填写时应符合哪些规定？ / 139

第五章　工程量计算基础　 / 141

1. 什么是工程量？ / 141
2. 什么是物理计量单位？ / 141
3. 什么是自然计量单位？ / 141
4. 什么是工程量计算？有什么特点？ / 141
5. 编制工程造价为什么要计算工程量？ / 141
6. 编制工程造价时工程量计算采用什么形式？ / 142
7. 工程量计算时如何对工程计量对象进行划分？ / 143
8. 工程量计算时应考虑哪些因素？ / 143
9. 工程量计算的依据有哪些？ / 143
10. 什么是工程量计算规则？有哪些作用？ / 144
11. 工程量计算原理是什么？ / 144
12. 工程量计算应遵循哪些原则？ / 144
13. 工程量计算的方法有哪些？ / 145
14. 如何运用统筹法进行工程量计算？ / 145
15. 如何运用按施工顺序法计算工程量？ / 146
16. 如何运用按定额项目顺序计算法计算工程量？ / 147
17. 工程量计算分为哪些步骤？ / 147
18. 工程量计算中应注意哪些问题？ / 147

第六章　变配电设备安装工程计量与计价　 / 149

1. 什么是配电网络？其特征有哪些？ / 149
2. 变配电的电压有几种？应符合哪些要求？ / 149
3. 变配电有哪几种方式？各具有哪些特点？ / 149
4. 变电所可分为哪些类别？ / 150
5. 什么是变压器？ / 151
6. 变压器由哪些配件组成？ / 151
7. 什么是降压变压器？ / 151
8. 什么是升压变压器？ / 151
9. 变压器有哪些分类方法？ / 151
10. 变压器的布置应符合哪些要求？ / 152
11. 变压器安装工程工程量清单包括哪些项目？ / 152
12. 什么是电力变压器？ / 153
13. 油浸电力变压器由哪几部分组成？其型号表示什么含义？ / 153
14. 什么是干式变压器？可分为哪几类？ / 154
15. 什么是整流变压器？其具有哪些功能？ / 154
16. 整流变压器的应用应符合哪些条件？ / 154
17. 什么是自耦式变压器？其分类及参数如何？ / 154
18. 自耦式变压器与干式变压器有什么区别？ / 155
19. 带负荷调压变压器是怎样实现电

压调整的? / 155
20. 什么是电炉变压器? 其特点有哪些? / 155
21. 电炉变压器可分为哪几类? / 156
22. 什么是消弧线圈? / 156
23. 变压器安装定额工作内容包括哪些? / 156
24. 变压器安装可分为哪几个步骤? / 156
25. 变压器附件有哪些? / 157
26. 为什么要对变压器油进行过滤? / 157
27. 如何判断变压器是否需要进行干燥? / 157
28. 电力变压器安装定额不包括的工作内容其费用怎样处理? / 158
29. 变压器安装定额中是否包括了变压器轨道安装? / 158
30. 变压器安装工程定额工程量计算应遵循哪些规则? / 158
31. 变压器安装工程清单工程量计算应遵循哪些规则? / 159
32. 配电装置安装工程工程量清单包括哪些项目? / 159
33. 配电装置安装工程清单项目设置应注意哪些问题? / 159
34. 断路器的组成部件有哪些? / 160
35. 断路器型号如何表示? / 160
36. 什么是油断路器? 如何分类? / 160
37. 多油断路器的油有哪些作用? / 161
38. 少油断路器具有哪些特点? / 161
39. 高压断路器的操作机构分为哪几类? / 161
40. 真空断路器由哪几部分组成? 其有哪些特点? / 161
41. SF_6 断路器具有哪些特点? / 162
42. 什么是空气断路器? 常用的空气断路器有哪些? / 162
43. 怎样进行空气断路器的解体检查? / 163
44. 空气断路器及附件安装前应做哪些检查? / 163
45. 怎样进行断路器的选择? / 164
46. 什么是接触器? 其类型有哪些? / 164
47. 真空接触器具有哪些特点? 其作用如何? / 164
48. 什么是隔离开关? 可分为哪些类型? / 164
49. 什么是负荷开关? 可分为哪些类型? / 165
50. 什么是互感器? 其功能是什么? / 165
51. 什么是电压互感器? 其型号如何表示? / 165
52. 电压互感器可分为哪些类型? / 165
53. 什么是电流互感器? 其型号应怎样表示? / 166
54. 电流互感器可分为哪些类型? / 167
55. 什么是熔断器? 其功能有哪些? / 167
56. 高压熔断器由哪些部分组成? 其型号怎样表示? / 167
57. 高压熔断器有哪些类型? / 168
58. 什么是避雷器? 其功能有哪些? / 169
59. 避雷器有哪些类型? / 170
60. 什么是接闪器? 其由哪些部分组成? / 170
61. 什么是电抗器? 其类型有哪些? / 170
62. 什么是干式电抗器? / 170
63. 什么是并联电抗器? / 170
64. 什么是油浸电抗器? / 171
65. 串联电抗器的型号如何表示? / 171
66. 什么是电容器? 其类型有哪些? / 171
67. 什么是串联电容器? / 171
68. 什么是并联电容器? / 172
69. 电力电容器有哪些补偿方式? / 173
70. 什么是交流滤波装置? / 174
71. 交流滤波装置由哪几部分组成? 其作用如何? / 175
72. 什么是高压成套配电柜? / 175

73. 高压成套配电柜有哪些类型？ / 175
74. 什么是"五防型高压开关柜"？其有哪些型号和规格？ / 175
75. 什么是组合型成套箱式变电站？其型号如何表示？ / 178
76. 组合型箱式变电站有哪些类型？ / 178
77. 什么是环网柜？ / 178
78. 配电装置安装工程定额包括哪些工作内容？ / 179
79. 电流互感器接线方式有哪几种？ / 179
80. 电压互感器的接线方式有哪几种？ / 180
81. 电容器安装应分为哪些步骤？ / 180
82. 箱式变电所安装应分为哪些步骤？ / 180
83. 配电装置安装工程定额工程量计算应遵循哪些规则？ / 181
84. 配电装置安装工程清单工程量计算应遵循哪些规则？ / 181
85. 配电装置定额工程量计算时应注意哪些问题？ / 181
86. 什么是母线？可分为哪些类型？ / 182
87. 母线安装工程工程量清单包括哪些项目？ / 182
88. 母线是采用什么材料制成的？其型号、规格有哪些？ / 182
89. 什么是软母线？其具有哪些特性？ / 184
90. 组合软母线如何连接？ / 184
91. 组合软母线安装时怎样计算各种材料的用量？ / 185
92. 什么是绝缘子？ / 185
93. 什么是线路金具？根据用途可划分为哪几种？ / 185
94. 常用的绝缘导线如何分类？其型号表示什么含义？ / 185
95. 什么是带形母线？其特点有哪些？ / 186
96. 槽形母线的特点有哪些？其表示方法如何？ / 186

97. 什么是共箱母线？其类型有哪些？ / 187
98. 低压封闭式插接母线槽由哪几部分组成？其作用有哪些？ / 187
99. 什么是重型母线？其类型有哪些？ / 187
100. 什么是母线伸缩器？ / 188
101. 什么是铜导板？ / 188
102. 什么是铝导板？ / 188
103. 母线安装工程定额工作内容有哪些？ / 188
104. 母线安装的支持点的距离应符合哪些要求？ / 189
105. 重型母线安装应符合哪些规定？ / 189
106. 母线安装工程定额工程量计算应遵循哪些规则？ / 190
107. 母线安装工程量清单工程量计算应遵循哪些规则？ / 191
108. 进行母线安装工程工程量计算时，应注意哪些问题？ / 192
109. 软母线安装定额是如何考虑的？ / 192
110. 如何计算硬母线安装定额工程量？ / 193
111. 如何计算保护盘、信号盘、直流盘的盘顶小母线安装定额工程量？ / 193

第七章 电机及低压电气安装工程计量与计价 / 198

1. 电机的类型有哪些？如何区分？ / 198
2. 电机检查接线及调试工程工程量清单包括哪些项目？ / 198
3. 电机检查接线及调试工程工程量清单项目设置应注意哪些问题？ / 198
4. 什么是发电机？其结构如何？ / 198
5. 发电机的类型有哪些？ / 199
6. 国产交流发电机的型号如何表示？ / 199
7. 什么是调相机？其作用如何？ / 200
8. 什么是同步调相机？ / 200
9. 什么是小型电动机？ / 201

10. 什么是直流电动机？其型号如何表示？ / 201
11. 什么是普通小型直流电动机？由哪几部分组成？ / 203
12. 什么是可控硅调速直流电动机？具有哪些特点？ / 203
13. 什么是同步电动机？具有哪些特点？ / 203
14. 普通交流同步电动机有哪些类型？ / 203
15. 什么是异步电动机？其有哪些类型？ / 204
16. 单相异步电动机的型号如何表示？ / 204
17. 低压交流异步电动机由哪几部分组成？ / 205
18. 高压交流异步电动机的结构是怎样的？ / 206
19. 交流变频调速电动机的工作原理是怎样的？ / 206
20. 什么是微型电机？可分为哪几类？ / 206
21. 什么是电加热器？ / 206
22. 什么是电动机组？应怎样对电动机组进行调试？ / 206
23. 常用的电动机组有哪几种？ / 207
24. 什么是励磁机组？ / 207
25. 根据励磁方式不同，直流发电机、直流电动机可分为哪几类？ / 207
26. 什么是电阻？其作用是什么？ / 207
27. 什么是励磁电阻器？ / 207
28. 全统定额电机安装工程包括哪些工作内容？ / 207
29. 电机试运行时怎样判断其安装质量是否合格？ / 208
30. 电机检查接线及调试工程定额工程量计算应遵循哪些原则？ / 209
31. 电机检查接线及调试工程清单工程量计算应遵循哪些规则？ / 209
32. 什么是蓄电池？其主要用于哪些方面？ / 210

33. 蓄电池由哪些结构组成？有何特点？ / 210
34. 蓄电池有哪些种类？ / 210
35. 铅酸蓄电池的型号怎样表示？其具有什么特点？ / 210
36. 什么是固定密封式铅酸蓄电池？根据其容量可分为哪些类型？ / 211
37. 什么是阀控密封铅酸蓄电池？具有哪些特性？ / 211
38. 什么是免维护铅酸蓄电池？它与一般蓄电池的区别有哪些？ / 211
39. 什么是碱性蓄电池？可用于哪些方面？ / 212
40. 单体碱性蓄电池型号怎样表示？ / 212
41. 碱性蓄电池可分为哪几类？其特点是什么？ / 213
42. 整体蓄电池型号如何表示？ / 213
43. 蓄电池组的型号如何表示？ / 213
44. 什么是蓄电池的容量？其符号及单位是怎样的？ / 213
45. 蓄电池的容量分为哪些类别？ / 214
46. 什么是蓄电池的放电时率？ / 214
47. 什么是蓄电池的放电倍率？ / 214
48. 蓄电池的额定储备容量的特点有哪些？ / 214
49. 什么是蓄电池的终止电压？ / 215
50. 什么是蓄电池的开路电压？有哪些特点？ / 215
51. 主要蓄电池体系的电动势如何表示？ / 215
52. 什么是蓄电池的工作电压？其特点是什么？ / 216
53. 什么是蓄电池充放电？ / 216
54. 蓄电池充电方式有哪几种？ / 216
55. 什么是恒流充电？其有哪些特点？ / 216
56. 什么是恒压充电？其有哪些特点？ / 217
57. 什么是蓄电池的自放电？其原因有哪些？ / 217

58. 如何计算蓄电池的自放电率? / 217
59. 什么是蓄电池的荷电保持能力? 如何计算? / 218
60. 什么是蓄电池的能量? / 218
61. 什么是蓄电池的比能量? / 218
62. 什么是蓄电池内阻? 其特点有哪些? / 219
63. 蓄电池内阻包括哪些形式? / 220
64. 什么是欧姆内阻? 其特点有哪些? / 220
65. 什么是极化内阻? 其特点有哪些? / 220
66. 什么是蓄电池的功率? / 220
67. 什么是蓄电池的输出效率? 如何表示? / 220
68. 什么是蓄电池的使用寿命? 蓄电池寿命终止的原因是什么? / 221
69. 蓄电池工程量清单项目设置应注意哪些问题? / 221
70. 全统定额蓄电池分部工程包括哪些工作内容? / 221
71. 固定式铅蓄电池安装应符合哪些规定? / 222
72. 蓄电池注液应遵循哪些规定? / 222
73. 蓄电池充放电应符合哪些要求? / 223
74. 铅酸蓄电池的维护应注意哪些事项? / 223
75. 蓄电池安装定额工程量计算应遵循哪些规则? / 224
76. 蓄电池安装工程清单工程量计算应遵循哪些规则? / 224
77. 什么是轻型滑触线? 其安装主要分为几种? / 224
78. 什么是挂式滑触线? / 224
79. 什么是滑触线拉紧装置? / 224
80. 如何进行滑触线支架的设计与制作? / 225
81. 什么是滑触线伸缩器? 其有何特点? / 225
82. 滑触线装置安装工程量清单项目设置应注意哪些问题? / 225
83. 全统定额滑触线装置安装包括哪些工作内容? / 225
84. 什么是扁钢、圆钢? 如何确定其规格? / 226
85. 吊车滑触线可分为哪几种类型? / 226
86. 裸滑触线安装可分为哪几个步骤? / 226
87. 安全滑触线的安装分为哪几个步骤? / 227
88. 滑触线安装工程定额工程量计算应遵循哪些规则? / 228
89. 滑触线装置安装工程清单工程量计算应遵循哪些规则? / 228
90. 什么是电气控制设备? / 229
91. 控制电器由哪些部分组成? / 229
92. 什么是低压电器? 常用低压控制设备有哪些? / 230
93. 低压电器按其使用系统可分为哪几大类? / 230
94. 选择低压电器的原则是什么? / 230
95. 控制设备及低压电器安装工程工程量清单包括哪些项目? / 230
96. 控制设备及低压电器安装工程清单项目设置应注意哪些问题? / 230
97. 什么是控制屏? 其作用是什么? / 231
98. 控制屏可分为哪些种类? / 231
99. 什么是小母线? / 232
100. 什么是端子箱? / 232
101. 什么是端子板? / 232
102. 什么是继电、信号屏? / 232
103. 什么是模拟屏? 其使用时对场所有什么要求? / 232
104. 什么是低压开关柜? 其分类有哪些? / 233
105. 配电屏可分为哪些类别? / 233
106. 高压配电屏和低压配电屏各适用

于哪些场所? / 233	有哪些种类? / 240
107. 什么是弱电?建筑弱电系统主要有哪些? / 234	134. 开启式负荷开关有哪些特点? / 240
108. 弱电控制返回屏具有什么特点? / 234	135. 半封闭式负荷开关有哪些特点? / 240
109. 什么是配电室? / 234	136. 什么是刀开关?其分类有哪些? / 240
110. 箱式配电室对使用环境有哪些要求? / 234	137. 什么是自动空气开关?其分类有哪些? / 240
111. 什么是硅整流柜?其有哪些特征? / 234	138. 什么是低压熔断器?其分类有哪些? / 241
112. 硅整流柜对使用环境有什么要求? / 235	139. 熔断器有哪些技术参数? / 241
113. 什么是可控硅整流柜?其有哪些特点? / 235	140. 什么是漏电保护器?其型号如何表示? / 242
114. 电容器屏的结构如何?怎样表示其型号? / 235	141. 什么是限位开关?由哪几部分组成? / 242
115. 励磁系统由哪几部分组成? / 236	142. 限位开关的分类有哪些?其特点是什么? / 242
116. 什么是励磁装置? / 236	143. 如何选择限位开关? / 243
117. 自动调节励磁屏的作用是什么? / 236	144. 什么是控制器?目前常用的控制器有哪些? / 243
118. 励磁灭磁屏的作用是什么? / 236	145. 什么是接触器?其特点是什么? / 244
119. 蓄电池屏(柜)具有哪些特点? / 236	146. 什么是磁力启动器? / 244
120. 什么是直流馈电屏?其由哪几部分组成? / 236	147. Y-△自耦减压启动器由哪几部分组成? / 244
121. 什么是事故照明切换屏? / 236	148. 什么是电磁铁?其特点是什么? / 244
122. 什么是控制台?其有哪些特征? / 237	149. 电磁铁有哪些种类? / 244
123. 什么是集中控制台? / 237	150. 快速自动开关的特点是什么? / 245
124. 同期小屏控制箱的作用是什么? / 238	151. 自动开关有哪些种类?其用途是什么? / 245
125. 什么是控制箱? / 238	152. 电阻器的特点是什么? / 246
126. 什么是配电箱?其包括哪些设备元件? / 238	153. 什么是油浸频敏变阻器?其由哪些装置构成? / 246
127. 配电箱可分为哪几类? / 238	154. 什么是分流器?有哪些种类? / 246
128. 电力配电箱的型号如何表示? / 238	155. 什么是小电器? / 246
129. 照明配电箱适用于哪些场合? / 239	156. 什么是按钮?其有哪些优点? / 247
130. 什么是控制开关?可分为哪些类型? / 239	157. 按钮有哪些种类? / 247
131. 封闭式负荷开关的构造是怎样的?其特性是什么? / 239	158. 按钮如何发挥作用? / 247
132. 什么是万能转换开关?其作用是什么? / 240	159. 什么是灯开关?其有哪些种类? / 247
133. 低压刀开关的特点有哪些?其	160. 什么是明装开关? / 247
	161. 什么是暗装开关? / 247

162. 什么是电笛？其有哪些特点？ / 248
163. 什么是电铃？其作用是什么？ / 248
164. 什么是插座？ / 248
165. 常用的电风扇有哪些？ / 248
166. 控制设备及低压电器定额工作内容包括哪些？ / 248
167. 什么是接地？其作用是什么？ / 250
168. 什么是接地体？ / 250
169. 铜接线端子的装接方法有哪些？ / 250
170. 控制设备及低压电器定额工程量计算应遵循哪些规则？ / 250
171. 如何计算基础型钢定额工程量？ / 251

第八章 室内外配线工程计量与计价 / 257

1. 室内导线敷设的方式有哪些？ / 257
2. 室内配电线路常用的管材有哪些？ / 257
3. 配电线路中常用的绝缘导线有哪些？其型号怎样表示？ / 257
4. 配管、配线工程工程量清单包括哪些项目？ / 257
5. 配管、配线工程工程量清单项目设置应注意哪些问题？ / 257
6. 什么是配管？有哪些方式？ / 258
7. 什么是明配管？应合合哪些要求？ / 259
8. 什么是暗配管？应符合哪些要求？ / 259
9. 什么是接线盒？其作用是什么？ / 259
10. 什么是灯头盒？ / 259
11. 什么是开关盒？其作用是什么？ / 259
12. 什么是拉紧装置？ / 259
13. 硬塑料管适用于哪些场所？ / 259
14. 半硬塑料管适用于哪些场所？ / 260
15. 薄壁管适用于哪些场所？ / 260
16. 厚壁管适用于哪些场所？ / 260
17. 阻燃PVC管有哪些优点？ / 260
18. 什么是线槽配线？ / 261
19. 电气工程中常用的线槽有哪些？ / 261
20. 塑料线槽具有哪些特点？适用于哪些场所？ / 261
21. 金属线槽的适用范围是怎样的？使用金属线槽应符合哪些要求？ / 261
22. 封闭式母线槽适用于哪些情况？ / 262
23. 常用的插接式母线槽有哪些？各有什么特点？ / 262
24. FCM系列母线槽的型号代表什么含义？ / 263
25. 什么是角弯？ / 264
26. 什么是木槽板？ / 264
27. 什么是镀锌铁拉板？ / 264
28. 什么是槽板配线？其有什么特点？ / 264
29. 什么是瓷夹配线？ / 264
30. 什么是塑料夹配线？ / 264
31. 木槽板配线有什么特点？其配线方法是怎样的？ / 264
32. 塑料槽配线的特点有哪些？ / 264
33. 什么是钢索配线？其适用于哪些场合？ / 265
34. 什么是钢索？有什么作用？ / 265
35. 钢索配线所使用的钢索应符合哪些要求？ / 265
36. 绝缘电线有哪些种类？ / 265
37. 绝缘电线的型号表示什么含义？常用的绝缘电线有哪些？ / 265
38. 配管、配线工程定额工作内容有哪些？ / 267
39. 槽板配线一般分哪几个程序？ / 269
40. 室内钢管敷设时应怎样选择钢管？ / 270
41. 钢管明敷设分为哪几个步骤？ / 271
42. 钢管暗敷设分为哪几个步骤？ / 271
43. 配管、配线工程定额工程量计算应遵守哪些规则？ / 271
44. 配管配线定额使用时应注意哪些问题？ / 273
45. 配管、配线工程清单工程量计算应遵循哪些原则？ / 273

46. 架空线路由哪些部分组成？其有哪些特点？ / 275
47. 架空线路的常用材料有哪些？ / 275
48. 10kV 以下架空配电线路清单工程量包括哪些项目？ / 277
49. 10kV 以下架空配电线路清单项目设置应注意哪些问题？ / 277
50. 什么是电杆？其应符合哪些要求？ / 277
51. 电杆组立有哪几种形式？ / 277
52. 钢筋混凝土电杆有什么特点？ / 278
53. 什么是钢管杆？ / 278
54. 什么是直线杆？其应符合哪些要求？ / 278
55. 什么是耐张杆？ / 278
56. 什么是转角杆？其有什么特性？ / 278
57. 什么是终端杆？其有什么特性？ / 279
58. 分支杆处于什么部位？有哪些种类？ / 279
59. 什么是跨越杆？ / 279
60. 工程中常用立杆方法有哪几种？各有什么特点？ / 279
61. 什么是底盘、卡盘？ / 279
62. 什么是电杆基础？有何特点？ / 279
63. 什么是电杆坑？ / 280
64. 横担的类型有哪些？ / 280
65. 什么是导线架设？ / 280
66. 拉线可分为哪几类？各有什么特点？ / 281
67. 什么是进户线？如何分类？ / 281
68. 什么是接户线？ / 281
69. 10kV 以下架空配电线安装定额工作内容有哪些？ / 281
70. 什么是工地运输？怎样计算运输质量？ / 282
71. 怎样进行横担安装？ / 283
72. 怎样进行导线架设？ / 283
73. 10kV 以下架空配电线路安装定额工程量计算应遵循哪些规则？ / 284

74. 10kV 以下架空配电线路清单工程量计算应遵循哪些规则？ / 288
75. 什么是电缆？有哪些类别？ / 289
76. 我国电缆产品的型号和名称有哪些？ / 289
77. 电缆线路分为哪几种类型？各对路径有何要求？ / 290
78. 电缆的敷设方式有哪些？各适用于哪些范围？ / 290
79. 电缆的运输应注意哪些问题？ / 291
80. 电缆的保管应注意哪些问题？ / 291
81. 电缆安装工程清单工程量包括哪些项目？ / 291
82. 电缆安装工程清单项目设置应注意哪些问题？ / 292
83. 电力电缆由哪几部分组成？各组成部分的特点和作用是什么？ / 292
84. 电力电缆可分为哪几类？各有什么特点？ / 293
85. 什么是电缆头？其作用是什么？ / 294
86. 户内浇注式电缆终端头的特点有哪些？ / 294
87. 户外浇注式电缆终端头的特点有哪些？ / 294
88. 热缩式电缆终端头的特点有哪些？ / 294
89. 什么是控制电缆？ / 295
90. 控制电缆的型号表示什么含义？ / 295
91. 常用的控制电缆有哪些？ / 296
92. 什么是电缆保护管？ / 296
93. 电缆保护管有哪些分类？ / 296
94. 电缆保护管适用于哪些范围？ / 296
95. 电缆桥架由哪几部分组成？ / 297
96. 电缆桥架主要应用于哪些行业？ / 297
97. 按电缆桥架的结构型式可将其分成哪几类？各有什么特点？ / 298
98. 钢制槽式桥架有什么特点？适用范围是怎样的？ / 298
99. 什么是玻璃钢槽式桥架？ / 298

100. 电缆支架主要用于哪些部位？ / 298
101. 常用的电缆支架有哪些？ / 298
102. 电缆分部工程定额工作内容有哪些？ / 298
103. 电缆支架的安装应符合哪些要求？ / 300
104. 电缆安装工程定额工程量计算应遵循哪些规则？ / 301
105. 电缆安装工程清单工程量应遵循哪些规则？ / 304

第九章 防雷与接地工程计量与计价 / 308

1. 什么是防雷接地装置？ / 308
2. 防雷接地装置由哪几部分构成？ / 308
3. 防雷与接地装置分部工程工程量清单包括哪些项目？ / 309
4. 防雷与接地装置清单项目设置应注意哪些问题？ / 309
5. 电气接地可分成哪几类？有什么特点？ / 309
6. 接地装置由哪几个部分组成？ / 310
7. 接地系统分为哪几类？ / 310
8. 什么是人工接地极？其有什么特点？ / 311
9. 接地装置的导体截面应符合哪些要求？ / 311
10. 哪些电气设备及相关件必须有接地装置？ / 312
11. 建筑物防雷是怎样分类的？ / 312
12. 避雷装置可分为哪几类？ / 313
13. 接闪器的选择和布置应符合哪些要求？ / 313
14. 如何计算单支避雷针的保护范围？ / 314
15. 如何计算两支等高避雷针的保护范围？ / 315
16. 如何计算多支等高避雷针的保护范围？ / 316
17. 如何计算不等高避雷针的保护范围？ / 317
18. 如何计算单根避雷线的保护范围？ / 318
19. 如何计算两根等高平行避雷线的保护范围？ / 319
20. 避雷针的作用是什么？ / 320
21. 避雷针塔有何特点？如何制作？ / 320
22. 大气高脉冲电压避雷针有何特点？ / 320
23. 什么是避雷带？其特点是什么？ / 320
24. 什么是氧化锌避雷器？其特点是什么？ / 321
25. 什么是半导体少长针消雷装置？其特点是什么？ / 321
26. 半导体少长针消雷装置适用于哪些场所？ / 321
27. 防雷与接地工程定额工作内容有哪些？ / 322
28. 如何在屋面安装避雷针？ / 322
29. 独立避雷针接地体应符合哪些要求？达不到要求的应怎样补救？ / 323
30. 电气装置的哪些部分应接地或接零？ / 324
31. 电气装置的哪些部分可不接地或不接零？ / 325
32. 防雷与接地工程定额工程量计算应遵循哪些规则？ / 325
33. 防雷与接地工程清单工程量应遵循哪些规则？ / 326

第十章 电气调整试验工程计量与计价 / 328

1. 怎样对电气调试系统进行划分？如何对其费用进行计算？ / 328
2. 电气调整试验工程工程量清单包括哪些项目？ / 329
3. 电气调整试验工程量清单项目设置应注意哪些问题？ / 329
4. 发电机、调相机系统调试定额工作内容有哪些？ / 330

5. 电力变压器系统调试定额工作内容有哪些？ / 330
6. 如何计算变压器系统调试定额工程量？ / 330
7. 送配电装置系统调试定额工作内容有哪些？ / 330
8. 如何计算送配电装置系统调试工程的定额工程费用？ / 330
9. 什么是特殊保护装置？其作用是什么？ / 332
10. 用电设备及线路的特殊保护形式有哪几种？ / 332
11. 控制和保护设备的选择有哪些原则？ / 333
12. 什么是普通低压电器的正常工作环境条件？ / 333
13. 控制保护设备在照明电路中的设置原则有哪些？ / 333
14. 特殊保护装置系统调试定额工作内容有哪些？ / 334
15. 如何计算特殊保护装置系统调试定额工程量？ / 334
16. 备用电源自动投入装置有什么作用？ / 334
17. 备用电源自动投入装置应符合哪些要求？ / 335
18. 如何装设备用电源自动投入装置？ / 335
19. 自动投入装置调试定额工作内容有哪些？ / 336
20. 什么是不间断电源？如何分类？ / 336
21. 什么是简单不间断电源系统？ / 336
22. 有静态开关的不间断电源系统如何分类？ / 336
23. 并联不间断电源系统作用是什么？ / 337
24. 如何选择不间断电源设备？ / 338
25. 哪些情况下应设置不间断电源？ / 338
26. 中央信号装置、事故照明切换装置、不间断电源调试定额工作内容有哪些？ / 338
27. 如何计算自动装置及信号系统调试工程定额工程量？ / 338
28. 母线调试定额工作内容有哪些？ / 339
29. 如何进行母线试验？ / 340
30. 如何进行母线试运行？ / 341
31. 如何用测量仪测量接地电阻？ / 341
32. 母线、避雷器、电容器、接地装置调试定额工作内容有哪些？ / 342
33. 如何计算避雷器、电容器调试定额工程量？ / 342
34. 如何计算接地网调试定额工程量？ / 342
35. 电抗器、消弧线圈、电除尘器调试定额工作内容有哪些？ / 342
36. 什么是硅整流装置？其特点是什么？ / 342
37. 什么是可控硅整流装置？ / 343
38. 硅整流装置有哪些特点？ / 343
39. 硅整流设备、可控硅整流装置调试定额工作内容有哪些？ / 343
40. 电动机调试定额工作内容有哪些？ / 343
41. 如何计算电动机调试定额工程量？ / 344
42. 如何计算电气工程供电调试定额工程量？ / 344
43. 如何计算电气调整试验清单项目工程量？ / 345
44. 什么是调试报告？其内容有哪些？ / 345

第十一章　照明器具安装工程计量与计价 / 348

1. 照明种类有哪些？ / 348
2. 什么是正常照明？ / 348
3. 什么是应急照明？可分为哪几类？ / 348
4. 什么是值班照明？ / 348
5. 什么是警卫照明？ / 348
6. 什么是障碍照明？ / 349
7. 什么是景观照明？ / 349

8. 什么是光源? /349
9. 什么是电光源? 有哪些种类? /349
10. 什么是热辐射光源? /349
11. 什么是气体放电光源? /350
12. 什么是电气照明? 其特点是什么? /350
13. 什么是灯具? 其作用是什么? /350
14. 按光通量的分配比例可将灯具分为哪几类? /350
15. 按结构不同灯具分为哪几类? /351
16. 按用途不同灯具分为哪几类? /351
17. 按固定方式不同灯具分为哪几类? /351
18. 什么是吸顶灯? 其形式有哪些? 主要应用于哪些场所? /352
19. 什么是镶嵌灯? 其特点是什么? /352
20. 什么是吊灯? 主要应用于哪些场所? /352
21. 什么是壁灯? 其特点是什么? 主要应用于哪些场所? /352
22. 台灯的作用是什么? /352
23. 什么是立灯? 其作用是什么? /352
24. 什么是轨道灯? 其作用是什么? /353
25. 照明器具安装工程工程量清单包括哪些项目? /353
26. 什么是方形吸顶灯? /353
27. 什么是半圆球吸顶灯? /353
28. 什么是防水吊灯? /353
29. 什么是软线吊灯? /353
30. 什么是一般弯脖灯? 其作用是什么? /353
31. 什么是成套灯具? 其作用是什么? /354
32. 什么是圆球吸顶灯? 其特点是什么? /354
33. 什么是半圆球吸顶灯? /354
34. 普通灯具的安装定额工作内容有哪些? /354
35. 灯具有哪些安装方式? /354
36. 如何组装吸顶灯? /354
37. 普通灯具安装定额适用范围是怎样的? /355
38. 如何计算普通灯具安装定额工程量? /355
39. 工厂灯的种类有哪些? 其特点是什么? /355
40. 卤钨灯的原理、特点是什么? /356
41. 高压汞灯的原理、特点是什么? /356
42. 什么是防水防尘灯? 其适用范围是怎样的? /356
43. 工厂灯及防水防尘灯安装定额工作内容有哪些? /357
44. 工厂灯安装定额适用于哪些范围? /357
45. 如何计算工厂灯及防水防尘灯安装定额工程量? /358
46. 什么是装饰灯? /358
47. 装饰灯包括哪些种类? /358
48. 什么是点光源艺术装饰灯? /359
49. 歌舞厅照明控制方式有哪几种? /359
50. 彩灯有什么特点? 其工作原理是怎样的? /359
51. 什么是建筑装饰照明? 其形式有哪些? /360
52. 什么是发光顶棚? 其特点是什么? /360
53. 什么是光带? 其作用是什么? /360
54. 什么是檐板照明装置? /361
55. 什么是暗槽照明装置? 其有什么特点? /361
56. 装饰灯具安装定额工作内容有哪些? /361
57. 壁灯安装应注意哪些问题? /361
58. 装饰灯具安装定额适用于哪些范围? /362
59. 如何计算装饰灯具安装定额工程量? /363
60. 什么是荧光灯? 其特点是什么? /364
61. 什么是立体广告灯箱? 其特点是

什么？ /364
62. 普通荧光灯有哪些特点？ /365
63. H形荧光灯有哪些特点？ /365
64. 灯座的种类有哪些？ /365
65. 双曲荧光灯的特点是什么？ /365
66. 什么是防爆荧光灯？其种类有哪些？ /365
67. 荧光灯由哪些部件组成？其组成结构的特点是什么？ /366
68. 荧光灯具的安装定额工作内容有哪些？ /366
69. 如何进行荧光灯的组装（安装）？ /367
70. 荧光灯具安装定额适用于哪些范围？ /367
71. 什么是医疗专用灯？ /367
72. 医疗专用灯有哪些种类？ /367
73. 医院灯具安装定额工作内容有哪些？ /368
74. 医院灯具安装定额适用于哪些范围？ /368
75. 如何计算医院灯具安装工程定额工程量？ /368
76. 什么是路灯？ /368
77. 道路照明质量的影响因素有哪些？ /368
78. 路灯有哪些种类？ /369
79. 路灯安装定额工作内容有哪些？ /370
80. 路灯照明器安装的高度和纵向间距应符合哪些要求？ /370
81. 路灯安装定额适用于哪些范围？ /370
82. 如何计算路灯安装工程定额工程量？ /370
83. 什么是广场灯？ /370
84. 广场的照明形式有哪几种？ /370
85. 什么是灯杆照明方式？灯杆照明的灯具安装应符合哪些规定？ /371
86. 什么是高杆照明？其适用于哪种场所？ /371

87. 什么是悬索照明方式？其特点是什么？ /372
88. 如何选择广场照明的光源？ /372
89. 广场的分类有哪些？各类广场适合于哪种照明形式？ /372
90. 如何确定一般广场的照明及其安装高度？ /373
91. 如何确定收费处广场的照明器及其安装高度？ /373
92. 高杆灯具由哪些部件组成？ /374
93. 如何进行高杆灯具的安装？ /374
94. 什么是桥栏杆灯？其特点是什么？ /375
95. 什么是地道涵洞灯？ /375
96. 如何进行地道涵洞灯的安装？ /375
97. 如何计算照明器具安装工程清单工程量？ /376

第十二章　电气工程工程价款结算与索赔 /379

1. 我国现行工程价款结算可采用哪几种方式？ /379
2. 如何实行电气工程价款的按月结算？ /379
3. 如何实行电气工程价款的竣工后一次结算？ /379
4. 如何实行电气工程价款的分段结算？ /379
5. 工程价款按月结算、竣工后一次结算和分段结算方式的收支确认应符合哪些规定？ /379
6. 什么是目标结款方式？ /380
7. 目标结款方式下，承包商若想获得工程价款应该怎么做？ /380
8. 工程造价进行按月结算和分段结算的依据是什么？ /380
9. 定额计价模式下工程结算的编制依据是什么？ /382
10. 定额计价模式下工程结算编制要

求有哪些？ / 382	34. 工程变更时间是怎样限定的？ / 395
11. 定额计价模式下工程结算编制可分为哪几个阶段？ / 383	35. 什么是索赔？ / 396
	36. 什么是建设工程索赔？ / 396
12. 定额计价模式下工程结算的编制内容有哪些？ / 384	37. 引起索赔的干扰事件有哪些？ / 397
	38. 索赔的作用是什么？ / 397
13. 清单计价模式下办理竣工结算的依据是什么？ / 384	39. 根据索赔目的不同可将其分为哪几类？ / 398
14. 清单计价模式下办理竣工结算的要求有哪些？ / 385	40. 根据索赔当事人不同可将其分为哪几类？ / 398
15. 清单计价模式下办理竣工结算的程序是什么？ / 386	41. 根据索赔的原因不同可将其分为哪几类？ / 398
16. 发、承包双方在竣工结算核对过程中的权、责体现在哪些方面？ / 386	42. 根据索赔的依据不同可将其分为哪几类？ / 400
17. 清单计价模式下工程结算的内容有哪些？ / 388	43. 根据索赔处理方式不同可将其分为哪几类？ / 400
18. 工程结算的编制方法有哪些？ / 388	44. 什么条件下应该提出索赔？ / 401
19. 工程结算中涉及工程单价调整时应遵循哪些原则？ / 388	45. 在承包工程中,索赔要求有哪些？ / 401
	46. 承包人应如何进行索赔？ / 402
20. 工程结算编制中,涉及的工程单价应采用哪几种形式？ / 389	47. 什么是索赔工作程序？其特点是什么？ / 402
21. 工程结算的审查依据有哪些？ / 389	48. 承包人的索赔程序是什么？ / 402
22. 工程结算的审查要求有哪些？ / 389	49. 承包人提出索赔意向应符合哪些规定？ / 403
23. 工程结算的审查内容有哪些？ / 390	
24. 工程结算的审查方法有哪些？ / 391	50. 为什么要求承包商在规定期限内提出索赔意向？ / 403
25. 工程竣工结算审查分为哪几个阶段？ / 391	51. 索赔意向通知应包括哪些内容？ / 404
	52. 索赔报告的编写应符合哪些要求？ / 404
26. 工程竣工结算审查准备阶段的工作内容有哪些？ / 391	53. 承包人何时报送索赔报告？ / 405
27. 工程竣工结算审查阶段的工作内容有哪些？ / 391	54. 索赔审查应符合哪些要求？ / 405
28. 工程竣工结算审定阶段的工作内容有哪些？ / 392	55. 采取综合索赔时,承包人应提交哪些证明材料？ / 405
29. 工程计价争议的处理方法有哪些？ / 392	56. 索赔事件应怎样处理和解决？ / 406
30. 什么是工程变更？ / 393	57. 什么是发包人的索赔？ / 406
31. 发生工程变更的原因有哪些？ / 394	58. 发包人应如何进行索赔？ / 406
32. 项目监理机构处理工程变更的程序是怎样的？ / 394	59. 在承包合同实施中,索赔机会的表现有哪些？ / 406
	60. 索赔证据的重要性有哪些？ / 407
33. 怎样确定工程变更价款？ / 395	61. 索赔证据的分类有哪些？ / 407

62. 索赔证据具有哪些特点？ / 407
63. 索赔证据的来源有哪些？ / 408
64. 工期延误的影响因素有哪些？ / 409
65. 工期索赔的处理原则是什么？ / 409
66. 工期索赔的依据是什么？ / 410
67. 工期索赔的分析方法有哪些？ / 410
68. 如何利用网络分析法进行工期索赔值分析？ / 411
69. 如何利用比例分析法进行工期索赔值计算？ / 411
70. 费用索赔的计算应遵循哪些原则？ / 411
71. 费用索赔的原因有哪些？ / 412
72. 费用索赔的计算方法有哪些？ / 412
73. 如何利用总费用法进行费用索赔的计算？ / 412
74. 总费用法的使用条件是什么？ / 412
75. 利用总费用法进行费用索赔应注意哪些问题？ / 413
76. 分项法计算费用索赔有哪些特点？ / 413
77. 如何利用分项法进行费用索赔的计算？ / 413
78. 费用索赔与工期延期索赔有关联时该怎么办？ / 414
79. 什么是现场签证？ / 414
80. 发承包双方关于现场签证的处理应符合哪些规定？ / 414
81. 什么情况下可以调整工程价款？ / 415
82. 因工程量清单漏项或非承包人原因引起的工程变更，造成增加新的工程量清单项时，该怎样进行工程价款调整？ / 415
83. 因工程量清单漏项或非承包人原因引起的工程变更，造成措施项目变化，该怎样进行工程价款调整？ / 416
84. 施工期内市场价格出现波动应怎样进行工程价款调整？ / 416
85. 因不可抗力事件导致的费用变化该怎样进行工程价款调整？ / 417
86. 工程价款调整报告应怎样提出？确定调整的工程价款应如何支付？ / 417
87. 对物价波动引起的价格调整应有哪几种方式？ / 418

参考文献 / 420

第一章 电气工程造价概述

1. 什么是工程造价?

工程造价是指进行一个工程项目的建造所需要花费的全部费用,即从工程项目确定建设意向直至建成、竣工验收为止的整个建设期间所支出的总费用,这是保证工程项目建造正常进行的必要资金,是建设项目投资中的最主要的部分。

2. 工程造价的特殊职能有哪些?

工程造价的职能除一般商品价格职能以外,还有特殊职能,包括预测职能、控制职能、评价职能及调节职能。

3. 怎样理解工程造价的预测职能?

工程造价的大额性和多变性,无论是投资者或是承包商都要对拟建工程进行预先测算。投资者预先测算工程造价不仅作为项目决策依据,同时也是筹集资金、控制造价的依据。承包商对工程造价的测算,既为投标决策提供依据,也为投标报价和成本管理提供依据。

4. 怎样理解工程造价的控制职能?

工程造价的控制职能表现在两方面:一方面是它对投资的控制,即在投资的各个阶段,根据对造价的多次性预估,对造价进行全过程、多层次的控制;另一方面,是对以承包商为代表的商品和劳务供应企业的成本控制。在价格一定的条件下,企业实际成本开支决定企业的盈利水平。成本越高,盈利越低。成本高于价格,就会危及企业的生存。所以,企业要以工程造价来控制成本,利用工程造价提供的信息资料作为控制成本的依据。

5. 怎样理解工程造价的评价职能?

工程造价是评价总投资和分项投资合理性和投资效益的主要依据之

一。评价土地价格、建筑安装产品和设备价格的合理性时，就必须利用工程造价资料；在评价建设项目偿贷能力、获利能力和宏观效益时，也要依据工程造价。工程造价也是评价建筑安装企业管理水平和经营成果的重要依据。

6. 怎样理解工程造价的调节职能？

工程建设直接关系到经济增长，也直接关系到国家重要资源分配和资金流向，对国计民生都产生重大影响。所以，国家对建设规模、结构进行宏观调节是在任何条件下都不可缺少的，对政府投资项目进行直接调控和管理也是非常必需的。这些都要通过工程造价来对工程建设中的物质消耗水平、建设规模、投资方向等进行调节。

7. 理论上，工程造价是由哪些内容构成的？

根据马克思价格理论学说，工程造价构成内容可用价值公式表示如下：

$$商品价值 = C + V + m$$

式中　C——在商品生产中所消耗的生产资料价值；
　　　V——在商品生产中劳动者为自己劳动所创造的价值；
　　　m——在商品生产中劳动者为社会劳动所创造的价值。

8. 建筑安装工程造价可分为哪些种类？

根据实施阶段不同，建筑安装工程造价可以划分为投资估算、设计概算、施工图预算、招标投标合同价、竣工结(决)算等。

9. 什么是投资估算？

投资估算是指在项目建议书和可行性研究阶段，对拟建工程所需投资预先测算和确定的过程，估算出的价格称为估算造价。投资估算是决策、筹资和控制造价的主要依据。

10. 什么是投资估算指标？

投资估算指标是在编制项目建议书、可行性研究报告和编制设计任务书阶段进行投资估算、计算投资需要量时使用的一种定额。

11. 什么是工程预算？工程预算包括哪些内容？

工程预算是工程项目在未来一定时期内的收入和支出情况所做的计划。工程预算是一个统称，按照其不同的编制阶段，它有不同的名称和作用，一般包括设计概算、施工图预算和施工预算三部分。

12. 什么是设计概算？

设计概算是由设计单位在初步设计或扩大的初步设计阶段以投资估算为目标，预先计算建设项目由筹建至竣工验收、交付使用的全部建设费用的经济文件，它是根据初步设计图纸、概算定额（或概算指标）、设备预算价格，各项费用定额或取费标准和建设地点的自然、技术经济条件等资料编制的。

设计概算是国家确定和控制建设项目总投资，编制基本建设计划的依据，每个建设项目只有在初步设计和概算文件被批准之后，才能列入基本建设计划，才能开始进行施工图设计。设计概算，是有效地控制建设成本的重要依据。

13. 什么是施工图预算？

施工图预算是设计工作完成并经过图纸会审之后，施工单位在开工前预先计算和确定单项工程或单位工程全部建设费用的经济文件。它是根据施工图纸、施工组织设计（或施工方案）、预算定额、各项取费标准、建设地区的自然及技术经济条件等资料编制的。

施工图预算是确定建筑安装工程预算造价的具体文件，是签订建筑安装工程施工合同，实行工程预算包干，拨付工程款，进行竣工结算的依据，是施工企业加强经营管理，搞好企业内部经济核算的重要依据。

14. 什么是施工预算？

施工预算是施工企业以施工图预算（或承包合同价）为目标确定的拟建单位工程（或分部、分项工程）所需的人工、材料、机械台班消耗量及其相应费用的技术经济文件。它是根据施工图计算的分项工程量、施工定额（或企业内部消耗定额）、单位工程施工组织设计或施工方案和施工现场条件等，通过资料分析、计算而编制的。

15. 概算造价与预算造价区别在哪些方面？

概算造价与预算造价的区别主要体现在以下几个方面：
(1)编制依据不同。
(2)造价的精确程度不同。
(3)所起的作用不同。

16. 施工图预算与施工预算有什么区别？

施工图预算与施工预算的主要区别是：施工图预算用于企业对外关系，是企业收入的标准；而施工预算用于企业内部，是企业支出的标准。

17. 什么是合同价？

合同价是指在工程招投标阶段，承发包双方根据合同条款及有关规定，并通过签订工程承包合同所计算和确定的拟建工程造价总额。

合同价属于市场价格的范畴，不同于工程的实际造价。按照投资规模的不同，可分为建设项目总价承包合同价、建筑安装工程承包合同价、材料设备采购合同价和技术及咨询服务合同价；按计价方法的不同，可分为固定合同价、可调合同价和工程成本加酬金合同价。

18. 工程合同价的确定方式有哪些？

工程合同价的确定方式如下：
(1)通过招标选定中标人决定合同价；
(2)以施工图预算为基础，发包方与承包方通过协商谈判决定合同价。

19. 怎样对工程合同价款进行约定？

业主、承包商在合同条款中除约定合同价外，一般应当对下列关于工程合同价款的事项进行约定：
(1)预付工程款的数额、支付时限及抵扣方式；
(2)支付工程进度款的方式、数额及时限；
(3)工程施工中发生变更时，工程价款的调整方法、索赔方式、时限要求及金额支付方式；
(4)发生工程价款纠纷的解决方法；

(5) 约定承担风险的范围和幅度,以及超出约定范围和幅度的调整方法;
(6) 工程竣工价款结算与支付方式、数额及时限;
(7) 工程质量保证(保修)金的数额、预扣方式及时限;
(8) 工期及工期提前或延后的奖惩方法;
(9) 与履行合同、支付价款有关的担保事项。

20. 怎样对工程合同价款进行调整?

工程合同价款的调整方法见表1-1。

表1-1　　　　　　工程合同价款的调整方法

序号	项目	调整方法
1	工程变更价款调整	(1) 合同中已有适用于变更工程的价格,按合同已有的价格计算变更合同价款; (2) 合同中只有类似于变更工程的价格,可以参照类似价格变更合同价款; (3) 合同中没有适用或类似于变更工程的价格,由承包商提出适当的变更价格,经监理(业主)确认后执行
2	综合单价调整	工程量清单中工程量有误或工程变更引起实际完成的工程量增减超过工程量清单中相应工程量的10%或合同中约定的幅度时,工程量清单项目的综合单价应予调整
3	材料价格调整	由承包人采购的材料,材料价格以承包人在投标报价书中的价格进行控制
4	措施费用调整	施工期内,措施费用按承包人在投标报价书中的措施费用进行控制,有下列情况之一者应予调整: (1) 发包人更改承包人的施工组织设计(修正错误除外)造成措施费用增加的应予调整; (2) 单价合同中,实际完成的工作量超过发包人所提工程量清单的工作量,造成措施费用增加的应予调整; (3) 因发包人原因并经承包人同意顺延工期,造成措施费用增加的应予调整; (4) 施工期间因国家法律、行政法规以及有关政策变化导致措施费中工程税金、规费等变化,应予调整

21. 什么是投标价？

投标价是指投标人响应招标人发出的工程量清单，结合现场施工条件，自行制定施工技术方案和施工组织设计，按招标文件的要求，以企业定额或者参照本地区建设行政主管部门发布的综合基价及其计价办法、工程造价管理机构发布的市场价格信息编制的工程价格。

22. 什么是中标价？

中标价是指经历算术修正的，并在中标通知书中说明招标人接纳的投标价。

23. 什么是工程竣工结算？

竣工结算是指一个单项工程或单位工程全部竣工，并经过建设单位与有关部门验收后，施工企业编制的向建设单位办理最终结算的技术经济文件，它是由施工企业以施工图预算书（或承包合同）为依据，根据现场施工记录、设计变更通知书、现场变更签证、材料预算价格和有关取费标准等资料，在原定合同、预算的基础上编制的。

24. 什么是工程竣工决算？

竣工决算是由建设单位编制的反映建设项目实际造价和投资效果的文件。竣工决算可分为施工企业内部单位工程的成本决算和建设单位拟定决策对象的竣工决算。施工单位的单位工程成本决算，是以工程结算为依据编制的从施工准备到竣工验收后的全部施工费用的技术经济文件，用于分析该工程施工的最终实际效益。建设项目的竣工决算，是当所建项目全部完工并经过验收后，由建设单位编制的从项目筹建到竣工验收，交付使用全过程中实际支付的全部建设费用的经济文件，它的作用主要是反映建设工程实际投资额及其投资效果，是作为核定新增固定资产和流动资金价值，国家或主管部门验收小组验收交付使用的重要财务成本依据。

25. 我国现行工程造价是怎样划分的？

我国现行工程造价的构成主要划分为设备及工、器具购置费用，建筑安装工程费用,工程建设其他费用,预备费,建设期贷款利息,固定资产投资方向调节税等几项。其具体构成内容如图 1-1 所示。

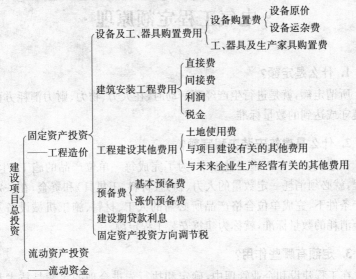

图 1-1 我国现行工程造价的构成

26. 建筑安装工程造价的确定为什么要进行多次计价?

由于建筑安装工程项目的建设周期长、规模大、造价高,因此要按建设程序分为投资决策、工程设计、招投标、施工安装、竣工验收等不同阶段进行。相应地也要在不同阶段多次计价,以保证工程造价计算的准确性和控制的有效性。多次性计价是个逐步深化、细化和接近实际造价的过程。

27. 我国现阶段工程造价的计算方法有哪些?

在我国现阶段,工程造价的计算方法有两种,即定额计价法和工程量清单计价法。我国正处于从传统的定额计价模式向国际通用的工程量清单计价模式的转变阶段。

第二章 电气工程定额原理

1. 什么是定额？

所谓定额，就是进行生产经营活动时，在人力、物力、财力消耗方面所应遵守或达到的数量标准。

2. 什么是建筑安装工程定额？

在建筑安装工程施工过程中，为了完成每一单位产品的施工(生产)过程，就必须消耗一定数量的人力、物力(材料、工机具)和资金，在一定的生产条件下，完成单位合格产品所必需的人工、材料、施工机械设备及其资金消耗的数量标准，就称为建筑安装工程定额。

3. 定额有哪些作用？

在工程建设和企业管理中，确定和执行先进合理的定额是技术和经济管理工作中的重要一环。在工程项目的计划、设计和施工中，定额具有以下几方面的作用：

(1)定额是编制计划的基础。工程建设活动需要编制各种计划来组织与指导生产，而计划编制中又需要各种定额来作为计算人力、物力、财力等资源需要量的依据，因此说定额是编制计划的重要基础。

(2)定额是确定工程造价的依据和评价设计方案经济合理性的尺度。工程造价是根据由设计规定的工程规模、工程数量及相应需要的劳动力、材料、机械设备消耗量及其他必须消耗的资金确定的。其中，劳动力、材料、机械设备的消耗量又是根据定额计算出来的，定额是确定工程造价的依据。同时，建设项目投资的大小又反映了各种不同设计方案技术经济水平的高低。因此，定额又是比较和评价设计方案经济合理性的尺度。

(3)定额是组织和管理施工的工具。建筑企业要计算、平衡资源需要量、组织材料供应、调配劳动力、签发任务单、组织劳动竞赛、调动人的积极因素、考核工程消耗和劳动生产率、贯彻按劳分配工资制度、计算工人

第二章 电气工程定额原理

报酬等,都要利用定额。因此,从组织施工和管理生产的角度来说,企业定额又是建筑企业组织和管理施工的工具。

(4)定额是总结先进生产方法的手段。定额是在平均先进的条件下,通过对生产流程的观察、分析、综合等过程制定的,它可以最严格地反映出生产技术和劳动组织的先进合理程度。因此,我们就可以以定额方法为手段,对同一产品在同一操作条件下的不同的生产方法进行观察、分析和总结,从而得到一套比较完整的、优良的生产方法,作为生产中推广的范例。

4. 定额具有哪些特点?

定额的特点包括权威性、科学性、统一性、稳定性、时效性及系统性。

5. 按专业不同分类,定额分为哪几类?

各个不同专业都分别有相应的主管部门颁发的在本系统使用的定额,如:建筑安装工程定额(亦称土建定额);设备安装工程定额;给排水工程定额;公路工程定额;铁路工程定额;水利水电工程定额;水运工程定额;井巷工程定额等。

6. 按编制单位和执行定额的范围不同,定额分为哪几类?

按编制单位和执行定额的范围不同,定额分为全国统一定额、行业统一定额、地方统一定额、企业定额和补充定额。

7. 按生产要素不同,定额分为哪几类?

按生产要素不同,定额分为劳动定额、材料消耗定额和机械台班使用定额。

8. 按用途不同,定额分为哪几类?

按用途不同,定额分为施工定额、预算定额和概算定额。

9. 什么是《全国统一安装工程预算定额》?

《全国统一安装工程预算定额》(GYD—201~213—2000)(以下简称全统定额,全书同)是在原国家计委(1986年版)的"统一定额"的基础上由原建设部组织修订的一套较完整、较适用的安装工程预算定额。该定额于2000年3月17日起陆续发布实施。

10. 全统定额的适用范围是什么?

全统定额适用于各类工业建筑、民用建筑、扩建项目的安装工程。

11. 全统定额的作用是什么?

全统定额是完成规定计量单位分项工程计价所需的人工、材料、机械台班的消耗量标准,是统一全国安装工程预算工程量计算规则、项目划分、计量单位的依据;是编制安装工程地区单位估价表、施工图预算、招标工程标底、确定工程造价的依据;是编制概算定额(指标)、投资估算指标的基础;也可作为制定企业定额和投标报价的基础。

12. 全统定额有哪些分册?

现行全统定额共十三册,分别是:
(1)第一册《机械设备安装工程》;
(2)第二册《电气设备安装工程》;
(3)第三册《热力设备安装工程》;
(4)第四册《炉窑砌筑工程》;
(5)第五册《静置设备与工艺金属结构制作安装工程》;
(6)第六册《工业管道工程》;
(7)第七册《消防及安全防范设备安装工程》;
(8)第八册《给排水、采暖、燃气工程》;
(9)第九册《通风空调工程》;
(10)第十册《自动化控制仪表安装工程》;
(11)第十一册《刷油、防腐蚀、绝热工程》;
(12)第十二册《通信设备及线路工程》;
(13)第十三册《建筑智能化系统设备安装工程》。

13. 全统定额适用于哪些施工条件?

全统定额是按正常施工条件进行编制的。
正常施工条件包括:
(1)设备、材料、成品、半成品及构件完整无损,符合质量标准和设计要求,附有合格证书和实验记录;
(2)安装工程和土建工程之间的交叉作业正常;

(3)安装地点、建筑物、设备基础、预留孔洞等均符合安装要求；
(4)水、电供应均满足安装施工正常使用；
(5)正常的气候、地理条件和施工环境。

当在高原、高寒地区、洞库、水下等非正常施工条件下施工,应根据有关规定增加其费用。

14. 全统定额基价由哪些内容组成？

定额基价是一个计量单位的分项工程的基础价格。全统定额基价是由人工费、材料费、机械台班使用费组成的。

15. 什么是地方统一定额？

地方统一定额是由各省、自治区、直辖市在国家统一指导下,结合本地区特点编制的定额,只在本地区范围内执行,如建筑工程预算定额、市政工程预算定额、房屋修缮定额。

16. 什么是行业统一定额？

行业统一定额是考虑到各行业部门专业工程技术特点,以及施工生产和管理水平编制的定额,一般是只在本行业和相同专业性质的范围内使用的专业定额,如公路工程定额、矿井建设工程定额、铁路建设工程定额等。

17. 什么是企业定额？

所谓企业定额,是指建筑安装企业根据本企业的技术水平和管理水平,编制完成单位合格产品所必需的人工、材料和施工机械台班的消耗量,以及其他生产经营要素消耗的数量标准。企业定额反映企业的施工生产与生产消费之间的数量关系,是施工企业生产力水平的体现,每个企业均应拥有反映自己企业能力的企业定额。企业的技术和管理水平不同,企业定额的定额水平也就不同。因此,企业定额是施工企业进行施工管理和投标报价的基础和依据,从一定意义上讲,企业定额是企业的商业秘密,是企业参与市场竞争的核心竞争能力的具体表现。

18. 企业定额具有哪些特点？

每个企业均应拥有反映自己企业能力的企业定额,企业定额的企业水平与企业技术和管理水平相适应。企业定额具有以下特点：

(1)企业定额的各项平均消耗量指标要比社会平均水平低,以体现企业定额的先进性。

(2)企业定额可以体现本企业在某些方面的技术优势及本企业局部或全面的管理优势。

(3)企业所有的各项单价都是动态的、变化的,具有市场性。

(4)企业定额与施工方案能全面接轨。

19. 企业定额的构成及表现形式有哪些?

企业定额的构成及表现形式因企业的性质不同、取得资料的详细程度不同、编制的目的不同、编制的方法不同而不同。其构成及表现形式主要有以下几种:

(1)企业劳动定额;

(2)企业材料消耗定额;

(3)企业机械台班使用定额;

(4)企业施工定额;

(5)企业定额估价表;

(6)企业定额标准;

(7)企业产品出厂价格;

(8)企业机械台班租赁价格。

20. 企业定额的作用体现在哪些方面?

企业定额的作用具体表现在以下方面:

(1)企业定额是企业计划、管理的依据。

(2)企业定额是编制施工组织设计的依据。

(3)企业定额是企业激励工人的条件。

(4)企业定额是计算劳动报酬、实行按劳分配的依据。

(5)企业定额是编制施工预算,加强企业成本管理的基础。

(6)企业定额是业内推广先进技术和鼓励创新的工具。

(7)企业定额是编制预算和补充估价表的基础。

(8)企业定额是施工企业进行工程投标、编制工程投标报价的基础和主要依据。

(9)企业定额可以规范建筑市场秩序以及承发包行为。

21. 编制企业定额应遵循哪些原则?

(1)执行国家、行业的有关规定,适应《建设工程工程量清单计价规范》的原则。

(2)真实、平均先进性原则。

(3)企业定额必须满足适用于企业内部管理和对外投标报价等多种需要,符合其简明适用原则。

(4)时效性和相对稳定性原则。

(5)独立自主编制原则。

(6)编制人员以专为主、专群结合原则。

22. 编制企业定额应依据哪些内容?

企业定额的编制依据包括:

(1)现行劳动定额和施工定额。

(2)现行设计规范、施工及验收规范、质量评定标准和安全操作规程。

(3)国家统一的工程量计算规则、分部分项工程项目划分、工程量计算单位。

(4)新技术、新工艺、新材料和先进的施工方法等。

(5)有关的科学试验、技术测定和统计、经验资料。

(6)市场人工、材料、机械价格信息。

(7)各种费用、税金的确定资料。

23. 企业定额的编制分为哪几个步骤?

企业定额的编制步骤如下:

(1)制定《企业定额编制计划书》。

(2)搜集、整理资料。

(3)拟定编制企业定额的工作方案与计划。

(4)编制企业定额初稿。

(5)对定额的水平、使用范围、结构及内容的合理性,以及存在的缺陷进行综合评估,并根据评审结果对定额进行修正。

(6)经评审和修改后,企业定额即可组织实施。

24.《企业定额编制计划书》包括哪些内容？

《企业定额编制计划书》的制定通常包括如下内容：
(1)明确企业定额的编制目的。
(2)确定企业定额水平,实现企业定额的编制。
(3)确定企业定额形式和编制方法。
(4)拟成立企业定额编制机构,提交需参编人员名单。
(5)明确应收集的数据和资料。
(6)确定工期和编制进度。

25. 编制企业定额需要搜集哪些资料？

编制企业定额需要搜集的资料包括企业整体水平与定额水平的差异；现行法律、法规，以及规程规范对定额的影响；新材料、新技术对定额水平的影响等。

26. 拟定的企业定额的工作方案与计划包括哪些内容？

拟定编制企业定额的工作方案与计划,具体内容如下：
(1)根据编制目的,确定企业定额的内容及专业划分。
(2)确定企业定额的册、章、节的划分和内容的框架。
(3)确定企业定额的结构形式及步距划分原则。
(4)具体参编人员的工作内容、职责、要求。

27. 编制企业定额初稿应包括哪些内容？

编制企业定额初稿应包括下列内容：
(1)确定企业定额的定额项目及内容。
(2)确定定额计量单位。
(3)确定企业定额指标。
(4)编制企业定额项目表。
(5)对企业定额的项目进行编制。
(6)编制企业定额相关项目说明。
(7)编制企业定额估价表。

28. 企业定额的编制方法有哪些？

企业定额的编制方法包括技术测定法、统计分析法、比较类推法和经验估计法,具体内容见表 2-1。

表 2-1　　　　　　　　企业定额编制方法

序号	项目	具体内容
1	技术测定法	技术测定法是根据生产技术、操作工艺、劳动组织和施工条件,对施工过程中的各种具体活动进行实地观察,记录施工中工人和机械的工作时间消耗、完成产品的数量以及有关影响因素,并将记录的结果进行整理,加以客观地分析,从而制定定额的方法
2	统计分析法	统计分析法是结合过去施工中同类工程或同类产品工时消耗的统计资料,考虑当前生产技术组织条件的变化因素,经过科学地分析研究后制定定额的方法
3	比较类推法	比较类推法是借助同类型或相似类型的产品或工序已经精确测定好的典型定额项目的定额水平,经过分析比较,类推出同类相邻项目定额水平的定额制定方法
4	经验估计法	经验估计法是由有丰富经验的定额人员、工程技术人员和工人,根据个人或集体的实践经验,经过分析图纸和现场观察,了解施工的生产技术组织条件和操作方法的难易程度,通过座谈讨论制定定额的方法

29. 企业定额的编制分为几个阶段?

企业定额的编制包括规划阶段,积累阶段,调研阶段,编制阶段,审核、试行阶段。

(1)规划阶段。把建立企业定额作为提高企业管理水平和竞争能力的大事,组成包括副总经理或总经济师、财务人员、造价人员、劳资、技术等专业人员的工作团队,具体实施企业定额的编制工作。工作团队应根据要求,提出建立企业定额的整体计划和各阶段的具体计划,确定编制的原则和方法。

(2)积累阶段。由各专业人员负责收集、积累本专业有关定额调研和测定内容的资料,主要包括:

1)企业劳动生产率、执行劳动定额情况、一线工人比例、项目和公司

管理人员、材料人员、劳保人员等比例等;

2)一线工人的工资情况、项目和公司管理费用收支情况、利润、技术措施费、文明施工费、劳保支出情况等;

3)常用材料的采购成本,包括材料供应价格、运杂费、采购保管费情况;

4)周转材料和现场材料的使用,包括领退料情况以及损耗等;

5)技术设备水平、设备完好率及折旧情况、设备净值、设备维修费用及工器具情况等;

6)采用新技术、新工艺、新材料和推广技术革新降低成本的情况等。

(3)调研阶段。整体研究分析企业近年来的工程承包经济效益,对企业的人工费、材料费、机械设备使用费、现场经费、企业管理费、施工技术措施费、施工组织措施费、社会保险费用、利润、税金等费用的收支情况和现行定额相应费用的差异及原因进行调查和分析。

(4)编制阶段。以能实事求是计算实际成本满足施工需要和投标报价需要为前提,按照国家《建设工程工程量清单计价规范》的要求,统一工程量计算规则、统一项目划分、统一计量单位、统一编码并参照造价管理部门发布的工、料、机消耗量标准,根据定额的编制原则和方法进行编制。

(5)审核、试行阶段。试行前的审核,只是书面的审核,试行阶段才进行付诸实践的审核。试行一般应该选择管理水平较高的一两个项目部的两三个工程,重点考察分部分项工程的工、料、机消耗量和费用,周转材料使用费,项目部和公司机关应分摊在工程上的管理费、利润等。

30. 企业定额的消耗量指标有哪些?

企业定额的消耗量指标有:人工消耗量、材料消耗量、机械台班消耗量、措施性消耗指标、费用定额、利润率。

31. 怎样确定企业定额的人工消耗量?

企业定额的人工消耗量的确定一般是通过定额测算法确定的。

定额测算法就是通过对本企业近年(一般为三年)的各种基础资料包括财务、预结算、供应、技术等部门的资料进行科学的分析归纳,测算出企业现有的消耗水平,然后将企业消耗水平与国家统一(或行业)定额水平进行对比,计算出水平差异率,最后,以国家统一定额为基础按差异率进行调整,用调整后的资料来编制企业定额。

32. 怎样通过定额测算法确定企业定额的人工消耗量?

(1)搜集资料,整理分析,计算预算定额人工消耗水平和企业实际人工消耗水平。

(2)用预算定额人工消耗量与企业实际人工消耗量对比,计算工效增长率。

(3)计算施工方法对人工消耗的影响。不同的施工方法产生不同的生产率水平,直接对人工、材料和机械台班的使用数量产生影响。一般的编制企业定额所选用的施工方法应是企业近年在施工中经常采用的并在以后较长期限内继续使用的施工方法。

(4)计算施工技术规范及施工质量验收标准对人工消耗的影响。施工技术规范及施工验收标准的变化对人工消耗的影响,主要通过施工工序和施工程序的变化来体现,这种变化对人工消耗的影响要通过现场调研取得。

(5)计算新材料、新工艺对人工消耗的影响。新材料、新工艺对人工消耗及对企业过去生产率水平的影响也是通过现场调研确定的。

(6)计算企业技术装备程度对人工消耗的影响。企业的技术装备程度表明生产施工过程中的机械化和自动化水平,分析机械装备程度对劳动生产率的影响,对企业定额的编制具有十分重要的意义。

(7)其他影响因素的计算。企业人工消耗水平的影响因素是复杂的、多方面的,除上述(1)~(6)项中的基本因素外,在实际的企业定额编制工作中,还要根据具体的目的和特性,从不同的角度对其进行具体的分析。

(8)关键项目和关键工序的调研。在编制企业定额时,对工程中经常发生的、资源消耗量大的项目及工序,要进行重点调查,选择一些有代表性的施工项目,进行现场访谈和实地观测,搜集现场第一手资料,进行充分的对比分析,确定各类资源的实际耗用量,作为编制企业定额的依据。

(9)确定企业定额项目水平,编制人工消耗指标。通过上述一系列的工作,取得编制企业定额所需的各类数据,然后根据上述数据,考虑企业还可挖掘的潜力,确定企业定额人工消耗的总体水平,最后以差别水平的方式,将影响定额人工消耗水平的各种因素落实到具体的定额项目中,编制企业定额人工消耗指标。

33. 怎样确定预算人工工日消耗量？

选择近三年本公司承建的已竣工结算完的有代表性的工程项目，计算预算人工工日消耗量，计算方法是用工程结算书中的人工费除以人工费单价。计算公式为

预算人工工日消耗量＝预算人工费÷预算人工费单价

34. 怎样计算人工工效增长率？

计算人工工效增长率应用预算定额人工消耗量与企业实际人工消耗量对比。

首先，根据考勤表和施工记录等资料，计算实际工作工日消耗量。

其次，计算预算定额完成率，预算定额完成率的计算公式为

$$预算定额完成率＝\frac{预算人工工日消耗量}{实际工作工日消耗量}\times 100\%$$

当预算定额完成率为＞1时，说明企业劳动率水平比社会平均劳动率水平高，反之则低。

然后，计算人工工效增长率，其计算公式为

人工工效增长率＝预算定额完成率－1

35. 怎样计算施工方法对人工工日消耗的影响？

不同的施工方法产生不同的生产率水平，两种施工方法对资源消耗量影响的差异可按下列公式计算：

$$\frac{施工方法对分项工程}{工日消耗影响的指标}＝\frac{\sum 两种施工方法对工日消耗影响的差异额}{\sum 受影响的分项工程工日消耗}\times 100\%$$

$$\frac{施工方法对整体工程}{工日消耗影响的指标}＝\frac{\sum 两种施工方法对工日消耗影响的差异额}{\sum 受影响的分项工程工日消耗}\times$$

受影响项目人工费合计占工程总人工费的比重

36. 怎样计算施工技术规范及验收标准对人工工日消耗的影响？

比较简单的方法是现场调研，即：走访现场有经验的工人，了解施工技术规范及施工验收标准变化后，现场的施工发生了哪些变化，变化量是多少，并做详细的调查记录。然后，根据调查记录，选择有代表性的工程，进行实地观察核实。最后对取得的资料分析对比，确定施工技术规范及

施工验收标准的变化对企业劳动生产率水平影响的趋势和幅度。

37. 怎样计算劳动的技术装备程度?

劳动的技术装备程度,通常以平均每一劳动者装备的生产性固定资产或动力、能力的数量来表示。其计算公式为

$$劳动的技术装备程度指标 = \frac{生产性固定资产(或动力、能力)平均数}{平均生产工人人数}$$

38. 怎样确定企业定额的材料消耗量?

(1)以预算定额为基础,计算企业施工过程中材料消耗水平。

(2)计算使用新型材料与老旧材料的数量,在编制具体的企业定额子目时进行调整。

(3)对重点项目和工序消耗的材料进行计算和调研。

(4)周转性材料的计算。周转性材料的消耗量一部分被综合在具体的定额子目中,另一部分作为措施项目费用的组成部分单独计取。

(5)计算企业施工过程中材料消耗水平与定额水平的差异。

$$材料消耗差异率 = \frac{预算材料消耗量}{实际材料消耗量} \times 100\% - 1$$

(6)调整预算定额材料种类和消耗量,编制施工材料消耗量指标。

39. 怎样确定企业定额的机械台班消耗量?

(1)计算预算定额机械台班消耗量水平和企业实际机械台班消耗水平。预算定额机械台班消耗量水平的计算,可以通过对工程结算资料进行人、材、机分析,取得定额消耗的各类机械台班数量。

(2)对本企业采用的新型施工机械进行统计分析。

(3)计算设备综合利用指标,分析影响企业机械设备利用率的各种原因。

(4)计算机械台班消耗的实际水平与预算水平的差异。

$$机械台班消耗差异率 = \frac{预算机械台班消耗量}{实际机械台班消耗量} \times 100\% - 1$$

(5)调整预算定额机械台班使用的各类消耗量,编制施工机械台班消耗量指标。

40. 怎样确定企业定额的措施费用指标?

措施费用指标的编制,是通过对本企业在某类(以工程特性、规模、地

域、自然环境等特征划分的工程类别)工程中所采用的措施项目及其实施效果进行对比分析,选择技术可行、经济效益好的措施方案,进行经济技术分析,确定其各类资源消耗量,作为本企业内部推广使用的措施费用指标。

措施费用指标的编制方法一般采用方案测算法,即根据具体的施工方案,进行技术经济分析,将方案分解,对其每一步的施工过程所消耗的人、材、机等资源进行定性和定量分析,最后整理汇总编制指标。

41. 怎样确定企业定额的费用定额?

费用定额的制定一般采用方案测算法,费用定额的制定过程是选择有代表性的工程,对工程中实际发生的各项管理费用支出金额进行核实,剔除其中不合理的开支项目后汇总,然后与本工程生产工人实际消耗的工日数进行对比,计算每个工日应支付的管理费用。

42. 怎样确定企业定额的利润率?

企业定额利润率的确定是根据某些有代表性工程的利润水平,通过对比分析,结合建筑市场同类企业的利润水平以及本企业目前工作量的饱满程度进行综合取定。

43. 什么是补充定额?

补充定额是指随着设计、施工技术的发展在现行定额不能满足需要的情况下,为了补充缺项所编制的定额。补充定额只能在指定的范围内使用,一般由施工企业提出测定资料,与建设单位或设计部门协商议定,只作为一次使用,并同时报主管部门备查,以后陆续遇到此种同类项目时,经过总结和分析,往往成为补充或修订正式统一定额的基本资料。

44. 什么是劳动定额?

劳动定额又称人工定额,是建筑安装工人在正常的施工(生产)条件下、在一定的生产技术和生产组织条件下、在平均先进水平的基础上制定的。它表明每个建筑安装工人生产单位合格产品所必须消耗的劳动时间,或在单位时间所生产的合格产品的数量。

45. 劳动定额的作用体现在哪些方面?

劳动定额的作用主要表现在组织生产和按劳分配两个方面。在一般情况下,两者是相辅相成的,即生产决定分配,分配促进生产。当前对企业基层推行的各种形式的经济责任制的分配形式,无一不是以劳动定额作为核算基础的。具体来说,劳动定额的作用主要表现在以下几个方面:

(1)劳动定额是编制施工作业计划的依据。
(2)劳动定额是贯彻按劳分配原则的重要依据。
(3)劳动定额是开展社会主义劳动竞赛的必要条件。
(4)劳动定额是企业经济核算的重要基础。

46. 按用途不同,劳动定额可分为几种表现形式?

劳动定额按照用途不同,可以分为时间定额和产量定额两种形式。

47. 什么是时间定额?

时间定额就是某种专业(工种)、某种技术等级的工人小组或个人,在合理的劳动组合、合理的使用材料、合理的施工机械配合条件下,生产某一单位合格产品所必需的工作时间,包括准备与结束时间、基本生产时间、辅助生产时间、不可避免的中断时间以及工人必要的休息时间。

48. 怎样计算时间定额?

时间定额以工日为单位,每一工日按八小时计算。其计算公式如下:

$$单位产品时间定额(工日) = \frac{1}{每工产量}$$

或

$$单位产品时间定额(工日) = \frac{小组成员工日数总和}{台班产量}$$

49. 什么是产量定额?

产量定额就是在合理的劳动组合、合理的使用材料、合理的机械配合条件下,某种专业(工种)、某种技术等级的工人小组或个人,在单位工日中所完成的合格产品的数量。

50. 怎样计算产量定额?

产量定额根据时间定额计算,其计算公式如下:

$$每工产量 = \frac{1}{单位产品时间定额(工日)}$$

或 $$台班产量 = \frac{小组成员工日数的总和}{单位产品时间定额(工日)}$$

产量定额的计量单位,通常以自然单位或物理单位来表示。如台、套、个、m、m^2、m^3 等。

51. 时间定额与产量定额之间是什么关系?

产量定额的高低与时间定额成反比,两者互为倒数。生产某一单位合格产品所消耗的工时越少,则在单位时间内的产品产量就越高。反之就越低。

$$时间定额 \times 产量定额 = 1$$

或

$$时间定额 = \frac{1}{产量定额}$$

$$产量定额 = \frac{1}{时间定额}$$

所以两种定额中,无论知道哪一种定额,就可以很容易计算出另一种定额。

例如:安装一个不锈钢法兰阀门需要 0.45 工日(时间定额),则每工产量=1/0.45=2.22 个(产量定额)。反之,每工日可安装 2.22 个不锈钢阀门(产量定额),则安装一个不锈钢法兰阀门需要 1/2.22=0.45 工日(时间定额)。

时间定额和产量定额是同一个劳动定额量的不同表示方法,但有各自不同的用处。时间定额便于综合,便于计算总工日数,便于核算工资,所以劳动定额一般均采用时间定额的形式。产量定额便于施工班组分配任务,便于编制施工作业计划。

52. 劳动定额的编制分为哪些步骤?

劳动定额的编制应分为下列步骤:
(1)分析基础资料,拟定编制方案;
(2)确定正常的施工条件;
(3)确定劳动定额消耗量。

53. 影响劳动定额工时消耗的因素有哪些?

影响劳动定额工时消耗的因素包括技术因素和组织因素。

(1)技术因素:包括完成产品的类别;材料、构配件的种类和型号等级;机械和机具的种类、型号和尺寸;产品质量等。

(2)组织因素:包括操作方法和施工的管理与组织;工作地点的组织;人员组成和分工;工资与奖励制度;原材料和构配件的质量及供应的组织;气候条件等。

54. 如何对观察资料进行分析研究和整理?

对每次计时观察的资料进行整理之后,要对整个施工过程的观察资料进行系统的分析研究和整理。

整理观察资料的方法大多是采用平均修正法。平均修正法是一种在对测时数列进行修正的基础上,求出平均值的方法。修正测时数列,就是剔除或修正那些偏高、偏低的可疑数值。目的是保证不受那些偶然性因素的影响。

如果测时数列受到产品数量的影响时,采用加权平均值则是比较适当的。因为采用加权平均值可在计算单位产品工时消耗时,考虑到每次观察中产品数量变化的影响,从而也能获得可靠的值。

55. 编制劳动定额需要采集哪些日常积累资料?

编制劳动定额的日常积累的资料主要有四类:一类是现行定额的执行情况及存在问题的资料;再一类是企业和现场补充定额资料,如因现行定额漏项而编制的补充定额资料,因解决采用新技术、新结构、新材料和新机械而产生的定额缺项所编制的补充定额资料;第三类是已采用的新工艺和新的操作方法的资料;第四类是现行的施工技术规范、操作规程、安全规程和质量标准等。

56. 拟定的劳动定额编制方案包括哪些内容?

拟定的劳动定额编制方案的内容包括:

(1)提出对拟编定额的定额水平总的设想。

(2)拟定定额分章、分节、分项的目录。

(3)选择产品和人工、材料、机械的计量单位。

(4)设计定额表格的形式和内容。

57. 如何拟定正常的人工工作施工条件?

(1)拟定工作地点的组织:工作地点是工人施工活动场所。拟定工作地点的组织时,要特别注意使人在操作时不受妨碍,所使用的工具和材料应按使用顺序放置于工人最便于取用的地方,以减少疲劳和提高工作效率,工作地点应保持清洁和秩序井然。

(2)拟定工作组成:拟定工作组成就是将工作过程按照劳动分工的可能划分为若干工序,以达到合理使用技术工人。可以采用两种基本方法。一种是把工作过程中各简单的工序,划分给技术熟练程度较低的工人去完成;一种是分出若干个技术程度较低的工人,去帮助技术程度较高的工人工作。采用后一种方法就把个人完成的工作过程,变成小组完成的工作过程。

(3)拟定施工人员编制:拟定施工人员编制即确定小组人数、技术工人的配备,以及劳动的分工和协作。原则是使每个工人都能充分发挥作用,均衡地担负工作。

58. 如何拟定时间定额?

时间定额是在拟定基本工作时间、辅助工作时间、不可避免中断时间、准备与结束的工作时间,以及休息时间的基础上制定的。

确定的基本工作时间、辅助工作时间、准备与结束工作时间、不可避免中断时间和休息时间之和,就是劳动定额的时间定额。根据时间定额可计算出产量定额,时间定额和产量定额互成倒数。

利用工时规范,可以计算劳动定额的时间定额。计算公式为

$$作业时间 = 基本工作时间 + 辅助工作时间$$

$$规范时间 = 准备与结束工作时间 + 不可避免的中断时间 + 休息时间$$

$$工序作业时间 = 基本工作时间 + 辅助工作时间$$

$$= 基本工作时间/[1 - 辅助时间(\%)]$$

$$定额时间 = \frac{作业时间}{1 - 规范时间(\%)}$$

59. 如何拟定基本工作时间?

基本工作时间在必需消耗的工作时间中占的比重最大。在确定基本

工作时间时，必须细致、精确。基本工作时间消耗一般应根据计时观察资料来确定。其做法是，首先确定工作过程每一组成部分的工时消耗，然后再综合出工作过程的工时消耗。如果组成部分的产品计量单位和工作过程的产品计量单位不符，就需先求出不同计量单位的换算系数，进行产品计量单位的换算，然后再相加，求得工作过程的工时消耗。

60. 如何拟定辅助工作时间和准备与结束工作时间？

辅助工作和准备与结束工作时间的确定方法与基本工作时间相同。但是，如果这两项工作时间在整个工作班工作时间消耗中所占比重不超过 5%～6%，则可归纳为一项，以工作过程的计量单位表示，确定出工作过程的工时消耗。

如果在计时观察时不能取得足够的资料，也可采用工时规范或经验数据来确定。如具有现行的工时规范，可以直接利用工时规范中规定的辅助和准备与结束工作时间的百分比来计算。例如，根据工时规范规定，各个工程的辅助和准备与结束工作、不可避免中断、休息时间等项，在工作日或作业时间中各占的百分比。

61. 如何拟定不可避免的中断时间？

在确定不可避免中断时间的定额时，必须注意由工艺特点所引起的不可避免中断才可列入工作过程的时间定额。

不可避免中断时间也需要根据测时资料通过整理分析获得，也可以根据经验数据或工时规范，以占工作日的百分比表示此项工时消耗的时间定额。

62. 如何拟定休息时间？

休息时间应根据工作班作息制度、经验资料、计时观察资料，以及对工作的疲劳程度作全面分析来确定。同时，应考虑尽可能利用不可避免中断时间作为休息时间。

从事不同工种、不同工作的工人，疲劳程度有很大差别。为了合理确定休息时间，往往要对从事各种工作的工人进行观察、测定，以及进行生理和心理方面的测试，以便确定其疲劳程度。国内外往往按工作轻重和工作条件好坏，将各种工作划分为不同的级别。如我国某地区工时规范将体力劳动分为六类:最沉重、沉重、较重、中等、较轻、轻便。

划分出疲劳程度的等级,就可以合理规定休息需要的时间。在上面引用的规范中,按六个等级其休息时间见表2-2。

表2-2　　　　　　　　休息时间占工作日的比重

疲劳程度	轻便	较轻	中等	较重	沉重	最沉重
等级	1	2	3	4	5	6
占工作日比重(%)	4.16	6.25	8.33	11.45	16.7	22.9

63. 什么是材料消耗定额?

材料消耗定额是指在正常的施工(生产)条件下,在节约和合理使用材料的情况下,生产单位合格产品所必须消耗的一定品种、规格的材料、半成品、配件等的数量标准。

64. 施工中的材料消耗有哪些?

施工中材料的消耗,可分为必须的材料消耗和损失的材料两类性质。

(1)必须消耗的材料,是指在合理用料的条件下,生产合格产品所需消耗的材料。它包括:直接用于建筑和安装工程的材料;不可避免的施工废料;不可避免的材料损耗。

(2)必须消耗的材料属于施工正常消耗,是确定材料消耗定额的基本数据。其中:直接用于建筑和安装工程的材料,编制材料净用量定额;不可避免的施工废料和材料损耗,编制材料损耗定额。

65. 什么是材料的损耗量、净用量、总消耗量及损耗率,它们之间的关系如何?

材料各种类型的损耗量之和称为材料损耗量,除去损耗量之后净用于工程实体上的数量称为材料净用量,材料净用量与材料损耗量之和称为材料总消耗量,损耗量与总消耗量之比称为材料损耗率,它们的关系用公式表示就是:

$$损耗率 = \frac{损耗量}{总消耗量} \times 100\%$$

$$损耗量 = 总消耗量 - 净用量$$

$$净用量 = 总消耗量 - 损耗量$$

$$总消耗量 = \frac{净用量}{1-损耗率}$$

或

$$总消耗量 = 净用量 + 损耗量$$

为了简便，通常将损耗量与净用量之比，作为损耗率。即：

$$损耗率 = \frac{损耗量}{净用量} \times 100\%$$

$$总消耗量 = 净用量 \times (1+损耗率)$$

材料的损耗率可通过观测和统计而确定。

66. 怎样制定材料消耗定额？

材料消耗定额必须在充分研究材料消耗规律的基础上制定。科学的材料消耗定额应当是材料消耗规律的正确反映。材料消耗定额是通过施工生产过程中对材料消耗进行观测、试验以及根据技术资料的统计与计算等方法制定的。

67. 如何用观测法制定材料消耗定额？

观测法亦称现场测定法，是在合理使用材料的条件下，在施工现场按一定程序对完成合格产品的材料耗用量进行测定，通过分析、整理，最后得出一定的施工过程单位产品的材料消耗定额。

利用现场测定法主要是编制材料损耗定额，也可以提供编制材料净用量定额的数据。其优点是能通过现场观察、测定，取得产品产量和材料消耗的情况，为编制材料定额提供技术根据。

68. 如何用试验法制定材料消耗定额？

试验法是指在材料试验室中进行试验和测定数据。例如：以各种原材料为变量因素，求得不同强度等级混凝土的配合比，从而计算出每立方米混凝土的各种材料耗用量。

利用试验法，主要是编制材料净用量定额。通过试验，能够对材料的结构、化学成分和物理性能以及按强度等级控制的混凝土、砂浆配比作出科学的结论，为编制材料消耗定额提供有技术根据的、比较精确的计算数据。

69. 如何用统计法制定材料消耗定额？

统计法是指通过对现场进料、用料的大量统计资料进行分析计算，获得材料消耗的数据。这种方法由于不能分清材料消耗的性质，因而不能作为确定材料净用量定额和材料损耗定额的精确依据。

用统计法制定材料消耗定额一般采取两种方法：

(1)经验估算法。指以有关人员的经验或以往同类产品的材料实耗统计资料为依据，通过研究分析并考虑有关影响因素的基础上制定材料消耗定额的方法。

(2)统计法。统计法是对某一确定的单位工程拨付一定的材料，待工程完工后，根据已完产品数量和领退材料的数量，进行统计和计算的一种方法。这种方法的优点是不需要专门人员测定和实验。由统计得到的定额有一定的参考价值，但其准确程度较差，应对其分析研究后才能采用。

70. 如何用理论计算法制定材料消耗定额？

理论计算法是根据施工图，运用一定的数学公式，直接计算材料耗用量。计算法只能计算出单位产品的材料净用量，材料的损耗量仍要在现场通过实测取得。采用这种方法必须对工程结构、图纸要求、材料特性和规格、施工及验收规范、施工方法等先进行了解和研究。计算法适宜于不易产生损耗，且容易确定废料的材料，如木材、钢材、砖瓦、预制构件等材料。

71. 什么是周转性材料消耗的定额量？

周转性材料消耗的定额量是指每使用一次摊销的数量，其计算必须考虑一次使用量、周转使用量、回收价值和摊销量之间的关系。

72. 什么是周转性材料的一次使用量？

一次使用量是指周转性材料一次使用的基本量，即一次投入量。周转性材料的一次使用量根据施工图计算，其用量与各分部分项工程部位、施工工艺和施工方法有关。

73. 什么是周转性材料的周转使用量？

周转使用量是指周转性材料在周转使用和补损的条件下，每周转一次的平均需用量，根据一定的周转次数和每次周转使用的损耗量等因素来确定。

74. 什么是周转性材料的周转次数？

周转次数是指周转性材料从第一次使用起可重复使用的次数。它与不同的周转性材料、使用的工程部位、施工方法及操作技术有关。正确规定周转次数,对准确计算用料,加强周转性材料管理和经济核算起重要作用。

为了使周转材料的周转次数确定接近合理,应根据工程类型和使用条件,采用各种测定手段进行实地观察,结合有关的原始记录、经验数据加以综合取定。影响周转次数的主要因素有以下几方面:

(1)材质及功能对周转次数的影响,如金属制的周转次数比木制的周转次数多 10 倍,甚至百倍。

(2)使用条件的好坏,对周转材料使用次数的影响。

(3)施工速度的快慢,对周转材料使用次数的影响。

(4)对周转材料的保管、保养和维修的好坏,也对周转材料使用次数有影响等。

确定出最佳的周转次数,是十分不容易的。

75. 什么是周转性材料的损耗量?

损耗量是周转性材料使用一次后由于损坏而需补损的数量,故在周转性材料中又称"补损量",按一次使用量的百分数计算。该百分数即为损耗率。

76. 什么是周转性材料的周转回收量?

周转回收量是指周转性材料在周转使用后除去损耗部分的剩余数量,即尚可以回收的数量。

77. 什么是周转性材料摊销量? 怎样计算?

周转性材料摊销量是指完成一定计量单位产品,一次消耗周转性材料的数量。其计算公式为

$$材料的摊销量 = 一次使用量 \times 摊销系数$$

其中:

$$一次使用量 = 材料的净用量 \times (1 - 材料损耗率)$$

$$摊销系数 = \frac{周转使用系数 - [(1-损耗率) \times 回收价值率]}{周转次数 \times 100\%}$$

$$周转使用系数 = \frac{(周转次数-1) \times 损耗率}{周转次数 \times 100\%}$$

$$回收价值率 = \frac{一次使用量 \times (1-损耗率)}{周转次数 \times 100\%}$$

78. 什么是机械台班使用定额?

机械台班使用定额或称机械台班消耗定额,是指在正常施工条件下,合理的劳动组合和使用机械,完成单位合格产品或某项工作所必需的机械工作时间,包括准备与结束时间、基本工作时间、辅助工作时间、不可避免的中断时间以及使用机械的工人生理需要与休息时间。

79. 按表现形式不同,机械台班使用定额分为哪几类?

机械台班使用定额的形式按其表现形式不同,可分为时间定额和产量定额。

80. 什么是机械时间定额?

机械时间定额是指在合理劳动组织与合理使用机械条件下,完成单位合格产品所必需的工作时间,包括有效工作时间(正常负荷下的工作时间和降低负荷下的工作时间)、不可避免的中断时间、不可避免的无负荷工作时间。机械时间定额以"台班"表示,即一台机械工作一个作业班时间。一个作业班时间为 8 小时。即

$$单位产品机械时间定额(台班) = \frac{1}{台班产量}$$

由于机械必须由工人小组配合,所以完成单位合格产品的时间定额,同时列出人工时间定额。即

$$单位产品人工时间定额(工日) = \frac{小组成员总人数}{台班产量}$$

81. 什么是机械产量定额?

机械产量定额是指在合理劳动组织与合理使用机械条件下,机械在每个台班时间内应完成合格产品的数量。即

$$机械台班产量定额 = \frac{1}{机械时间定额(台班)}$$

机械时间定额和机械产量定额互为倒数关系。

复式表示法有如下形式:

$$\frac{人工时间定额}{机械台班产量} 或 \frac{人工时间定额}{机械台班产量} \bigg| 台班车次$$

82. 编制机械台班使用定额分为几个步骤?

编制机械台班使用定额应分为以下步骤：
(1)确定正常的施工条件。
(2)确定机械 1 小时纯工作正常生产率。
(3)确定施工机械的正常利用系数。
(4)计算施工机械台班定额。

83. 如何确定正常的机械工作施工条件?

拟定机械工作正常条件，主要是拟定工作地点的合理组织和合理的工人编制。

(1)工作地点的合理组织，就是对施工地点机械和材料的放置位置、工人从事操作的场所，作出科学合理的平面布置和空间安排。它要求施工机械和操纵机械的工人在最小范围内移动，但又不阻碍机械运转和工人操作；应使机械的开关和操纵装置尽可能集中地装置在操纵工人的近旁，以节省工作时间和减轻劳动强度；应最大限度发挥机械的效能，减少工人的手工操作。

(2)拟定合理的工人编制，就是根据施工机械的性能和设计能力，工人的专业分工和劳动工效，合理确定操纵机械的工人和直接参加机械化施工过程的工人的编制人数。拟定合理的工人编制，应要求保持机械的正常生产率和工人正常的劳动工效。

84. 如何确定机械纯工作 1 小时的正常生产率?

确定机械正常生产率时，必须首先确定出机械纯工作 1 小时的正常生产率。

机械纯工作时间，就是指机械的必需消耗时间。机械 1 小时纯工作正常生产率，就是在正常施工组织条件下，具有必需的知识和技能的技术工人操纵机械 1 小时的生产率。

根据机械工作特点的不同，机械 1 小时纯工作正常生产率的确定方法，也有所不同。对于循环动作机械，确定机械纯工作 1 小时正常生产率的计算公式如下：

$$\text{机械一次循环的正常延续时间} = \sum \left(\begin{array}{c} \text{循环各组成部分} \\ \text{正常延续时间} \end{array} \right) - \text{交叠时间}$$

$$\frac{\text{机械纯工作 1 小时}}{\text{循环次数}} = \frac{60 \times 60(s)}{\text{一次循环的正常延续时间}}$$

$$\frac{\text{机械纯工作 1 小时}}{\text{正常生产率}} = \frac{\text{机械纯工作 1 小时}}{\text{正常循环次数}} \times \frac{\text{一次循环生产}}{\text{的产品数量}}$$

从公式中可知,计算循环机械纯工作 1 小时正常生产率的步骤是:根据现场观察资料和机械说明书确定各循环组成部分的延续时间;将各循环组成部分的延续时间相加,减去各组成部分之间的交叠时间,求出循环过程的正常延续时间;计算机械纯工作 1 小时的正常循环次数;计算循环机械纯工作 1 小时的正常生产率。

对于连续动作机械,确定机械纯工作 1 小时正常生产率要根据机械的类型和结构特征,以及工作过程的特点来进行。计算公式如下:

$$\frac{\text{连续动作机械纯工作}}{\text{1 小时正常生产率}} = \frac{\text{工作时间内生产的产品数量}}{\text{工作时间(小时)}}$$

工作时间内的产品数量和工作时间的消耗,要通过多次现场观察和机械说明书来取得数据。

对于同一机械进行作业属于不同的工作过程,如挖掘机所挖土壤的类别不同,碎石机所破碎的石块硬度和粒径不同,均需分别确定其纯工作 1 小时的正常生产率。

85. 如何确定施工机械的正常利用系数?

确定施工机械的正常利用系数,是指机械在工作班内对工作时间的利用率。机械的利用系数和机械在工作班内的工作状况有着密切的关系。因此,要确定机械的正常利用系数,首先要拟定机械工作班的正常工作状况,保证合理利用工时。

确定机械正常利用系数,要计算工作班正常状况下准备与结束工作、机械启动、机械维护等工作所必须消耗的时间,以及机械有效工作的开始与结束时间。从而进一步计算出机械在工作班内的纯工作时间和机械正常利用系数。机械正常利用系数的计算公式如下:

$$\frac{\text{机械正常}}{\text{利用系数}} = \frac{\text{机械在一个工作班内纯工作时间}}{\text{一个工作班延续时间(8 小时)}}$$

86. 如何计算机械台班使用定额?

计算施工机械定额是编制机械定额工作的最后一步。在确定了机械工作正常条件、机械1小时纯工作正常生产率和机械正常利用系数之后，采用下列公式计算施工机械的产量定额：

$$\frac{施工机械台班}{产量定额} = \frac{机械1小时纯工作}{正常生产率} \times \frac{工作班纯工作}{时间}$$

或

$$\frac{施工机械台}{班产量定额} = \frac{机械1小时纯工}{作正常生产率} \times \frac{工作班延}{续时间} \times \frac{机械正常}{利用系数}$$

$$施工机械时间定额 = \frac{1}{机械台班产量定额指标}$$

87. 什么是施工定额？

施工定额是以同一性质的施工过程或工序为测定对象,确定建筑安装工人在正常施工条件下,为完成单位合格产品所需劳动、机械、材料消耗的数量标准,建筑安装企业定额一般称为施工定额。施工定额是施工企业直接用于建筑工程施工管理的一种定额。施工定额是由劳动定额、材料消耗定额和机械台班定额组成,是最基本的定额。

88. 施工定额的作用体现在哪些方面？

施工定额是施工企业进行科学管理的基础。施工定额的作用体现在以下几个方面：

(1)施工定额是施工企业编制施工预算,进行工料分析和"两算对比"的基础。

(2)施工定额是编制施工组织设计、施工作业设计和确定人工、材料及机械台班需要量计划的基础。

(3)施工定额是施工企业向工作班(组)签发任务单、限额领料的依据。

(4)施工定额是组织工人班(组)开展劳动竞赛、实行内部经济核算、承发包、计取劳动报酬和奖励工作的依据；它是编制预算定额和企业补充定额的基础。

89. 什么是定额水平？

规定完成单位合格产品所需消耗资源数量的多少称之为定额水平。

生产某一合格产品,都要消耗一定数量的人工、材料、机具、机械台班和资金。在一个产品中,消耗越大,则产品的成本越高,反之,消耗越少,产品的成本越低。但是这种消耗并不能无限地降低,它在一定的生产条件下,必须有一个合理的数额。因此,根据一定时期的生产水平和产品的质量要求,应规定出一个大多数人经过努力可以达到的合理的消耗标准。

90. 什么是人工工资标准?

人工工资标准是指一个施工工人在一个工作日内应计入预算定额中的全部人工费用,也称人工工日单价。

91. 人工工资标准由哪些基本费用构成?

人工工资标准由生产工人基本工资、生产工人工资性补贴、生产工人辅助工资、职工福利费及生产工人劳动保护费构成,人工工日单价即上述各项费用之和。近年来,国家陆续出台了养老保险、医疗保险、失业保险、住房公积金等社会保障的改革措施,新的人工工资标准会逐步将上述费用纳入人工预算单价中。

92. 什么是生产工人基本工资?如何计算?

生产工人基本工资指发放给建筑安装工人基本工资,其计算公式如下:

$$基本工资(G_1) = \frac{生产工人平均每月工资}{年平均每月法定工作日}$$

式中 年平均每月法定工作日=(全年日历日数-法定假日数)/12

93. 什么是生产工人工资性补贴?如何计算?

生产工人工资性补贴指按规定标准发放的特价补贴,煤、燃气补贴,交通费补贴,住房补贴,流动施工津贴和地区津贴等。计算公式如下:

$$工资性补贴(G_2) = \frac{\sum 年发放标准}{全年日历日-法定假日} + \frac{\sum 月发放标准}{年平均每月法定工作日} + 每工作日发放标准$$

式中 法定假日是指双休日和法定节日。

94. 什么是生产工人辅助工资?如何计算?

生产工人辅助工资指生产工人年有效施工天数以外非作业天数的工资,包括职工学习、培训期间的工资,调动工作、探亲、休假期间的工资,因天气影响的停工工资,女工哺乳时间的工资,病假在6个月以内的工资及产、婚、丧假期的工资。计算公式如下:

$$\text{生产工人辅助工资}(G_3) = \frac{\text{全年无效工作日} \times (G_1 + G_2)}{\text{全年日历日} - \text{法定假日}}$$

95. 什么是职工福利？如何计算？

职工福利指按规定计提的职工福利费。计算公式如下：

$$\text{职工福利费}(G_4) = (G_1 + G_2 + G_3) \times \text{福利费计提比例}(\%)$$

96. 什么是生产工人劳动保护费？如何计算？

生产工人劳动保护费指按规定标准发放的劳动保护用品的购置费及修理费，徒工服装补贴，防暑降温费，在有碍身体健康的环境中施工的保健费用等。计算公式如下：

$$\text{生产工人劳动保护费}(G_5) = \frac{\text{生产工人年平均支出劳动保护费}}{\text{全年日历日} - \text{法定假日}}$$

97. 定额中的人工单价是否允许调整？

定额中允许调整人工单价。各地在使用定额时，人工单价应根据各地区的市场人工单价的实际情况发布实时的指导价，作为施工图预算编制的参考。

98. 什么是材料预算价格？

材料预算价格指材料（包括成品、半成品及构配件等）从其来源地（或交货地点、仓库提货地点）运至施工工地仓库（或施工现场材料存放地点）后的出库价格。

99. 材料预算价格由哪些费用构成？如何计算？

材料预算价格由材料原价、材料运杂费、材料运输损耗费、材料采购及保管费和材料检验试验费构成。

材料费在建筑工程费用中大约占工程总造价的60%左右，在金属结构工程费用中所占的比重还要大，它是工程造价直接费的主要组成部分。因此，合理确定材料预算价格，正确计算材料费用，有利于工程造价的计算、确定与控制。材料预算价格的计算公式如下：

材料预算价格＝（材料原价＋材料运杂费＋材料运输损耗费）×(1＋材料采购保管费率)＋材料原价×材料检验试验费率

100. 什么是材料原价？如何计算？

材料原价是指材料的出厂价、交货地价、市场批发价、进口材料抵岸价或销售部门的批发价、市场采购价或市场信息价。

在确定材料原价时，凡同一种材料因来源地、交货地、生产厂家、供货单位不同而有几种原价时，应根据不同来源地的不同单价、供货数量，采用加权平均的方法确定其综合原价。计算公式如下：

$$C=(K_1C_1+K_2C_2+\cdots+K_nC_n)/(K_1+K_2+\cdots+K_n)$$

式中　　C——综合原价或加权平均原价；

$K_1,K_2,\cdots,K_n$——材料不同来源地的供货数量或供货比例；

$C_1,C_3,\cdots,C_n$——材料不同来源地的不同单价（或价格）

101. 什么是材料运杂费？如何计算？

材料运杂费指材料自来源地运至工地仓库或指定堆放地点所发生的全部费用。材料运杂费包含外埠中转运输过程中所发生的一切费用和过境过桥费用。

同一品种的材料有若干个来源地时，应采用加权平均的方法计算材料运杂费。计算公式如下：

$$T=(K_1T_1+K_2T_2+\cdots+K_nT_n)/(K_1+K_2+\cdots+K_n)$$

式中　　T——加权平均运杂费；

$K_1,K_2,\cdots,K_n$——材料不同来源地的供货数量；

$T_1,T_2,\cdots,T_n$——材料不同运输距离的运费。

在材料运杂费中便于材料运输和保护而实际发生的包装费应计入材料预算价格内，但不包括已计入材料原价的包装费。

102. 什么是材料运输损耗费？如何计算？

材料运输损耗费指材料在装卸、运输过程中不可避免的损耗费用。计算公式如下：

材料运输损耗费＝（材料原价＋材料运杂费）×相应材料运输损耗率

103. 什么是材料采购保管费？如何计算？

材料采购及保管费是指各材料供应管理部门在组织采购、供应和保管材料过程中所需的各项费用。包括材料的采购费、仓储管理费和仓储

损耗费。计算公式如下:

材料采购保管费＝(材料原价＋材料运杂费＋材料运输损耗费)×材料采购保管费率

104. 什么是材料检验试验费？如何计算？

材料检验试验费是指建筑材料、构件和建筑安装物进行一般鉴定、检查所发生的费用,包括自设试验室进行试验所耗用的材料和化学药品等费用。不包括新结构、新材料的试验费和建设单位对具有出厂合格证明的材料进行检验,对构件做破坏性试验及其他特殊要求检验试验的费用。计算公式如下:

材料检验试验费＝单位材料量检验试验费×材料消耗量

或　　材料检验试验费＝材料原价×材料检验试验费率

105. 什么是计价材料？

计价材料是指其材料费已计入定额子目基价中,计价材料一般是辅助或次要材料。

106. 什么是未计价材料？

未计价材料是指在定额中只规定了它的名称、规格、品种和消耗量,定额基价中未计入材料价值的这部分材料。安装工程定额中的未计价材料大都为主要材料。

107. 未计价材料在定额中的表现形式有几种？

未计价材料在定额中一般有两种表现形式:

(1)材料栏目中,材料的消耗量用括号括起来,就表明其价值未计入定额基价内,属于未计价材料,我们可以把这种称为第一类未计价材料。

(2)定额表格中未列主材的消耗量,仅在表格下方附注中说明了主要材料的种类,这类材料也属于未计价材料,我们把其称为第二类未计价材料。

108. 怎样计算未计价材料的数量和价值？

(1)第一类未计价材料量价计算:

未计价材料数量＝按施工图算出的工程量×括号内的材料消耗量

未计价材料价值＝未计价材料数量×材料单价

(2)第二类未计价材料量价计算：

未计价材料数量＝按施工图算出的工程量×(1＋施工损耗率)

未计价材料价值＝未计价材料数量×材料单价

109. 什么是施工机械台班单价？

施工机械台班单价指一台施工机械在正常运转条件下一个工作台班所需支出和分摊的各项费用的总和。施工机械台班费的比重，将随着施工机械化水平的提高而增加，相应人工费也随之逐步减少。

110. 施工机械台班单价由哪些费用构成？

施工机械台班单价按其规定由台班折旧费、台班大修理费、台班经常修理费、安拆费及场外运费、机工人员工资动力燃料费、车船使用税和保险费组成。

111. 什么是台班折旧费？如何计算？

台班折旧费指施工机械在规定使用期限内收回施工机械原值及贷款利息而分摊到每一台班的费用。计算公式如下：

$$台班折旧费 = \frac{施工机械预算价格 \times (1+残值率) + 贷款利息}{耐用总台班}$$

式中　施工机械预算价格是按照施工机械原值、购置附加费、供销部门手续费和一次运杂费之和计算。

112. 什么是台班大修理费？如何计算？

台班大修理费指施工机械按规定的大修理间隔台班必须进行的大修理，以恢复施工机械正常功能所需的费用。计算公式如下：

$$台班大修理费 = \frac{一次大修理费 \times (大修理周期-1)}{耐用总台班}$$

113. 什么是台班经常修理费？如何计算？

台班经常修理费指施工机械除大修理以外的各级保养和临时故障排除所需的费用。其计算公式如下：

$$台班经常修理费 = 台班大修理费 \times K$$

式中　K 值为施工机械台班经常维修系数，K 等于台班经常维修费与台班大修理费的比值。

114. 什么是施工机械安拆费?

施工机械安拆费指施工机械在现场进行安装与拆卸所需的人工、材料、机械和试运转费,以及机械辅助设施的折旧、搭设、拆除等费用。

115. 什么是施工机械场外运费?

施工机械场外运费指施工机械整体或分体,从停放地点运至施工现场或由一个施工地点运至另一个施工地点,运输距离在25km以内的施工机械进出场及转移费用。包括施工机械的装卸、运输辅助材料及架线等费用。

116. 什么是机上人员工资?

机上人员工资指施工机械操作人员及其他操作人员的工资、津贴等。

117. 什么是动力燃料费?如何计算?

该费用指施工机械在运转作业中所耗用的固体燃料、液体燃料及水、电等费用。计算公式如下:

$$台班动力燃料费 = 台班动力燃料消耗量 \times 相应单价$$

118. 什么是车船使用税?如何计算?

车船使用税指施工机械按照国家有关规定应缴纳的车船使用税。计算公式如下:

$$台班车船使用税 = \frac{每年每吨车船使用税}{年工作台班}$$

119. 什么是保险费?

保险费指按照有关规定应缴纳的第三者责任险、车主保险费等。

120. 什么是定额计价法?

定额计价法是我国在很长一段时间内工程造价计算中采用的计价模式,即以各类建设工程定额为依据,按照定额规定的分部分项子项目名称及工程量计算规则,逐项计算工程量,套用相应子项目的定额单价确定直接费,然后按照相应的费用定额规定的取费标准及计算方法,计算构成工程价格的其他费用、利润和税金,汇总得到建筑、安装工程价格。

121. 电气设备安装工程定额计价的依据有哪些?

电气设备安装工程定额计价的依据主要包括以下几点:

(1)经会审后的施工图纸及施工说明书。
(2)现行建筑和安装工程预算定额和配套使用的各省、市、自治区的单位计价表。
(3)地区材料预算价格。
(4)安装工程取费标准。
(5)施工图会审纪要。
(6)工程施工设计及验收规范。
(7)工程承包合同或协议书。
(8)施工组织设计及施工方案。
(9)国家标准图集和相关技术经济文件、预算或工程造价手册、工具书等。

122. 定额计价的前提条件有哪些?

电气设备安装工程定额计价的前提条件包括下列内容:
(1)施工图纸已经会审。
(2)施工组织设计或施工方案已经审批。
(3)工程承包合同已经签订生效。

123. 定额计价应分为哪些步骤?

定额计价的步骤如下:
(1)读图、熟悉工施工图纸。
(2)熟读工程施工组织设计和施工方案,了解工程合同所划分的内容及范围。
(3)根据现行定额的"工程量计算规则"计算工程量。
(4)填写工、料分析表。
(5)计算工程项目的各项费用和有关税费。
(6)确定工程造价及相关技术经济指标。
(7)编制说明。
(8)审核、签字(盖章)。

124. 定额计价模式下,建筑安装工程费用由哪些部分构成?

定额计价模式下,我国建筑安装工程费用的构成,按原建设部、财政部共同颁发的建标[2003]206号文件规定如图2-1所示。

第二章 电气工程定额原理

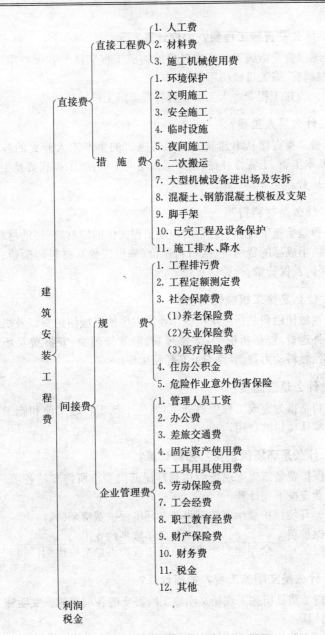

图 2-1 建筑安装工程费用的组成

125. 什么是直接工程费？如何计算？

直接工程费是指施工过程中耗费的构成工程实体的各项费用，包括人工费、材料费、施工机械使用费。

直接工程费＝人工费＋材料费＋施工机械使用费

126. 什么是人工费？

人工费是指直接从事建筑安装工程施工的生产工人开支的各项费用，包括基本工资、工资性补贴、生产工人辅助工资、职工福利费及生产工人劳动保护费。

127. 什么是材料费？

材料费是指施工过程中耗费的构成工程实体的原材料、辅助材料、构配件、零件、半成品的费用，包括材料原价（或供应价）、材料运杂费、运输损耗费、采购及保管费、检验试验费。

128. 什么是施工机械使用费？

施工机械使用费是指施工机械作业所发生的机械使用费以及机械安拆费和场外运费，包括折旧费、大修理费、经常修理费、安拆费及场外运费、人工费、燃料动力费、养路费及车船使用税。

129. 什么是措施费？

措施费是指为完成工程项目施工，发生于该工程施工前和施工过程中非工程实体项目的费用。

130. 什么是环境保护费？如何计算？

环境保护费是指施工现场为达到环保部门要求所需要的各项费用。环境保护费应按下式计算：

环境保护费＝直接工程费×环境保护费费率（％）

$$环境保护费费率（％）=\frac{本项费用年度平均支出}{全年建安产值×直接工程费占总造价比例（％）}$$

131. 什么是文明施工费？如何计算？

文明施工费是指施工现场文明施工所需要的各项费用。文明施工费应按下式计算：

文明施工费＝直接工程费×文明施工费费率（％）

$$\text{文明施工费费率}(\%) = \frac{\text{本项费用年度平均支出}}{\text{全年建安产值} \times \text{直接工程费占总造价比例}(\%)}$$

132. 什么是安全施工费？如何计算？

安全施工费是指施工现场安全施工所需要的各项费用。安全施工费应按下式计算：

$$\text{安全施工费} = \text{直接工程费} \times \text{安全施工费费率}(\%)$$

$$\text{安全施工费费率}(\%) = \frac{\text{本项费用年度平均支出}}{\text{全年建安产值} \times \text{直接工程费占总造价比例}(\%)}$$

133. 什么是临时设施费？如何计算？

临时设施费是指施工企业为进行建筑工程施工所必须搭设的生活和生产用的临时建筑物、构筑物和其他临时设施费用等。

临时设施包括：临时宿舍、文化福利及公用事业房屋与构筑物，仓库、办公室、加工厂以及规定范围内道路、水、电、管线等临时设施和小型临时设施。

临时设施费用包括：临时设施的搭设、维修、拆除费或摊销费。临时设施费由周转使用临建（如活动房屋）、一次性使用临建（如简易建筑）、其他临时设施（如临时管线）三部分组成，计算公式如下：

$$\text{临时设施费} = (\text{周转使用临建费} + \text{一次性使用临建费}) \times [1 + \text{其他临时设施所占比例}(\%)]$$

其中：

①周转使用临建费：

$$\text{周转使用临建费} = \sum \left[\frac{\text{临建面积} \times \text{每平方米造价}}{\text{使用年限} \times 365 \times \text{利用率}(\%)} \times \text{工期}(\text{天}) \right] + \text{一次性拆除费}$$

②一次性使用临建费：

$$\text{一次性使用临建费} = \sum \text{临建面积} \times \text{每平方米造价} \times [1 - \text{残值率}(\%)] + \text{一次性拆除费}$$

③其他临时设施在临时设施费中所占比例，可由各地区造价管理部门依据典型施工企业的成本资料经分析后综合测定。

134. 什么是夜间施工费？如何计算？

夜间施工费是指因夜间施工所发生的夜班补助费、夜间施工降效、夜间施工照明设备摊销及照明用电等费用。夜间施工费应按下式计算：

$$夜间施工增加费 = \left(1 - \frac{合同工期}{定额工期}\right) \times \frac{直接工程费中的人工费合计}{平均日工资单价} \times$$
$$每工日夜间施工费开支$$

135. 什么是二次搬运费？如何计算？

二次搬运费是指因施工场地狭小等特殊情况而发生的二次搬运费用。二次搬运费应按下式计算：

$$二次搬运费 = 直接工程费 \times 二次搬运费费率(\%)$$

$$\frac{二次搬运费}{费率(\%)} = \frac{年平均二次搬运费开支额}{全年建安产值 \times 直接工程费占总造价的比例(\%)}$$

136. 什么是大型机械设备进出场及安拆费？如何计算？

大型机械设备进出场及安拆费是指机械整体或分体自停放场地运至施工现场或由一个施工地点运至另一个施工地点，所发生的机械进出场运输及转移费用及机械在施工现场进行安装、拆卸所需的人工费、材料费、机械费、试运转费和安装所需的辅助设施的费用。大型机械进出场及安拆费应按下式计算：

$$\frac{大型机械进出场}{及安拆费} = \frac{一次进出场及安拆费 \times 年平均安拆次数}{年工作台班}$$

137. 什么是混凝土、钢筋混凝土模板及支架费？如何计算？

混凝土、钢筋混凝土模板及支架费是指混凝土施工过程中需要的各种钢模板、木模板、支架等的支、拆、运输费用及模板、支架的摊销（或租赁）费用。混凝土、钢筋混凝土模板及支架费按下式计算：

(1) 摊销费 = 模板摊销量 × 模板价格 + 支、拆、运输费

其中 摊销量 = 一次使用量 × (1 + 施工损耗) × [1 + (周转次数 − 1) × 补损率/周转次数 − (1 − 补损率)50%/周转次数]

(2) 租赁费 = 模板使用量 × 使用日期 × 租赁价格 + 支、拆、运输费

138. 什么是脚手架费？如何计算？

脚手架费是指施工需要的各种脚手架搭、拆、运输费用及脚手架的摊销（或租赁）费用。脚手架费应按下式计算：

(1) 摊销费 = 脚手架摊销量 × 脚手架价格 + 搭、拆、运输费

其中 $$脚手架摊销量 = \frac{单位一次使用量 \times (1 - 残值率)}{耐用期 \div 一次使用期}$$

(2) 租赁费＝脚手架每日租金×搭设周期＋搭、拆、运输费

139. 什么是已完工程及设备保护费？如何计算？

已完工程及设备保护费是指竣工验收前，对已完工程及设备进行保护所需费用。已完工程及设备保护费应按下式计算：

已完工程及设备保护费＝成品保护所需机械费＋材料费＋人工费

140. 什么是施工排水降水费？如何计算？

施工排水降水费是指为确保工程在正常条件下施工，采取各种排水、降水措施所发生的各种费用。施工排水降水费应按下式计算：

排水降水费＝∑排水降水机械台班费×排水降水周期＋
　　　　　　排水降水使用材料费、人工费

141. 间接工程费由哪几项组成？如何计算？

建筑安装工程间接费由规费、企业管理费组成，其计算方法按取费基数不同分为以下三种：

(1) 以直接费为计算基础：

间接费＝直接费合计×间接费费率(％)

(2) 以人工费和机械费合计为计算基础：

间接费＝人工费和机械费合计×间接费费率(％)

间接费费率(％)＝规费费率(％)＋企业管理费费率(％)

(3) 以人工费为计算基础：

间接费＝人工费合计×间接费费率(％)

142. 什么是规费？如何计算规费费率？

规费是指政府和有关权力部门规定必须缴纳的费用(简称规费)。规费费率应根据本地区典型工程发承包价的分析资料综合取定规费计算中所需数据：

(1) 每万元发承包价中人工费含量和机械费含量。
(2) 人工费占直接费的比例。
(3) 每万元发承包价中所含规费缴纳标准的各项基数。

规费费率的计算公式如下：
(1) 以直接费为计算基础：

$$规费费率(\%)=\frac{\sum 规费缴纳标准 \times 每万元发承包价计算基数}{每万元发承包价中的人工费含量} \times$$
$$人工费占直接费的比例(\%)$$

(2) 以人工费和机械费合计为计算基础：

$$规费费率(\%) = \frac{\sum 规费缴纳标准 \times 每万元发承包价计算基数}{每万元发承包价中的人工费含量和机械费含量} \times 100\%$$

(3) 以人工费为计算基础：

$$规费费率(\%) = \frac{\sum 规费缴纳标准 \times 每万元发承包价计算基数}{每万元发承包价中的人工费含量} \times 100\%$$

143. 什么是工程排污费？

工程排污费是指施工现场按规定缴纳的工程排污费。

144. 什么是工程定额测定费？

工程定额测定费是指按规定支付工程造价(定额)管理部门的定额测定费。自2009年1月1日起，停止征收工程定额测定费。

145. 社会保障费具体包括哪些费用？

社会保障费包括养老保险费、失业保险费和医疗保险费。
(1) 养老保险费，是指企业按规定标准为职工缴纳的基本养老保险费。
(2) 失业保险费，是指企业按照国家规定标准为职工缴纳的失业保险费。
(3) 医疗保险费，是指企业按照规定标准为职工缴纳的基本医疗保险费。

146. 什么是住房公积金？

住房公积金是指企业按规定标准为职工缴纳的住房公积金。

147. 什么是危险作业意外伤害保险？

危险作业意外伤害保险是指按照建筑法规定，企业为从事危险作业的建筑安装施工人员支付的意外伤害保险费。

148. 什么是企业管理费？如何计算？

企业管理费是指建筑安装企业组织施工生产和经营管理所需费用。企业管理费费率应按下式计算：

(1) 以直接费为计算基础：

$$企业管理费费率(\%) = \frac{生产工人年平均管理费}{年有效施工天数 \times 人工单价} \times 人工费占直接费比例(\%)$$

(2) 以人工费和机械费合计为计算基础：

$$企业管理费费率(\%) = \frac{生产工人年平均管理费}{年有效施工天数 \times (人工单价 + 每一工日机械使用费)} \times 100\%$$

(3) 以人工费为计算基础：

$$企业管理费费率(\%) = \frac{生产工人年平均管理费}{年有效施工天数 \times 人工单价} \times 100\%$$

149. 什么是管理人员工资？

管理人员工资是指管理人员的基本工资、工资性补贴、职工福利费、劳动保护费等。

150. 什么是办公费？

办公费是指企业管理办公用的文具、纸张、账表、印刷、邮电、书报、会议、水电、烧水和集体取暖（包括现场临时宿舍取暖）用煤等费用。

151. 什么是差旅交通费？

差旅交通费是指职工因公出差、调动工作的差旅费、住勤补助费，市内交通费和误餐补助费，职工探亲路费，劳动力招募费，职工离退休、退职一次性路费，工伤人员就医路费，工地转移费以及管理部门使用的交通工具的油料、燃料、养路费及牌照费。

152. 什么是固定资产使用费？

固定资产使用费是指管理和试验部门及附属生产单位使用的属于固定资产的房屋、设备仪器等的折旧、大修、维修或租赁费。

153. 什么是工具用具使用费？

工具用具使用费是指管理使用的不属于固定资产的生产工具、器具、家具、交通工具和检验、试验、测绘、消防用具等的购置、维修和摊销费。

154. 什么是劳动保险费？

劳动保险费是指由企业支付离退休职工的易地安家补助费、职工退职金、六个月以上的病假人员工资、职工死亡丧葬补助费、抚恤费、按规定支付给离休干部的各项经费。

155. 什么是工会经费？

工会经费是指企业按职工工资总额计提的工会经费。

156. 什么是职工教育经费？

职工教育经费是指企业为职工学习先进技术和提高文化水平，按职工工资总额计提的费用。

157. 什么是财产保险费？

财产保险费是指施工管理用财产、车辆的保险费用。

158. 什么是财务费？

财务费是指企业为筹集资金而发生的各种费用。

159. 什么是税金？

税金是指企业按规定缴纳的房产税、车船使用税、土地使用税、印花税等。

160. 企业管理费的其他费用包括哪些内容？

企业管理费的其他费用具体应包括技术转让费、技术开发费、业务招待费、绿化费、广告费、公证费、法律顾问费、审计费、咨询费等。

161. 什么是利润？

利润是指施工企业完成所承包工程获得的盈利。

162. 什么是工料单价法？

工料单价法是以分部分项工程量乘以单价后的合计为直接工程费，直接工程费以人工、材料、机械的消耗量及其相应价格确定。

163. 如何利用工料单价法计算利润？

(1) 以直接费为计算基础，利润应按下式计算：

利润＝(直接工程费＋措施费＋间接费)×相应利润率

(2) 以人工费和机械费为计算基础，利润应按下式计算：

利润＝(人工费＋机械费)×相应利润率

式中，人工费与机械费是指直接工程费、措施费中人工费与机械费之和。

(3) 以人工费为计算基础，利润应按下式计算：

利润＝人工费×相应利润率

式中，人工费是指直接工程费、措施费中人工费的和。

164. 什么是税金？

税金是指国家税法规定的应计入建筑安装工程造价内的营业税、城市维护建设税及教育费附加等。

165. 如何征收营业税？

根据 2009 年 1 月 1 日起施行的《中华人民共和国营业税暂行条例》，建筑业的营业税税额为营业额的 3%。营业额是指纳税人从事建筑、安装、修缮、装饰及其他工程作业收取的全部收入，还包括建筑、修缮、装饰工程所用原材料及其他物质和动力的价款在内。当安装的设备的价值作为安装工程产值时，也包括所安装设备的价款。但建筑工程分包给其他单位的，以其取得的全部价款和价外费用扣除其支付给其他单位的分包款后的余额作为营业额。

166. 如何征收城市维护建设税？

纳税人所在地为市区的，按营业税的 7% 征收；纳税人所在地为县城镇，按营业税的 5% 征收；纳税人所在地不为市区县城镇的，按营业税的 1% 征收，并与营业税同时交纳。

167. 如何征收教育费附加？

教育费附加，一律按营业税的 3% 征收，也同营业税同时交纳。即使办有职工子弟学校的建筑安装企业，也应当先交纳教育费附加，教育部门可根据企业的办学情况，酌情返还给办学单位，作为对办学经费的补贴。

168. 如何计算税金及税率？

现行应缴纳的税金计算式如下：

$$税金 = (税前造价 + 利润) \times 税率(\%)$$

税率的计算为：

(1) 纳税地点在市区的企业：

$$税率(\%) = \frac{1}{1 - 3\% - 3\% \times 7\% - 3\% \times 3\%} - 1$$

(2) 纳税地点在县城、镇的企业：

$$税率(\%) = \frac{1}{1 - 3\% - 3\% \times 5\% - 3\% \times 3\%} - 1$$

(3) 纳税地点不在市区、县城、镇的企业

$$税率(\%) = \frac{1}{1 - 3\% - 3\% \times 1\% - 3\% \times 3\%} - 1$$

第三章
·电气工程定额计价·

1. 什么是预算定额?

预算定额指完成一定计量单位质量合格的分项工程或结构构件所需消耗的人工、材料和机械台班的数量标准。

预算定额是由国家主管部门或被授权的省、市有关部门组织编制并颁发的一种法令性指标,也是一项重要的经济法规。

2. 预算定额的作用体现在哪些方面?

定额计价模式下,预算定额体现了国家、业主和承包商之间的一种经济关系。按预算定额所确定的工程造价,为拟建工程提供必要的投资资金,承包商则在预算定额的范围内,通过施工活动,按照质量、工期完成工程任务。因此,预算定额在工程施工活动中具有重要作用:

(1)预算定额是编制施工预算,合理确定工程造价的依据。

(2)预算定额是建设工程招标投标中确定标底和投标价的主要依据。

(3)预算定额是施工企业编制人工、材料、机械台班需要量计划,统计完成工程量,考核工程成本,实行经济核算,加强施工管理的基础。

(4)预算定额是编制计价定额(即单位估价表)的依据。

(5)预算定额是编制概算定额和概算指标的基础。

3. 预算定额与企业定额有什么区别?

预算定额与企业定额的区别主要体现在二者的编制目的和项目划分两方面,具体内容见表3-1。

4. 按表现形式不同,预算定额可分为哪几类?

预算定额按照表现形式可分为预算定额、单位估价表和单位估价汇总表三种。

表 3-1　　　　　　　　预算定额与企业定额的区别

主要区别	预 算 定 额	企 业 定 额
编制目的	编制预算定额的目的主要是确定建筑工程中每一单位分项工程或结构件的预算基价。而任何产品价格的确定都应按照生产该产品的社会必要劳动量来确定。因此,预算定额中的人工、材料、机械台班的消耗量指标,应体现社会平均水平的消耗量指标	编制企业定额的目的主要是为了提高建筑施工企业的管理水平,进而推动社会生产力向更高的水平发展。企业定额中的人工、材料、机械台班的消耗量指标,应是平均先进水平的消耗量指标
项目划分	预算定额的项目划分不仅考虑了企业定额中未包含的多种因素,如材料在现场内的超运距、人工幅度差用工等,还包括了为完成该分项工程或结构构件全部工序的内容,所包含的内容较多	企业定额的项目划分比预算定额的项目的划分详细

5. 什么是单位估价表?

在现行预算定额中一般都列有基价,像这种既包括定额人工、材料和施工机械台班消耗量,又列有人工费、材料费、施工机械使用费和基价的预算定额,称之为"单位估价表",又称为地区单位估价表。这种预算定额可以满足企业管理中不同用途的需要,并可以按照基价计算工程费用,用途较广泛,是现行定额中的主要表现形式。

6. 单位估价表可分为哪些类别?

按工程定额性质、使用范围及编制依据不同,单位估价表要划分为不同的种类,见表 3-2。

表 3-2　　　　　　　　　单位估价表的分类

分类标准	定 额 组 成
按定额性质划分	(1)建筑工程单位估价表,适用于一般建筑工程; (2)设备安装工程单位估价表,适用于机械、电气设备安装工程、给排水工程、电气照明工程、采暖工程、通风工程等

续表

分类标准	定 额 组 成
按使用范围划分	(1)全国统一定额单位估价表,适用于各地区、各部门的建筑及设备安装工程; (2)地区单位估价表,是在地方统一预算定额的基础上,按本地区的工资标准、地区材料预算价格、建筑机械台班费用及本地区建设的需要而编制的,只适于本地区范围内使用; (3)专业工程单位估价表,仅适用于专业工程的建筑及设备安装工程的单位估价表
按编制依据不同划分	按编制依据分为定额单位估价表和补充单位估价表。 补充单位估价表,是指定额缺项、没有相应项目可使用时,可按设计图纸资料,依照定额单位估价表的编制原则,制定补充单位估价表

7. 单位估价表的作用体现在哪些方面?

单位估价表是编制和审查设计概、预算,确定工程造价,办理工程拨款和工程结算的主要依据,其作用包括以下几点:

(1)单位估价表是确定工程预算造价的基本依据之一。

(2)单位估价表是预算定额在当地区域内以价格表现的具体形式。

(3)单位估价表是对设计方案进行经济比较的基础资料。

(4)单位估价表是进行已完工程结算的依据。

(5)单位估价表是施工企业进行经济成本分析的依据。

总之,单位估价表的作用很大,合理地确定单价,正确使用单位估价表,是准确确定工程造价,促进企业加强经济核算,提高投资效益的重要环节。

8. 单位估价表的编制应注意哪些问题?

进行单位估价表的编制时,应注意下列事项:

(1)对于同一名称的材料,由于规格不同,其价格也会有很大的差异,因此编制单位估价表时,所运用的材料规格应恰当。

(2)对于不同强度等级的砂浆及混凝土,在编制单位估价表时,为了简化编制工作并便于换算,可根据附表中的配合比,计算出每立方米的单价,在编制单位价值表时直接使用定额中"带括号"的砂浆或混凝土数量相乘,而不再以材料的数量分别计算价格,这样不但可以节省很多时间,也可以减少错误。每立方米砂浆及混凝土的配合比单价,以附表形式,附于单位估价表后面。

(3)编制单位估价表时应注意材料计算单位,如发现材料预算价格中所用单位与定额中采用的单位不符时,应根据定额规定的单位,加以换算后再行使用。

(4)编制单位估价表应熟悉材料性能及用途,对于性质和用途不同的材料,其价格也相差较大。

(5)编制单位估价表时,对于周转使用并计算回收的材料,可以先根据定额规定的回收百分率全部算好扣除回收后的净使用量,然后再乘材料预算价格计算其合价,有利于提高准确性。

(6)在编制单位估价表时,不得任意改变定额中的人工、材料及施工机械使用台班消耗量,如编制换算单位估价表时,也应根据定额规定进行换算。

9. 地区单位估价表的编制依据有哪些?

地区单位估价表的编制依据如下:
(1)建筑安装工程预算定额;
(2)现行建筑安装工人工资标准;
(3)地区材料预算价格;
(4)机械台班费用。

10. 编制地区单位估价表时应怎样计算人工工资?

地区单位估价表的人工工资,包括建筑安装工人基本工资、附加工资和工资性质的津贴。

(1)基本工资:按预算定额规定的工人等级和地区现行建筑安装工人工资标准计算。

(2)附加工资:按照地区的规定和企业现行标准综合确定。

(3)工资性质的津贴:包括粮煤补贴及副食品价格补贴,按照地区主管部门的规定计算,综合列入地区单位估价表。

11. 编制地区单位估价表时应怎样计算材料预算价格？

地区单位估价表的材料预算价格按新编地区材料预算价格计算。

12. 编制地区单位估价表时应怎样计算构件及配件预算价格？

(1)凡由独立核算的加工厂制作的,其原价按批准的产品出厂价格或计划价格计算。

(2)凡由建筑安装企业内部附属加工厂制作的,应执行预算定额和材料预算价格编制地区单位估价表。

(3)对于构件及配件的运费,应按预算定额中构件运输项目分别编制。

13. 编制地区单位估价表时应怎样确定机械费？

机械费的确定应按照建筑安装工程预算定额中的机械费计算。凡预算定额规定的特种机械允许换算价格者,应按机械台班费用定额、特种机械的价格编制地区单位估价表。

14. 编制地区单位估价表时应怎样取定材料规格及单价？

编制地区单位估价表时,材料规格及单价的取定应符合下列规定：

(1)对于预算定额附表内已列明规格的,应按定额附表中列明的规格及单价取定。

(2)对于预算定额附表内未列明规格的,可根据地区一般常用材料规格,结合经验资料取定。

15. 编制地区单位估价表时应怎样确定计量单位？

地区单位估价表的计量单位统一以"元"为单位,"元"以下一般可取两位小数。

16. 什么是单位估价汇总表？

单位估价汇总表也称单价手册,是在编制单位估价表完毕后,将所有单位估价表的合计汇总在一起,并将定额计算单位全部折算成个位单位,这样编制预算填写单价时不易弄错。

单位估价汇总表的表格形式,见表3-3。

表 3-3　　　　　　　单位估价汇总表(变压器安装)

定额编号	项目	单位	单位价值	其中		
				人工费	材料费	机械费
2-1	容量变压器 250kV·A 以下	台	246.63	111.12	73.93	61.50
2-2	容量变压器 500kV·A 以下	台	305.33	142.67	89.47	73.19
2-3	容量变压器 1000kV·A 以下	台	528.41	244.17	120.89	163.35
2-4	容量变压器 2000kV·A 以下	台	675.52	316.33	148.96	210.23
2-5	容量变压器 4000kV·A 以下	台	1119.57	569.85	217.89	331.83
2-6	容量变压器 8000kV·A 以下	台	2310.93	835.67	837.01	638.25
2-7	容量变压器 20000kV·A 以下	台	3464.17	1237.30	1420.44	806.43
2-8	容量变压器 40000kV·A 以下	台	4079.42	1611.72	1583.18	884.52

17. 什么是补充单位估价表？

补充单位估价表是在预算定额缺项时,由设计部门、建设单位根据设计的要求,定额的编制原则、依据等编制的,仅适用于编制补充单位估价表的工程。

18. 补充单位估价表由哪些费用组成？

补充单位估价表由人工费、材料费及施工机械使用费三部分组成。

19. 编制补充单位估价表应符合哪些要求？

(1)补充单位估价表的分部工程范围划分、计算单位、编制内容及工程说明,应与相应的定额一致。

(2)编制一般补充单位估价表时,其人工费、材料费的消耗量和施工机械台班使用量应根据有关设计图纸、施工定额或现场测定资料情况以及类似工程确定。

(3)补充单位估价表编好后,应与预算文件一起报送批准预算的部门进行审定。

(4)批准后的补充单位估价表,只适用于同一建设单位的各项工程,但对于经批准后的标准构件的补充单位估价表,如重复使用时,可只对其价值部分作不同地区的修正,其人工、材料的消耗量和机械台班的使用量可不必重复。

20. 编制补充单位估价表应分为哪些步骤？

编制补充单位估价表应分为以下几个步骤：

(1) 确定补充单位估价表的编制范围与计算单位，使其与计算工程量取得一致。

(2) 计算构件数量。计算构件数量应计算每个构件所需的材料分析数量，并根据定额规定的损耗率加上其所需的损耗。

(3) 计算人工消耗量。

(4) 计算施工机械台班使用量。计算方法一般是以预算定额机械台班定额来确定所需的台班使用量。

21. 编制补充单位估价表时应怎样计算人工消耗量？

编制补充单位估价表时，计算人工消耗量的方法一般有两种，见表 3-4。

表 3-4　　　　人工消耗量的计算方法

方　法	内　　　　容
根据劳动定额计算	这个方法比较复杂，工作量也大，首先要确定在编制补充单位估价表范围内的操作工序及内容，分别列出后，然后在劳动定额中批出每一工序所需要的工种、工日、等级（或平均等级工数量，下同），才得出所需的人工数量
比照类似定额项目代入计算法	这个方法比较简单，在实际工作中也经常使用，其优点是所花工作量少，且不致因工序不够熟悉而漏项，以致少算人工数量，但其缺点是准确性较差，如比照类似定额项目不够恰当，则更不准。其方法可以将各部分构件分别比照类似项目的人工数量或平均等级工，最后将各部分相加为应得之工日

22. 按综合程度不同，预算定额可分为哪几类？

预算定额按照综合程度，可分为预算定额和综合预算定额。

23. 什么是综合预算定额？

综合预算定额是在预算定额基础上，对预算定额的项目进一步综合扩大，使定额项目减少，更为简便适用，可以简化编制工程预算的计算过程。

24. 综合预算定额有哪些表现形式？

综合预算定额一般有两种表现形式：一种是定额的形式，即在综合预算定额内，不仅表现价格，还表现主要工程量、用工数量及主要材料消耗量；另一种是单位估价汇总表的形式，即在综合预算定额内只表现价格。

25. 预算定额的编制应遵循哪些原则？

预算定额的编制应遵循下列原则：
(1)按社会平均必要劳动量确定定额水平的原则。
(2)简明适用的原则。
(3)坚持统一性和差别性相结合的原则。
(4)坚持由专业人员编审的原则。

26. 预算定额的编制依据有哪些？

(1)现行劳动定额和施工定额。
(2)现行设计规范、施工验收规范和安全操作规程。
(3)具有代表性的典型工程施工图及有关标准图。
(4)新技术、新结构、新材料和先进的施工方法等。
(5)有关科学试验、技术测定和统计、经验资料。
(6)现行的预算定额、材料预算价格及有关文件规定等。

27. 预算定额的编制应分为哪几个步骤？

(1)准备阶段。根据收集到的有关资料和国家政策性文件，拟定编制方案，对编制过程中一些重大原则问题做出统一规定。

(2)初稿编制阶段。在这个阶段，根据确定的定额项目和基础资料，进行反复分析和测算，编制定额项目劳动力计算表、材料及机械台班计算表，并附注有关计算说明，然后汇总编制预算定额项目表，即预算定额初稿。

(3)预算定额水平测算阶段。新编定额必须与原定额进行对比测算，对定额水平升降原因进行分析。

(4)修改定稿，整理资料阶段。这个阶段的工作内容包括印发征求意见，修改整理报批、撰写编制说明、立档、成卷等。

28. 预算定额编制过程中的重大原则问题应怎样统一？

(1) 定额项目和步距的划分要适当。

(2) 确定统一计量单位。

(3) 确定机械化施工和工厂预制的程度。

(4) 确定设备和材料的现场内水平运输距离和垂直运输高度，作为计算运输用人工和机具的基础。

(5) 确定主要材料损耗率。

(6) 确定工程量计算规则，统一计算口径。

(7) 确定定额表达式、计算表达式、数字精度及各种幅度差等。

29. 怎样对定额水平进行测算？

定额水平的测算一般有两种方法，见表 3-5。

表 3-5　　　　　　　预算定额水平的测算方法

方　　法		内　　　　容
单项定额水平测算	新编定额与现行定额直接对比测算	以新编定额与现行定额相同项目的人工、材料耗用量和机械台班的使用量直接分析对比，这种方法比较简单，但应注意新编定额和现行定额口径是否一致，并对影响可比的因素予以剔除
	新编定额和实际对比测算	把新编定额拿到施工现场与实际工料消耗水平对比测算，征求有关人员意见，分析定额水平是否符合正常情况下的施工。采用这种方法，应注意实际消耗水平的合理性，对因施工管理不善而造成的工、料、机械台班的浪费应予以剔除
定额总水平测算		选择具有代表性的单位工程，按新编定额和现行定额的人工、材料耗用量和机械台班使用量，用相同的工资单价、材料预算价格、机械台班单价分别编制两份工程预算，按工程直接费进行对比分析；测算出定额水平提高或降低比率，并分析其原因

30. 影响定额水平的因素有哪些?

影响定额水平的因素很多,具体包括:
(1)施工规范变更的影响;
(2)修改现行定额误差的影响;
(3)改变施工方法的影响;
(4)调整材料损耗率的影响;
(5)材料规格变化的影响;
(6)调整劳动定额水平的影响;
(7)机械台班使用量和台班费变化的影响;
(8)其他材料费变化的影响;
(9)调整人工工资标准、材料价格的影响;
(10)其他因素的影响等。

31. 预算定额编制说明包括哪些内容?

为顺利地贯彻执行定额,需要撰写新定额编制说明。其内容包括:项目、子目数量;人工、材料、机械的内容范围;资料的依据和综合取定情况;定额中允许换算和不允许换算规定的计算资料;工人、材料、机械单价的计算和资料;施工方法、工艺的选择及材料运距的考虑;各种材料损耗率的取定资料;调整系数的使用;其他应该说明的事项与计算数据、资料。

32. 预算定额编制包括哪些工作内容?

预算定额编制的工作内容包括:
(1)定额项目的划分;
(2)确定工程内容和施工方法;
(3)确定定额计量单位与计算精度;
(4)确定预算定额中人工、材料、施工机械消耗量;
(5)编制定额项目表和拟定有关说明。

33. 对定额项目进行划分时应考虑哪些因素?

对定额项目进行划分时,应考虑如下因素:
(1)便于确定单位估价表;
(2)便于编制施工图预算;

(3)便于进行计划、统计和成本核算工作。

34. 怎样确定预算定额的计量单位？

定额计量单位应与定额项目内容相适应，要能确切反映各分项工程产品的形态特征、变化规律与实物数量，并便于计算和使用。

(1)当物体的断面形状一定而长度不定时，宜采用长度"m"或延长米为计量单位。

(2)当物体有一定的厚度而长与宽度变化不定时，宜采用面积"m^2"为计量单位。

(3)当物体的长、宽、高均变化不定时，宜采用体积"m^3"作为计量单位。

(4)当物体的长、宽、高均变化不大，但其质量与价格差异却很大时，宜采用"kg"或"t"为计量单位。

在预算定额项目表中，一般都采用扩大的计量单位，如"100mm"、"100m^2"、"10m^3"等，以便于预算定额的编制和使用。

35. 怎样确定预算定额的计算精度？

预算定额项目中各种消耗量指标的数值单位和计算时小数位数的取定如下：

(1)人工以"工日"为单位，取小数后2位；

(2)机械以"台班"为单位，取小数后2位；

(3)木材以"m^3"为单位，取小数后3位；

(4)钢材以"t"为单位，取小数后3位；

(5)标准砖以"千块"为单位，取小数后2位；

(6)砂浆、混凝土、沥青膏等半成品以"m^3"为单位，取小数后2位。

36. 怎样确定预算定额中人工、材料、施工机械消耗量？

确定预算定额人工、材料、机械台班消耗指标时，必须先按施工定额的分项逐项计算出消耗指标，然后，再按预算定额的项目加以综合。但是，这种综合不是简单的合并和相加，而需要在综合过程中增加两种定额之间的适当的水平差。预算定额的水平，首先取决于这些消耗量的合理确定。

人工、材料和机械台班消耗量指标，应根据定额编制原则和要求，采用理论与实际相结合、图纸计算与施工现场测算相结合、编制人员与现场工作人员相结合等方法进行计算和确定,使定额既符合政策要求,又与客观情况一致,便于贯彻执行。

37. 预算定额项目表的格式如何?

定额项目表的一般格式是:横向排列为各分项工程的项目名称,竖向排列为分项工程的人工、材料和施工机械消耗量指标。有的项目表下部还有附注以说明设计有特殊要求时怎样进行调整和换算。

38. 预算定额包括哪些内容?

预算定额的主要内容包括:目录,总说明,各章、节说明,定额表以及有关附录等,具体内容见表 3-6。

表 3-6　　　　　　　　预算定额的主要内容

序号	项目	具体内容
1	总说明	主要说明编制预算定额的指导思想、编制原则、编制依据、适用范围以及编制预算定额时有关共性问题的处理意见和定额的使用方法等
2	各章、节说明	各章、节说明主要包括以下内容: (1)编制各分部定额的依据; (2)项目划分和定额项目步距的确定原则; (3)施工方法的确定; (4)定额活口及换算的说明; (5)选用材料的规格和技术指标; (6)材料、设备场内水平运输和垂直运输主要材料损耗率的确定; (7)人工、材料、施工机械台班消耗定额的确定原则及计算方法
3	工程量计算	工程量计算规则及方法
4	定额项目表	主要包括该项定额的人工、材料、施工机械台班消耗量和附注
5	附录	一般包括:主要材料取定价格表、施工机械台班单价表及其他有关折算、换算表等

39. 预算定额表格形式如何?

以《全国统一安装工程预算定额》(以下简称全统定额)电气设备安装工程分册中的户内干包式电力电缆头制作、安装预算定额为例,说明预算定额的表格形式,见表3-7。

表3-7　　　户内干包式电力电缆头制作、安装预算定额示例　　　　个

工作内容:定位、量尺寸、锯断、剥保护层及绝缘层、清洗、包缠绝缘、压连接管及接线端子、安装、接线。

定额编号				2-626	2-627	2-628	2-629	2-630	2-631
项目				干包终端头(1kV以下 截面mm² 以下)			干包中间头(1kV以下 截面mm² 以下)		
				35	120	240	35	120	240
	名称	单位	单价(元)	数					量
人工	综合工日	工日	23.22	0.550	0.900	1.170	1.070	1.760	2.280
材料	破布	kg	5.830	0.300	0.500	0.800	0.300	0.500	0.800
	汽油70号	kg	2.900	0.300	0.350	0.400	0.400	0.600	0.800
	镀锡裸铜绞线16mm²	kg	30.440	0.200	0.250	0.350	0.250	0.300	0.350
	固定卡子3×80	套	1.640	2.060	2.060	2.060	—	—	—
	铜铝过渡接线端子25mm²	个	3.730	3.760	—	—	—	—	—
	铜铝过渡接线端子95mm²	个	7.250	—	3.760	—	—	—	—
	铜铝过渡接线端子185mm²	个	14.290	—	—	3.760	—	—	—
	铜接线端子DT-25mm²	个	7.250	1.020	1.020	1.020	—	—	—
	塑料带20mm×40m	kg	12.800	0.140	0.450	0.700	0.300	0.650	1.120
	塑料手套ST型	个	3.000	1.050	1.050	1.050	—	—	—
	焊锡丝	kg	54.100	0.050	0.100	0.150	0.050	0.100	0.200
	焊锡膏瓶装50g	kg	66.600	0.010	0.020	0.030	0.010	0.020	0.040
	电力复合酯一级	kg	20.000	0.030	0.050	0.080	0.030	0.050	0.080
	自黏性橡胶带20mm×5m	卷	2.590	0.500	0.800	1.050	1.200	1.800	2.500
	封铅:含铅65%含锡35%	kg	6.900	—	—	—	0.360	0.590	0.710
材料	铝压接管25mm²	个	2.590	—	—	—	3.760	—	—
	铝压接管95mm²	个	7.250	—	—	—	—	3.760	—
	铝压接管185mm²	个	12.010	—	—	—	—	—	3.760
	镀锌精制带帽螺栓M10×100以内2平1弹垫	10套	8.190	0.900	0.400	0.400	—	—	—
	镀锌精制带帽螺栓M12×100以内2平1弹垫	10套	13.360	—	0.500	0.700	—	—	—
	其他材料费	元	1.000	1.960	2.350	3.700	1.010	1.930	3.108

注:1. 未包括终端盒、保护盒、铅套管和安装支架。
　　2. 干包电缆头不装"终端盒"时,称为"简包电缆头",适用于一般塑料和橡皮绝缘低压电缆。

第三章 电气工程定额计价

40. 全统定额(电气设备安装工程分册)的适用范围如何?

全统定额第二册电气设备安装工程适用于工业与民用新建、扩建工程中 10kV 以下变配电设备及线路安装工程,车间动力电气设备及电气照明器具、防雷及接地装置安装、配管配线、电梯电气装置、电气调整试验等的安装工程。

41. 电气设备安装工程施工时怎样确定脚手架搭拆费?

脚手架搭拆费(10kV 以下架空线路除外)按人工费的 4% 计算,其中人工工资占 25%。

42. 电气设备安装工程施工时怎样确定工程超高增加费?

工程超高增加费(已考虑了超高因素的定额项目除外):操作物高度离楼地面 5m 以上、20m 以下的电气安装工程,按超高部分人工费的 33% 计算。

【例3-1】 某栋楼共 26 层,底层层高为 7m,二、三、四层为 4.5m,其余各层均为 3.6m,已知该楼的电气设备安装工程总人工费为 60000 元,其中底层超高部分的安装人工费为 5500 元,试求超高增加费。

【解】 根据工程超高增加费的计算规则:按超高部分人工费的 33% 计算。则

超高增加费 = 5500 × 33% = 1815 元(全部为人工工资)

43. 电气设备安装工程施工时怎样确定高层建筑增加费?

高层建筑(指高度在 6 层或 20m 以上的工业与民用建筑)增加费按表 3-8 计算(全部为人工工资)。

表 3-8　　　　　　　　高层建筑增加费系数

层数	9 层以下 (30m)	12 层以下 (40m)	15 层以下 (50m)	18 层以下 (60m)	21 层以下 (70m)	24 层以下 (80m)
按人工费的%	1	2	4	6	8	10
层数	27 层以下 (90m)	30 层以下 (100m)	33 层以下 (110m)	36 层以下 (120m)	39 层以下 (130m)	42 层以下 (140m)
按人工费的%	13	16	19	22	25	28

续表

层数	45层以下 (150m)	48层以下 (160m)	51层以下 (170m)	54层以下 (180m)	57层以下 (190m)	60层以下 (200m)
按人工费的%	31	34	37	40	43	46

注：为高层建筑供电的变电所和供水等动力工程，如装在高层建筑的底层或地下室的，均不计取高层建筑增加费。装在6层以上的变配电工程和动力工程则同样计取高层建筑增加费。

【例3-2】 某栋楼共26层，底层层高为7m，二、三、四层为4.5m，其余各层均为3.6m，已知该楼的电气设备安装工程总人工费为60000元，其中底层超高部分的安装人工费为6500元，试求高层建筑增加费。

【解】 计算高层建筑增加费：

建筑高度 $=7+3\times4.5+(26-1-3)\times3.6=99.7m$

一幢建筑物的层数和高度不在同一个取费档次时，应按高的取费系数计取。

故应按人工费的16%计算，而不是按人工费的13%计算

即高层建筑增加费 $=60000\times16\%=9600$ 元（全部为人工工资）

【例3-3】 某居民小区，有高度为18m的1区，有高度为43m的2区，还有高度为75m的3区，如何确定其高层建筑增加费？

【解】 1区不能计取高层建筑增加费，2区和3区的应分别以其全部人工费乘以其相应的费率计取高层建筑增加费，如2区应以其全部人工费乘以4%，3区应以其全部人工费乘以10%。

【例3-4】 某建筑物22层，底层层高为7m，其余层高为3.6m。已知该楼的电气设备安装工程总人工费为45000元，试确定高层建筑增加费系数及高层建筑增加费。

【解】 从表3-8可知，计取高层建筑物增加费时，如按22层计取应是10%，但建筑物高度 $=7+21\times3.6=82.6m$，超过了80m，故应按13%计取，即

高层建筑增加费 $45000\times13\%=5850$ 元（全部为人工工资）

44. 电气设备安装工程施工时怎样确定总人工增加费？

(1)安装与生产同时进行时，安装工程的总人工费增加10%，全部为因降效而增加的人工费(不含其他费用)。

(2)在有害人身健康的环境(包括高温、多尘、噪声超过标准和有害气体等有害环境)中施工时,安装工程的总人工费增加 10%,全部为因降效而增加的人工费(不含其他费用)。

45. 全统定额电气设备安装工程由哪些分部工程构成?

全统定额电气设备安装工程分册共由 14 个分部工程组成。即:变压器;配电装置;母线、绝缘子;控制设备及低压电器;蓄电池;电机;滑触线装置;电缆;防雷及接地装置;10kV 以下架空配电线路;电气调整实验;配管、配线;照明器具;电梯电气装置。

46. 全统定额变压器分部工程由哪些分项工程构成?

变压器分部工程共分为 5 个分项工程,即:油浸式电力变压器安装;干式变压器安装;消弧线圈安装;电力变压器干燥;变压器油过滤。

47. 全统定额配电装置分部工程由哪些分项工程构成?

配电装置分部工程共分 12 个分项工程,即:油断路器安装;真空断路器、SF_6 断路器安装;大型空气断路器、真空接触器安装;隔离开关、负荷开关安装;互感器安装;熔断器、避雷器安装;电抗器安装;电抗器干燥;电力电容器安装;并联补偿电容器组架及交流滤波装置安装;高压成套配电柜安装;组合型成套箱式变电站安装。

48. 全统定额母线、绝缘子分部工程由哪些分项工程构成?

母线、绝缘子分部工程共分 15 个分项工程,即:绝缘子安装;穿墙套管安装;软母线安装;软母线引下线、跳线及设备连线;组合软母线安装;带形母线安装;带形母线引下线安装;带形母线用伸缩节头及铜过渡板安装;槽形母线安装;槽形母线与设备连接;共箱母线安装;低压封闭式插接母线槽安装;重型母线安装;重型母线伸缩器及导板制作、安装;重型铝母线接触面加工。

49. 全统定额控制设备及低压电器分部工程由哪些分项工程构成?

控制设备及低压电器分部工程共分 24 个分项工程,即:控制、继电、模拟及配电屏安装;硅整流柜安装;可控硅柜安装;直流屏及其他电屏(柜)安装;控制台、控制箱安装;成套配电箱安装;控制开关安装;熔断器、限位开关安装；控制器、接触器、启动器、电磁铁、快速自动开关安装；电阻器、变阻器安装；按钮、电笛、电铃安装；水位电气信号装置；仪表、电器、小母线安装；分流器安装；盘柜配线；端子箱、端子板安装及端子板外部接线；焊铜接线端子；压铜接线端子；压铝接线端子；穿通板制作、安装；基础槽钢、角钢安装；铁构件制作、安装及箱盒制作；木配电箱制作；配电板制作、安装。

50. 全统定额蓄电池分部工程由哪些分项工程构成？

蓄电池分部工程共分 5 个分项工程，即：蓄电池防震支架安装；碱性蓄电池安装；固定密闭式铅酸蓄电池安装；免维护铅酸蓄电池安装；蓄电池充放电。

51. 全统定额电机分部工程由哪些分项工程构成？

电机分部工程共分 11 个分项工程，即：发电机及调相机检查接线；小型直流电机检查接线；小型交流异步电机检查接线；小型交流同步电机检查接线；小型防爆式电机检查接线；小型立式电机检查接线；大中型电机检查接线；微型电机、变频机组检查接线；电磁调速电动机检查接线；小型电机干燥；大中型电机干燥。

52. 全统定额滑触线装置分部工程由哪些分项工程构成？

滑触线装置分部工程共分 7 个分项工程，即：轻型滑触线的安装；安全节能型滑触线的安装；角钢、扁钢滑触线的安装；圆钢、工字钢滑触线安装；滑触线支架的安装；滑触线拉紧装置及挂式支持器的制作、安装；移动软电缆安装。

53. 全统定额电缆分部工程由哪些分项工程构成？

电缆分部工程共分 17 个分项工程，即：电缆沟挖填、人工开挖路面；电缆沟铺砂、盖砖及移动盖板；电缆保护管敷设及顶管；桥架安装；塑料电缆槽、混凝土电缆槽安装；电缆防火涂料、堵洞、隔板及阻燃盒槽安装；电缆防腐、缠石棉绳、刷漆、剥皮；铝芯电力电缆敷设；铜芯电力电缆敷设；户内干包式电力电缆头制作、安装；户内浇注式电力电缆终端头制作、安装；户内热缩式电力电缆终端头制作、安装；户外电力电缆终端头制作、安装；浇注式电力电缆中间头制作、安装；热缩式电力电缆中间头制作、安装；控制电缆敷设；控制电缆头制作、安装。

54. 全统定额防雷及接地装置分部工程由哪些分项工程构成？

防雷及接地装置分部工程共分 7 个分项工程，即：接地极（板）制作、安装；接地母线敷设；接地跨接线安装；避雷针制作、安装；半导体少长针消雷装置安装；避雷引下线敷设；避雷网安装。

55. 全统定额 10kV 以下架空配电线路分部工程由哪些分项工程构成？

10kV 以下架空配电线路分部工程共分 9 个分项工程，即：工地运输；土石方工程；底盘、拉盘、卡盘安装及电杆防腐；电杆组立；横担安装；拉线制作安装；导线架设；导线跨越及进户线架设；杆上变配电设备安装。

56. 全统定额电气调整试验分部工程由哪些分项工程构成？

电气调整试验分部工程共分 18 个分项工程，即：发电机、调相机系统调试；电力变压器系统调试；送配电装置系统调试；特殊保护装置系统调试；自动投入装置调试；中央信号装置、事故照明切换装置、不间断电源调试；母线、避雷器、电容器、接地装置调试；电抗器、消弧线圈、电除尘器调试；硅整流设备、可控硅整流装置调试；普通小型直流电动机调试；可控硅调速直流电动机系统调试；普通交流同步电动机调试；低压交流异步电动机调试；高压交流异步电动机调试；交流变频调速电动机（AC—AC、AC—DC—AC 系统）调试；微型电机、电加热器调试；电动机组及联锁装置调试；绝缘子、套管、绝缘油、电缆试验。

57. 全统定额配管、配线分部工程由哪些分项工程构成？

配管、配线分部工程共分 22 个分项工程，即：电线管敷设；钢管敷设；防爆钢管敷设；可挠金属套管敷设；塑料管敷设；金属软管敷设；管内穿线；瓷夹板配线；塑料夹板配线；鼓形绝缘子配线；针式绝缘子配线；蝶式绝缘子配线；木槽板配线；塑料槽板配线；塑料护套线明敷设；线槽配线；钢索架设；母线拉紧装置及钢索拉紧装置制作、安装；车间带形母线安装；动力配管混凝土地面刨沟；接线箱安装；接线盒安装。

58. 全统定额照明器具分部工程由哪些分项工程构成？

照明器具分部工程共分 10 个分项工程，即：普通灯具的安装；装饰灯具的安装；荧光灯具的安装；工厂灯及防水防尘灯的安装；工厂其他灯具的安装；医院灯具的安装；路灯安装；开关、按钮、插座安装；安全变压器、电铃、风扇安装；盘管风机开关、请勿打扰灯、须刨插座、钥匙取电器安装。

59. 全统定额电梯电气装置分部工程由哪些分项工程构成？

电梯电气分部工程共分 7 个分项工程，即：交流手柄操作或按钮控制（半自动）电梯电气安装；交流信号或集选控制（自动）电梯电气安装；直流快速自动电梯电气安装；直流高速自动电梯电气安装；小型杂物电梯电气安装；电厂专用电梯电气安装；电梯增加厅门、自动桥厢门及提升高度。

60. 如何确定预算定额指标与定额基价？

预算定额主要规定的是标准数值（定额指标）。而定额基价是执行地方预算价格后的货币计量。全统定额上的"基价"是以北京地区工资标准（23.22 元/工日）、1996 年材料预算价格，以及 1998 年新制定机械台班费定额计算的。

系数调整的一般计算式为：

调后价格＝原价×系数
　　　　＝原价＋调整子目金额×（调整系数－1）

61. 电气设备安装工程预算定额指标由哪些组成？

电气设备安装工程预算定额的指标，包括主材用量、综合工日、安装材料及施工机械台班。

62. 如何确定电气设备安装工程主材消耗量？

主材在定额内有四种形式，应分别计数。其中定额内"带括弧"的消耗量项目较多，该消耗量与地方预算单价的乘积，构成主材消耗价值。

定额内未计价的材料（主材）损耗率按表 3-9 执行，进行换算。

表 3-9　　　　　　　　主要材料损耗率表

序号	材　料　名　称	损耗率(%)
1	裸软导线(包括铜、铝、钢线、钢芯铝线)	1.3
2	绝缘导线(包括橡皮铜、塑料铅皮、软花)	1.8
3	电力电缆	1.0
4	控制电缆	1.5

续表

序号	材 料 名 称	损耗率(%)
5	硬母线(包括钢、铝、铜、带型、管型、棒型、槽型)	2.3
6	拉线材料(包括钢绞线、镀锌铁线)	1.5
7	管材、管件(包括无缝、焊接钢管及电线管)	3.0
8	板材(包括钢板、镀锌薄钢板)	5.0
9	型钢	5.0
10	管体(包括管箍、护口、锁紧螺母、管卡子等)	3.0
11	金具(包括耐张、悬垂、并沟、吊接等线夹及连板)	1.0
12	紧固件(包括螺栓、螺母、垫圈、弹簧垫圈)	2.0
13	木螺栓、圆钉	4.0
14	绝缘子类	2.0
15	照明灯具及辅助器具(成套灯具、镇流器、电容器)	1.0
16	荧光灯、高压水银、氙气灯等	1.5
17	白炽灯泡	3.0
18	玻璃灯罩	5.0
19	胶木开关、灯头、插销等	3.0
20	低压电瓷制品(包括鼓绝缘子、瓷夹板、瓷管)	3.0
21	低压保险器、瓷闸盒、胶盖闸	1.0
22	塑料制品(包括塑料槽板、塑料板、塑料管)	5.0
23	木槽板、木护圈、方圆木台	5.0
24	木杆材料(包括木杆、横担、横木、桩木等)	1.0
25	混凝土制品(包括电杆、底盘、卡盘等)	0.5
26	石棉水泥板及制品	8.0
27	油类	1.8
28	砖	4.0
29	砂	8.0
30	石	8.0

续表

序号	材 料 名 称	损耗率(%)
31	水泥	4.0
32	铁壳开关	1.0
33	砂浆	3.0
34	木材	5.0
35	橡皮垫	3.0
36	硫酸	4.0
37	蒸馏水	10.0

注:1. 绝缘导线、电缆、硬母线和用于母线的裸软导线,其损耗率中不包括为连接电气设备、器具而预留的长度,也不包括因各种弯曲(包括弧度)而增加的长度。这些长度均应计算在工程量的基本长度中。

2. 用于10kV以下架空线路中的裸软导线的损耗率中已包括因弧垂及因杆位高低差而增加的长度。

3. 拉线用的镀锌铁线损耗率中不包括为制作上、中、下把所需的预留长度。计算用线量的基本长度时,应以全根拉线的展开长度为准。

63. 如何确定电气设备安装工程定额人工费?

因综合工日是不分工种,且以四级工为标准的定额指标数,乘定额标准工资可得定额人工费(元)。

【例 3-5】 表 3-10 中定额 2-1172,表示完成 100m 线路的管内穿线(铜芯截面 $2.5mm^2$)的定额工日为 1.000 工日。按北京地区综合工 23.22 元/工日计算,则其定额人工费(基价)为

$$23.22 \times 1.000 = 23.22 \ 元$$

表 3-10　　　　　　　管内穿线

工作内容:穿引线、扫管、涂滑石粉、穿线、编号、接焊包头。　　　　　　100m 单线

定额编号				2-1169	2-1170	2-1171	2-1172	2-1173
项目				照明线路				
				导线截面(mm^2 以内)				
				铝芯 2.5	铝芯 4	铜芯 1.5	铜芯 2.5	铜芯 4
名称		单位	单位/元	数量				
人工	综合工日	工日	23.22	1.000	0.700	0.980	1.000	0.700

续表

定额编号				2-1169	2-1170	2-1171	2-1172	2-1173
项目				照明线路				
				导线截面(mm^2 以内)				
				铝芯2.5	铝芯4	铜芯1.5	铜芯2.5	铜芯4
材料	绝缘导线		m	—	(116.000)	(110.000)	(116.000)	(110.000)
	钢丝 $\phi1.6$		kg	7.670	0.090	0.090	0.090	0.130
	棉纱头		kg	5.830	0.200	0.200	0.200	0.200
	铝压接管 $\phi4$		个	0.140	16.240	—	—	—
	铝压接管 $\phi6$		个	0.210	—	7.110	—	—
	焊锡		kg	54.100	—	—	0.150	0.200	0.200
	焊锡膏瓶装50g		kg	66.600	—	—	0.010	0.010	0.010
	汽油70号		kg	2.900	—	—	0.500	0.500	0.500
	塑料胶布带 25mm×10mm		卷	10.000	0.250	0.200	0.250	0.250	0.200
	其他材料费		元	1.000	0.199	0.160	0.438	0.519	0.513
基价/元				30.05	21.76	37.79	41.03	33.86
其中	人工费/元			23.22	16.25	22.76	23.22	16.25
	材料费/元			6.83	5.51	15.03	17.81	17.61
	机械费/元			—	—	—	—	—

64. 如何确定电气设备安装工程安装材料消耗量?

安装材料消耗量在定额内是按不同品种、规格,列出定额指标,少量难以计数的材料以"其他材料费"(元)表示。定额的安装材料指标,已包含施工损耗量,且不允许调整(不管是否采用)。

65. 如何确定电气设备安装工程机械使用费?

施工机械的定额消耗台班指标,是按施工中主要机械的代表型号分别表示的。定额规定的机械型号及其台班指标不可调整。定额基价中机械使用费为台班单价与定额台班数的乘积。

66. 如何确定电气工程定额执行界限?

电气工程定额执行界限应符合下列规定:
(1)与"机械设备"定额的分界。
1)各种电梯的机械部分执行机械设备定额。电气设备安装即线槽、配管配线、电缆敷设、电机检查接线、照明装置、风扇和控制信号装置的安装与调试均执行该定额。

2)起重运输设备、各种金属加工机床等的安装执行机械设备定额,其中的电气盘箱、开关控制设备、配管配线、照明装置和电气调试执行该定额。

3)电机安装执行机械设备定额,电机检查、接线执行该定额。

(2)与"通信设备"定额的分界。

1)变电所和电控室的电气设备、照明器具的安装执行该定额,从通信用的电源盘开始执行通信设备定额项目。

2)载波通信用的设备,如阻波器等,凡安装在变电所范围内的均执行该定额。

3)通信设备的接地工程执行该定额。

(3)与"自控仪表"定额的分界。

1)自动化控制装置工程中的电气盘及其他电气设备的安装执行该定额,自动化控制装置专用盘箱的安装执行该定额。

2)自动化控制装置的电缆敷设执行自控仪表定额,其人工费乘以系数 1.05。

3)自动化控制装置中的电气配管执行该定额,其人工费乘以系数 1.07。

4)自动化控制装置的接地工程执行该定额。

5)电气调试中新技术项目调试用的仪表使用费按自控仪表执行。

(4)与"工艺管道"定额的分界。

大型水冷变压器的安装,其水冷系统,以冷却器进出口的第一个法兰盘为界,由法兰盘开始的一次门及供水母管与回水管的安装执行工艺管道定额。

67. 什么是概算定额?

概算定额又称为扩大结构定额,是指生产一定计量单位的经扩大的建筑工程结构件或分部分项工程所需要的人工、材料和机械台班的消耗数量及费用的标准。

68. 概算定额的作用体现在哪些方面？

正确合理的编制概算定额，对提高设计概算的质量，加强基本建设的经济管理、合理使用建设资金、降低建设成本等方面都有巨大的作用，具体体现在以下方面：

(1) 概算定额是在扩大初步设计阶段编制概算，技术设计阶段编制修正概算的主要依据。

(2) 概算定额是编制建筑安装工程主要材料申请计划的基础资料。

(3) 概算定额是进行设计方案技术经济分析比较的依据。

(4) 概算定额是编制概算指标的依据。

(5) 概算定额是确定基本建设项目投资额、编制基本建设计划、实行基本建设大包干、控制基本建设投资和施工图预算造价的依据。

(6) 概算定额是建设项目主要材料需要量计划的依据。

69. 概算定额与预算定额有哪些相同点？

概算定额与预算定额的相同处，都是以建（构）筑物各个结构部分和分部分项工程为单位表示的，内容也包括人工、材料和机械台班使用量定额三个基本部分，并列有基准价。

概算定额表达的主要内容、表达的主要方式及基本使用方法都与综合预算定额相近。

定额基准价 = 定额单位人工费 + 定额单位材料费 + 定额单位机械费

= 人工概算定额消耗量 × 人工工资单价 +

$\sum$（材料概算定额消耗量 × 材料预算价格）+

$\sum$（施工机械概算定额消耗量 × 机械台班费用单价）

70. 概算定额与预算定额有哪些不同点？

概算定额与预算定额的不同处，在于项目划分和综合扩大程度上的差异，同时，概算定额主要用于设计概算的编制。由于概算定额综合了若干分项工程的预算定额，因此使概算工程量计算和概算表的编制，都比编制施工图预算简化了很多。

编制概算定额时，应考虑到能适应规划、设计、施工各阶段的要求。概算定额与预算定额应保持一致水平，即在正常条件下，反映大多数企业的设计、生产及施工管理水平。

概算定额的内容和深度是以预算定额为基础的综合与扩大。在合并中不得遗漏或增加细目，以保证定额数据的严密性和正确性。概算定额务必达到简化、准确和适用。

71. 概算定额可分为哪些类别？

概算定额可分为概算定额、概算指标和其他费用定额三种。

72. 什么是概算指标？

概算指标是以一个建筑物或构筑物为对象，按各种不同的结构类型，确定每 $100m^2$ 或每 $1000m^3$ 和每座为计量单位的人工、材料和机械台班（机械台班一般不以量列出，用系数计入）的消耗指标（量）或每万元投资额中各种指标的消耗数量。

73. 概算指标的表现形式有哪几种？

概算指标的表现形式有综合概算指标和单项概算指标两种。

74. 什么是综合概算指标？

综合概算指标是指按工业或民用建筑及其结构类型而制定的概算指标。综合概算指标的概括性较大，其准确性、针对性不如单项指标。

75. 什么是单项概算指标？

单项概算指标是指为某种建筑物或构筑物编制的概算指标。其针对性较强，故指标中对工程结构形式要作介绍。只要工程项目的结构形式及工程内容与单项指标中的工程概况相吻合，编制出的设计概算就比较准确。

76. 概算指标的作用体现在哪些方面？

概算指标比概算定额更加综合扩大，是编制初步设计或扩大初步设计概算的依据。概算指标的作用具体表现在以下方面：

(1) 概算指标在工程初步设计阶段是编制工程设计概算的依据。这是指在没有条件计算工程量时，只能使用概算指标。

(2) 概算指标是设计单位在工程项目方案设计阶段，进行方案设计技术经济分析和估算的依据。

(3)概算指标在建设项目的可行性研究阶段,作为编制项目的投资估算的依据。

(4)概算指标在建设项目规划阶段,是进行资源需要量计算的依据。

77. 如何计算概算指标?

概算指标的计算方法,主要有以下几种:

(1)按设备原价的百分比计算安装费:

设备安装费=设备原价×设备安装费率

(2)按设备净质量计算安装费:

设备安装费=设备净质量(t)×每吨设备安装费

(3)按材料质量计算直接费:

直接费=材料质量(t)×每吨材料直接费指标

(4)按扩大的实物工程量计算直接费。

(5)按建筑面积每平方米单位计算其附属工程的直接费。

(6)按投资的百分率计算工程费。

78. 概算指标的编制应遵循哪些原则?

概算指标的编制应遵循下列原则:

(1)按平均水平确定概算指标的原则。

(2)概算指标的内容与表现形式要贯彻简明适用的原则。

(3)概算指标的编制依据必须具有代表性。

79. 概算指标的编制依据有哪些?

(1)标准设计图纸和各类工程典型设计。

(2)国家颁发的建筑标准、设计规范、施工规范等。

(3)各类工程造价资料。

(4)现行的概算定额、预算定额、补充定额及过去颁发的概算定额。

(5)人工工资标准、材料预算价格、机械台班预算价格及其他价格资料。

(6)有关施工图预算和结算资料。

80. 概算指标的编制分为哪几个阶段？各阶段工作内容有哪些？

概算指标的编制分为准备阶段、编制阶段和审核定案及审批阶段，具体内容如下：

(1)准备阶段，主要是收集资料，确定概算指标项目，研究编制概算指标的有关方针、政策和技术性的问题。

(2)编制阶段，主要是选定图纸，并根据图纸资料计算工程量和编制单位工程预算书，按编制方案确定的指标项目和人工及主要材料消耗指标，以及填写概算指标表格。

(3)审核定案及审批，概算指标初步确定后要进行审查、比较，并作必要的调整后，送国家授权机关审批。

81. 概算定额包括哪些内容？

概算定额由文字说明和定额表两部分组成。

(1)文字说明部分包括总说明和各章节的说明。

1)在总说明中，主要对编制的依据、用途、适用范围、工程内容、有关规定、取费标准和概算造价计算方法等进行阐述。

2)在各章说明中，包括分部工程量的计算规则、说明、定额项目的工程内容等。

(2)定额表格式。定额表头注有本节定额的工作内容，定额的计量单位(或在表格内)。表格内有基价、人工、材料和机械费，主要材料消耗量等。

82. 概算定额编制应遵循哪些原则？

概算定额编制应遵循下列原则：

(1)使概算定额适应设计、计划、统计和拨款的要求，更好地为基本建设服务。

(2)概算定额水平的确定，应与预算定额的水平基本一致，必须能够反映正常条件下大多数企业的设计、生产、施工管理水平。

(3)概算定额的编制深度，要适应设计深度的要求，项目划分，应坚持简化、准确和适用的原则。

(4)概算定额项目计量单位的确定，与预算定额要尽量一致；应考虑统筹法及应用电子计算机编制的要求,以简化工程量和概算的计算编制。

(5)为了稳定概算定额水平,统一考核尺度和简化计算工程量,编制概算定额时,原则上不留活口,对于设计和施工变化多而影响工程量多、价差大的,应根据有关资料进行测算,综合取定常用数值,对于其中还包括不了的个性数值,可适当留些活口。

83. 概算定额编制依据有哪些?

概算定额编制依据如下:
(1)现行的全国通用的设计标准、规范和施工验收规范。
(2)现行的预算定额。
(3)标准设计和有代表性的设计图纸及其他设计资料。
(4)过去颁发的概算定额。
(5)现行的人工工资标准、材料预算价格和施工机械台班单价。
(6)有关施工图预算和结算资料。

84. 概算定额编制应分为哪几个阶段?

概算定额的编制一般分四个阶段进行,即准备阶段、编制初稿阶段、审查定稿阶段和审批阶段。

(1)准备阶段。准备阶段主要是确定编制机构和编制人员,进行调查研究,了解现行概算定额执行情况和存在的问题,明确编制的目的,制定概算定额的编制方案和确定概算定额项目。

(2)编制初稿阶段。初稿编制是根据已确定的编制方案和定额项目,对搜集的各种资料进行深入细致的测算和分析,确定人工、材料和机械台班的消耗量指标,最后编制出概算定额初稿。

(3)审查定稿阶段。审查定稿的主要工作是对概算定额的水平进行测算,即测算新编概算定额与原概算定额及现行预算定额之间的水平差距。测算的方法既要分项进行测算,又要通过编制单位工程概算,并以单位工程为对象进行综合测算。

(4)审批阶段。概算定额经测算比较后,即可报送国家授权机关审批。经过审批后的概算定额方可实施。

85. 概算定额编制时怎样确定定额计量单位？

概算定额计量单位基本上按预算定额的规定执行,但是单位的内容扩大,仍用 m、m^2、m^3 等。

86. 概算定额编制时怎样确定定额幅度差？

由于概算定额是在预算定额基础上进行适当的合并与扩大。因此,在工程量取值、工程的标准和施工方法确定上需综合考虑,且定额与实际应用必然会产生一些差异。这种差异国家允许预留一个合理的幅度差,以便依据概算定额编制的设计概算能控制住施工图预算。概算定额与预算定额之间的幅度差,国家规定一般控制在 5% 以内。

第四章
·电气工程工程量清单计价·

1. 什么是工程量清单?

工程量清单是表现拟建工程的分部分项工程项目、措施项目、其他项目、规费项目和税金项目的名称和相应数量的明细清单。

2. 工程量清单有哪些作用和要求?

(1)工程量清单是编制招标控制价、投标报价、计算工程量、支付工程价款、调整合同价款、办理竣工结算以及工程索赔等的依据。

(2)工程量清单必须依据行政主管部门颁发的工程量计算规则、分部分项工程项目划分及计算单位的规定、施工设计图纸、施工现场情况和招标文件中的有关要求进行编制。

(3)工程量清单应由具有编制能力的招标人或受其委托的具有相应资质的工程造价咨询人编制。

(4)工程量清单表应当符合有关格式要求。

3. 什么是工程量清单计价?

工程量清单计价是指投标人完成由招标人提供的工程量清单所需的全部费用,包括分部分项工程费、措施项目费、其他项目费和规费、税金。

4. 什么是工程量清单计价方法?

工程量清单计价是改革和完善工程价格管理体制的一个重要的组成部分。工程量清单计价方法相对于传统的定额计价方法是一种新的计价模式,或者说,是一种市场定价模式。工程量清单计价是由建设产品的买方和卖方在建设市场上根据供求状况、信息状况进行自由竞价,从而最终能够签订工程合同价格的方法。在工程量清单的计价过程中,工程量清单为建设市场的交易双方提供了一个平等的平台,是投标人在投标活动中进行公正、公平、公开竞争的重要基础。

5. 编制工程量清单应依据哪些内容？

工程量清单应依据以下依据进行编制：

(1)《建设工程工程量清单计价规范》(GB 50500—2008)。
(2)国家或省级、行业建设主管部门颁发的计价依据和办法。
(3)建设工程设计文件。
(4)与建设工程项目有关的标准、规范、技术资料。
(5)招标文件及其补充通知、答疑纪要。
(6)施工现场情况、工程特点及常规施工方案。
(7)其他相关资料。

6. 编制工程量清单应注意哪些事项？

(1)分部分项工程量清单编制要求数量准确，避免错项、漏项。因为投标人要根据招标人提供的清单进行报价，如果工程量不准确，会影响报价的准确性。因此清单编制完成以后，除编制人要反复校核外，还必须要由其他人审核。

(2)随着建设领域新材料、新技术、新工艺的出现，《建设工程工程量清单计价规范》(GB 50500—2008)附录中缺项的项目，编制人可以作补充。

(3)《建设工程工程量清单计价规范》(GB 50500—2008)附录中的9位编码项目，有的涵盖面广，编制人在编制清单时要根据设计要求仔细分项。其宗旨就是要使清单项目名称具体化、项目划分清晰，以便于投标人报价。

(4)编制工程量清单是一项涉及面广、环节多、政策性强、对技术和知识都有很高要求的技术经济工作。造价人员必须精通《建设工程量清单计价规范》(GB 50500—2008)，认真分析拟建工程的项目构成和各项影响因素，多方面接触工程实际，才能编制出高水平的工程量清单。

7. 我国现行的清单计价规范是何时发布的？

2002年2月，原建设部标准定额研究所受原建设部标准定额司的委托，开始组织有关部门和地区工程造价专家编制《全国统一工程量清单计价办法》，为了增强工程量清单计价办法的权威性和强制性，最后改为《建设工程工程量清单计价规范》(GB 50500—2003)，经原建设部批准为国家标准,于 2003 年 7 月 1 日正式实施。经过五年的使用后,由改革后的中华人民共和国住房和城乡建设部以及中华人民共和国国家质量监督检验检疫总局于 2008 年 7 月 9 日联合发布《建设工程工程量清单计价规范》(GB 50500—2008)(以下简称"08 计价规范"),2008 年 12 月 1 日正式执行,原 2003 年发布的清单计价规范同时作废。

8. "08 计价规范"是根据哪些法律基础制定的?

《建设工程工程量清单计价规范》(GB 50500—2008)是根据《中华人民共和国建筑法》、《中华人民共和国合同法》、《中华人民共和国招标投标法》等法律法规制定的。

9. "08 计价规范"具有哪些特点?

(1)强制性。它表现在两个方面:一方面是由建设部门按照强制性国家标准的要求批准颁布,规定全部使用国有资金或国有资金投资为主的大中型建设工程应按计价规范的规定执行;另一方面是明确工程量清单是招标文件的组成部分,并规定了其准确性和完整性由招标人负责。

(2)实用性。工程量清单中的实体项目,项目名称明确清晰,工程量计算规则简洁明了,特别还列有项目特征和工程内容,易于编制工程量清单投标报价时确定具体项目名称和组价。

(3)竞争性。《建设工程工程量清单计价规范》中的措施项目,在工程量清单中只列"措施项目"一栏,具体采用什么措施由投标人根据企业的施工组织设计,视具体情况报价,因为这些项目是企业竞争的项目,是留给企业竞争的空间;另外,《建设工程工程量清单计价规范》中人工、材料和施工机械没有列出具体的消耗量,投标企业可以依据企业的定额和市场价格信息,也可以参照建设行政主管部门发布的社会平均消耗量定额进行报价,《建设工程工程量清单计价规范》将报价自主、参与竞争的权利交给了企业。

(4)通用性。采用工程量清单计价将与国际惯例接轨,符合工程量计算方法标准化、工程量计算规则统一化、工程造价确定市场化的要求。

10. "08 计价规范"编制的指导思想是什么?

根据原建设部第 107 号令《建筑工程施工发包与承包计价管理办法》,结合我国工程造价管理现状,总结有关省市工程量清单试点的经验,参照国际上有关工程量清单计价通行的做法,编制中遵循的指导思想是按照政府宏观调控、市场竞争形成价格的要求,创造公平、公正、公开竞争的环境,以建立全国统一的、有序的建筑市场,既要与国际惯例接轨,又要考虑我国的实际现状。

11. "08计价规范"编制的原则是什么?

(1)政府宏观调控、企业自主报价、市场竞争形成价格。

(2)与现行预算定额既有机结合又有所区别的原则。

(3)既考虑我国工程造价管理的现状,又尽可能与国际惯例接轨的原则。

12. "08计价规范"的"四个统一"指什么?

《建设工程工程量清单计价规范》(GB 50500—2008)提出了分部分项工程量清单的四个统一,即:项目编码统一、项目名称统一、计量单位统一、工程量计算规则统一。招标人必须按规定执行,不得因情况不同而变动。

13. "08计价规范"适用于哪些计价活动?

《建设工程工程量清单计价规范》(GB 50500—2008)适用于工程量清单编制、工程量清单招标控制价编制、工程量清单投标报价编制、工程合同价款的约定、竣工结算的办理、工程施工过程中工程计量与工程价款的支付、索赔与现场签证、工程价款的调整、工程计价争议的处理等计价活动。

14. 实行工程量清单计价具有哪些意义?

实行工程量清单计价的意义具体表现在以下几个方面:

(1)推行工程量清单计价是深化工程造价管理改革,推进建设市场化的重要途径。

(2)在建设工程招标投标中实行工程量清单计价是规范建筑市场秩序的治本措施之一,适应社会主义市场经济的需要。

(3)推行工程量清单计价是与国际接轨的需要。

(4)实行工程量清单计价,是促进建设市场有序竞争和企业健康发展的需要。

(5)实行工程量清单计价,有利于我国工程造价政府职能的转变。

15. 工程量清单计价的基本原理是什么？

实行工程量清单计价以招标人提供的工程量清单为基础，投标人根据自身的技术、财务、管理能力进行投标报价，招标人根据具体的评标细则进行优选，这种计价方式是市场定价体系的具体表现形式。因此，在市场经济比较发达的国家，工程量清单计价法是非常流行的，随着我国建设市场的不断成熟和发展，工程量清单计价方法也必然会越来越成熟和规范。

16. 影响工程量清单计价的因素有哪些？

影响工程量清单计价的因素包括：
(1)对用工批量的有效管理；
(2)材料费用的管理；
(3)机械费用的管理；
(4)施工过程中水电费的管理；
(5)对设计变更和工程签证的管理；
(6)对其他成本要素的管理。

17. 现阶段工程量清单计价主要存在哪些问题？

工程量清单计价模式下，单位工程造价包括分部分项工程费用、措施项目费用、其他项目费用、规费和税金。其中规费和税金属于非竞争性费用，其他费用属于竞争性费用。但是目前施工企业在清单计价时，虽然采用清单计价的形式，在组价上依然沿袭着定额计价的思想，没有体现"政府宏观调控、企业自主报价、市场竞争形成价格"清单计价的指导思想，无法体现企业的管理水平、技术特长、施工装备优势和采购优势。目前存在的问题主要表现在以下两方面：

(1)实体项目综合单价。清单项目单价采用综合单价法，其中包括人工费、材料费、机械费、管理费和利润，所有单价组成部分都属于竞争价性质。由于目前施工企业技术及管理水平的限制，缺乏对成本测算资料的积累和相关经验，而且大部分工程造价从业人员已经习惯了定额计价模式，在清单单价分析上仍然存在着依赖定额的思维模式。工程造价人员没有充分认识到所有单价组成部分均属于竞争性质，是企业水平的体现，更是投标报价策略体现的关键。

(2)措施项目费用。工程量清单措施项目一栏中只提供措施项目名称,报价时以项为单位,一项措施报一个总价。施工企业目前对于措施费的计取同样存在着依赖定额的思想:技术措施费按照定额中工程量的计算方法计算出量后,直接套用相应的定额的人工、材料、机械单价得出;组织措施费由预算定额提供的相应的费率和基数相乘得出。实质上,措施项目费用是最能体现企业实力和项目方案优势的一项费用,应该由施工企业自行按照自身情况和所采用的施工方案综合报价。

18. 工程量清单计价的基本过程是怎样的?

工程量清单计价的基本过程可以描述为:在统一的工程量计算规则基础上,制定工程量清单项目设置规则,根据具体工程的施工图计算出各个清单项目的工程量,再根据各种渠道所获得的工程造价信息和经验数据计算得到工程造价,如图4-1所示。

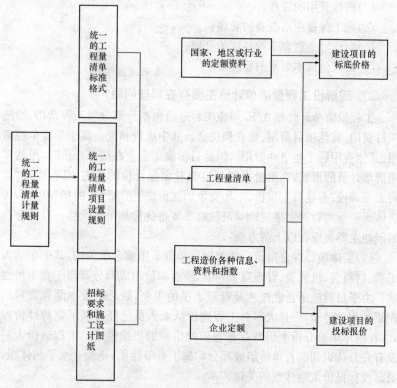

图4-1 工程造价工程量清单计价过程

19. 实行工程量清单计价时怎样对人工费进行有效管理？

人工费支出约占建筑产品成本的17%，且随市场价格波动而不断变化。对人工单价在整个施工期间作出切合实际的预测，是控制人工费用支出的前提条件。

首先根据施工进度，月初依据工序合理做出用工数量，结合市场人工单价计算出本月控制指标。

其次在施工过程中，依据工程分部分项，对每天用工数量连续记录，在完成一个分项后，就同工程量清单报价中的用工数量对比，进行横评找出存在问题，办理相应手续以便对控制指标加以修正。每月完成几个工程分项后各自同工程量清单报价中的用工数量对比，考核控制指标完成情况。通过这种控制节约用工数量，就意味着降低人工费支出，即增加了相应的效益。这种对用工数量控制的方法，最大优势在于不受任何工程结构形式的影响，分阶段加以控制，有很强的实用性。人工费用控制指标，主要是从量上加以控制。重点通过对在建工程过程控制，积累各类结构形式下实际用工数量的原始资料，以便形成企业定额体系。

20. 实行工程量清单计价时怎样对材料费用进行管理？

材料费用开支约占建筑产品成本的63%，是成本要素控制的重点。材料费用因工程量清单报价形式不同，材料供应方式不同而有所不同。如业主限价的材料价格，如何管理？其主要问题可从施工企业采购过程降低材料单价来把握。

首先对本月施工分项所需材料用量下发采购部门，在保证材料质量前提下货比三家。采购过程以工程清单报价中材料价格为控制指标，确保采购过程产生收益。对业主供材供料，确保足斤足两，严把验收入库环节。

其次在施工过程中，严格执行质量方面的程序文件，做到材料堆放合理布局，减少二次搬运。具体操作依据工程进度实行限额领料，完成一个分项后，考核控制效果。

最后是杜绝没有收入的支出，把返工损失降到最低限度。月末应把控制用量和价格同实际数量横向对比，考核实际效果，对超用材料数量落实清楚,是在哪个工程子项造成的?原因是什么?是否存在同业主计取材料差价的问题等。

21. 实行工程量清单计价时怎样对机械费用进行管理?

机械费的开支约占建筑产品成本的7%,其控制指标,主要是根据工程量清单计算出使用的机械控制台班数。在施工过程中,每天做详细台班记录,是否存在维修、待班的台班。如存在现场停电超过合同规定时间,应在当天同业主作好待班现场签证记录,月末将实际使用台班同控制台班的绝对数进行对比,分析量差发生的原因。对机械费价格一般采取租赁协议,合同一般在结算期内不变动,所以,控制实际用量是关键。依据现场情况做到设备合理布局,充分利用,特别是要合理安排大型设备进出场时间,以降低费用。

22. 实行工程量清单计价时怎样对水电费进行管理?

水电费的管理,在以往工程施工中一直被忽视。水作为人类赖以生存的宝贵资源,越来越短缺,正在给人类敲响警钟。这对加强施工过程中水电费管理的重要性不言而喻。为便于施工过程支出的控制管理,应把控制用量计算到施工子项以便于水电费用控制。月末依据完成子项所需水电用量同实际用量对比,找出差距的出处,以便制定改正措施。总之施工过程中对水电用量控制不仅仅是一个经济效益的问题,更重要的是一个合理利用宝贵资源的问题。

23. 实行工程量清单计价时怎样对设计变更和工程签证进行管理?

在施工过程中,时常会遇到一些原设计未预料的实际情况或业主单位提出要求改变某些施工做法、材料代用等,引发设计变更;同样对施工图以外的内容及停水、停电,或因材料供应不及时造成停工、窝工等都需要办理工程签证。

首先应由负责现场施工的技术人员做好工程量的确认,如存在工程量清单不包括的施工内容,应及时通知技术人员,将需要办理工程签证的内容落实清楚。

其次工程造价人员审核变更或签证签字内容是否清楚完整、手续是否齐全。如手续不齐全,应在当天督促施工人员补办手续,变更或签证的资料应连续编号。

最后工程造价人员还应特别注意在施工方案中涉及的工程造价问题。在投标时工程量清单是依据以往的经验计价，建立在既定的施工方案基础上的。施工方案的改变便是对工程量清单造价的修正。变更或签证是工程量清单工程造价中所不包括的内容，但在施工过程中费用已经发生，工程造价人员应及时地编制变更及签证后的变动价值。加强设计变更和工程签证工作是施工企业经济活动中的一个重要组成部分，它可防止应得效益的流失，反映工程真实造价构成，对施工企业各级管理者来说更显得重要。

24. 实行工程量清单计价时其他成本要素管理注意事项是什么？

成本要素除工料单价法包含的以外，还有管理费用、利润、临设费、税金、保险费等。这部分收入已分散在工程量清单的子项之中，中标后已成既定的数，因而，在施工过程中应注意以下几点：

（1）节约管理费用是重点，制定切实的预算指标，对每笔开支严格依据预算执行审批手续；提高管理人员的综合素质做到高效精干，提倡一专多能。对办公费用的管理，从节约一张纸、减少每次通话时间等方面着手，精打细算，控制费用支出。

（2）利润作为工程量清单子项收入的一部分，在成本不亏损的情况下，就是企业既定利润。

（3）临设费管理的重点，是依据施工的工期及现场情况合理布局临设。尽可能就地取材搭建临设，工程接近竣工时及时减少临设的占用。对购买的彩板房每次安、拆要高抬轻放，延长使用次数。日常使用及时维护易损部位，延长使用寿命。

（4）对税金、保险费的管理重点是一个资金问题，依据施工进度及时拨付工程款，确保按国家规定的税金及时上缴。

25. 什么情况下必须采用工程量清单计价？

《建设工程工程量清单计价规范》(GB 50500—2008)规定，全部使用国有资金投资或国有资金投资为主的工程建设项目，必须采用工程量清单计价。国有资金投资的工程建设项目包括使用国有资金投资和国家融资投资的工程建设项目。

26. 国有资金投资包括哪些项目？

国有资金投资包括下列项目：
(1) 使用各级财政预算资金的项目。
(2) 使用纳入财政管理的各种政府性专项建设基金的项目。
(3) 使用国有企事业单位自有资金，并且国家资产投资者实际拥有控制权的项目。

27. 国家融资投资包括哪些项目？

国家融资投资包括下列项目：
(1) 使用国家发行债券所筹资金的项目。
(2) 使用国家对外借款或者担保所筹资金项目。
(3) 使用国家政策性贷款的项目。
(4) 国家授权投资主体融资的项目。
(5) 国家特许的融资项目。

28. 什么情况下不强制采用工程量清单计价？

对非国有资金投资的工程建设项目，可以采用工程量清单计价，但不强制采用工程量清单计价。
(1) 对于非国有资金投资的工程建设项目，是否采用工程量清单方式计价由项目业主自主确定。
(2) 当确定采用工程量清单计价时，则应执行《建设工程工程量清单计价规范》。
(3) 对于确定不采用工程量清单方式计价的非国有投资工程建设项目，除不执行工程量清单计价的专门性规定外，由于《建设工程工程量清单计价规范》还规定了工程价款调整、工程计量和价款支付、索赔与现场签证、竣工结算以及工程造价争议处理等内容，这类条文仍应执行。

29. 清单计价模式下的建筑安装工程费由哪些费用构成？

工程量清单计价模式的费用构成包括分部分项工程费、措施项目费、其他项目费，以及规费和税金。
工程量清单计价模式下的建筑安装工程费用构成如图4-2所示。

第四章 电气工程工程量清单计价

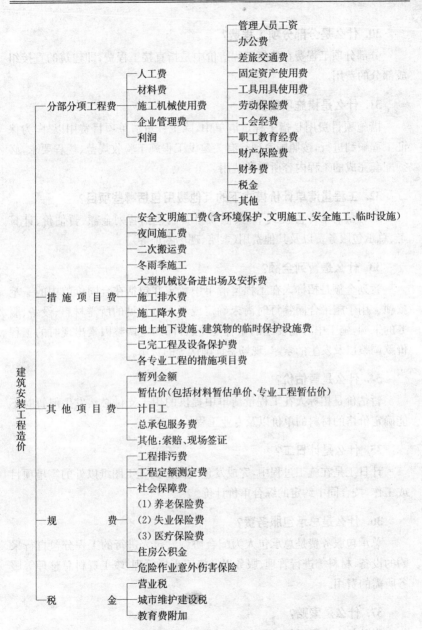

图 4-2 工程量清单计价的建筑安装工程造价组成示意图

30. 什么是分部分项工程费?

分部分项工程费在建筑工程造价中是指直接工程费,即建筑的直接组成部分的费用。

31. 什么是措施项目费?

措施项目费用是指工程量清单中,除工程量清单项目费用以外,为保证工程顺利进行,按照国家现行有关建设工程施工验收规范、规程要求,必须配套完成的工程内容所需的费用。

32. 工程量清单计价模式下的其他费用包括哪些项目?

工程量清单计价模式下,其他项目费用包括暂列金额、暂估价、计日工、总承包服务费以及其他费用(索赔、现场签证等)。

33. 什么是暂列金额?

暂列金额是招标人在工程量清单中暂定并包括在合同价款中的一笔款项。用于施工合同签订时尚未确定或者不可预见的所需材料、设备、服务的采购,施工中可能发生的工程变更、合同约定调整因素出现时的工程价款调整以及发生的索赔、现场签证确认等的费用。

34. 什么是暂估价?

暂估价是招标人在工程量清单中提供的用于支付必然发生但暂时不能确定价格的材料的单价以及专业工程的金额。

35. 什么是计日工?

计日工是在施工过程中,完成发包人提出的施工图纸以外的零星项目或工作,按合同中约定的综合单价计价。

36. 什么是总承包服务费?

总承包服务费是总承包人为配合协调发包人进行的工程分包自行采购的设备、材料等进行管理、服务以及施工现场管理、竣工资料总整理等服务所需的费用。

37. 什么是索赔?

索赔是在合同履行过程中,对于非己方的过错而应由对方承担责任的情况造成的损失,向对方提出补偿的要求。

38. 什么是现场签证？

现场签证是发包人现场代表与承包人现场代表就施工过程中涉及的责任事件所作的签认证明。

39. 工程量清单的使用过程中应注意哪些事项？

工程施工过程是工程量清单的主要使用阶段,在这个过程是发包人控制造价与承包人追加工程款的关键时期,必须加大管理力度。使用工程量清单的合同,一般单价不再变化,工程量则随工程的实际情况有所增减。所以发包人在建设过程中应严格控制工程进度款的拨付,避免超付工程进度款,占用发包人资金,降低投资效益,此外应严格控制设计变更和现场签证,尽量减少设计变更与签证的数量。而承包人则需按照合同规定和业主要求,严格执行工程量清单报价中的原则与内容,同时要注意增减工程量的签证工作,及时与业主或工程师保持联系,以便合理追加工程款。

40. 分部分项工程量清单应包括哪些要件？

分部分项工程量清单应包括项目编码、项目名称、项目特征、计量单位和工程量。这是构成分部分项工程量清单的五个要件,在分部分项工程量清单的组成中缺一不可。

41. 怎样设置工程量清单项目编码？

项目编码以五级编码设置,用十二位阿拉伯数字表示。一、二、三、四级编码统一;第五级编码由工程量清单编制人区分具体工程的清单项目特征而分别编码。对于同一招标工程的项目编码不得有重码。各级编码代表的含义如下:

(1)第一级表示分类码(分二位):建筑工程为01、装饰装修工程为02、安装工程为03、市政工程为04、园林绿化工程为05;

(2)第二级表示专业工程(章)顺序码(分二位);

(3)第三级表示分部工程(节)顺序码(分二位);

(4)第四级表示分项工程项目名称码(分三位);

(5)第五级表示具体清单项目名称码(分三位)。

以建筑工程为例,项目编码如下所示:

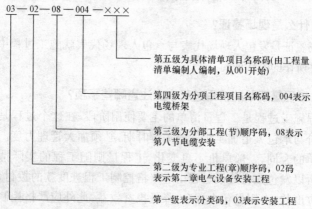

42. 工程量清单项目编码设置应注意哪些问题?

在编制工程量清单时应注意对项目编码的设置不得有重码,特别是当同一标段(或合同段)的一份工程量清单中含有多个单项或单位工程且工程量清单是以单项或单位工程为编制对象时,应注意项目编码中的十至十二位的设置不得重码。例如一个标段(或合同段)的工程量清单中含有三个单项或单位工程,每一单项或单位工程中都有项目特征相同的现浇混凝土矩形梁,在工程量清单中又需反映三个不同单项或单位工程的现浇混凝土矩形梁工程量时,此时工程量清单应以单项或单位工程为编制对象,第一个单项或单位工程的现浇混凝土矩形梁的项目编码为010403002001,第二个单项或单位工程的现浇混凝土矩形梁的项目编码为010403002002,第三个单项或单位工程的现浇混凝土矩形梁的项目编码为010403002003,并分别列出各单项或单位工程现浇混凝土矩形梁的工程量。

43. 怎样确定分部分项工程量清单的项目名称?

分部分项工程量清单的项目名称应按《建设工程工程量清单计价规范》(GB 50500—2008)附录的项目名称结合拟建工程的实际确定。

44. 如何编制"08计价规范"附录中未包括的清单项目?

编制分部分项工程量清单时出现《建设工程工程量清单计价规范》(GB 50500—2008)附录中未包括的项目,编制人应作补充,并报省级或行业工程造价管理机构备案,省级或行业工程造价管理机构应汇总报住房和城乡建设部标准定额研究所。

补充项目的编码由附录的顺序码与B和三位阿拉伯数字组成,并应从×B001起顺序编制,同一招标工程的项目不得重码。工程量清单中需附有补充项目的名称、项目特征、计量单位、工程量计算规则、工程内容。

45. 怎样确定分部分项工程量清单中工程量的有效位数?

分部分项工程量清单中所列工程量应按《建设工程工程量清单计价规范》(GB 50500—2008)附录中规定的工程量计算规则计算。工程量的有效位数应遵守下列规定:

(1) 以"t"为单位,应保留三位小数,第四位小数四舍五入;

(2) 以"m^3"、"m^2"、"m"、"kg"为单位,应保留两位小数,第三位小数四舍五入;

(3) 以"个"、"项"等为单位,应取整数。

46. 怎样确定分部分项工程量清单中的计量单位?

分部分项工程量清单的计量单位应按《建设工程工程量清单计价规范》(GB 50500—2008)附录中规定的计量单位确定,当计量单位有两个或两个以上时,应根据拟建工程项目的实际,选择最适宜表现该项目特征并方便计量的单位。

47. 对分部分项工程量清单项目进行特征描述具有哪些意义?

分部分项工程量清单项目特征应按《建设工程工程量清单计价规范》(GB 50500—2008)附录中规定的项目特征,结合拟建工程项目的实际予以描述。

工程量清单的项目特征是确定一个清单项目综合单价不可缺少的主要依据。对工程量清单项目的特征描述具有十分重要的意义,其主要体现在以下几方面:

(1) 项目特征是区分清单项目的依据。工程量清单项目特征是用来表述分部分项清单项目的实质内容,用于区分计价规范中同一清单条目下各个具体的清单项目。没有项目特征的准确描述,对于相同或相似的清单项目名称,就无从区分。

(2)项目特征是确定综合单价的前提。由于工程量清单项目的特征决定了工程实体的实质内容,必然直接决定了工程实体的自身价值。因此,工程量清单项目特征描述得准确与否,直接关系到工程量清单项目综合单价的准确确定。

(3)项目特征是履行合同义务的基础。实行工程量清单计价,工程量清单及其综合单价是施工合同的组成部分,因此,如果工程量清单项目特征的描述不清甚至漏项、错误,从而引起在施工过程中的更改,都会引起分歧,导致纠纷。

正因如此,在编制工程量清单时,必须对项目特征进行准确而且全面的描述,准确地描述工程量清单的项目特征对于准确的确定工程量清单项目的综合单价具有决定性的作用。

48. 分部分项工程量清单项目特征描述时应遵循哪些原则?

为达到规范、简捷、准确、全面描述项目特征的要求,在描述工程量清单项目特征时应按以下原则进行。

(1)项目特征描述的内容应按《建设工程工程量清单计价规范》(GB 50500—2008)附录中的规定,结合拟建工程的实际,能满足确定综合单价的需要。

(2)若采用标准图集或施工图纸能够全部或部分满足项目特征描述的要求,项目特征描述可直接采用详见××图集或××图号的方式。对不能满足项目特征描述要求的部分,仍应用文字描述。

49. 分部分项工程量清单项目特征必须描述的内容包括哪些?

在对分部分项工程量清单项目特征描述时必须描述的内容包括:

(1)涉及正确计量的内容必须描述。如门窗洞口尺寸或框外围尺寸,1樘门或窗有多大,直接关系到门窗的价格,对门窗洞口或框外围尺寸进行描述是十分必要的。

(2)涉及结构要求的内容必须描述。如混凝土构件的混凝土的强度等级,因混凝土强度等级不同,其价格也不同,必须描述。

(3)涉及材质要求的内容必须描述。如油漆的品种、管材的材质;还需要对管材的规格、型号进行描述。

(4)涉及安装方式的内容必须描述。如管道工程中的管道的连接方式就必须描述。

50. 分部分项工程量清单项目特征可不描述的内容包括哪些?

在对分部分项工程量清单项目特征描述时,可不描述的内容包括:

(1)对计量计价没有实质影响的内容可以不描述。如对现浇混凝土柱的高度、断面大小等的特征规定可以不描述,因为混凝土构件是按"m^3"计量,对此的描述实质意义不大。

(2)应由投标人根据施工方案确定的可以不描述。如对石方的预裂爆破的单孔深度及装药量的特征规定,如由清单编制人来描述是困难的,而由投标人根据施工要求,在施工方案中确定,由其自主报价是比较恰当的。

(3)应由投标人根据当地材料和施工要求确定的可以不描述。如对混凝土构件中的混凝土拌合料使用的石子种类及粒径、砂的种类的特征规定可以不描述。因为混凝土拌合料使用砾石还是碎石,使用粗砂还是中砂、细砂或特细砂,除构件本身有特殊要求需要指定外,主要取决于工程所在地砂、石子材料的供应情况。至于石子的粒径大小主要取决于钢筋配筋的密度。

(4)应由施工措施解决的可以不描述。如对现浇混凝土板、梁的标高的特征规定可以不描述。因为同样的板或梁,都可以将其归并在同一个清单项目中,但由于标高的不同,将会导致因楼层的变化对同一项目提出多个清单项目,不同的楼层其工效是不一样的,但这样的差异可以由投标人在报价中考虑,或在施工措施中去解决。

51. 分部分项工程量清单项目特征可不详细描述的内容包括哪些?

在对分部分项工程量清单项目特征描述时,可不详细描述的内容包括:

(1)无法准确描述的可不详细描述。如土壤类别,由于我国幅员辽阔,南北东西差异较大,特别是对于南方来说,在同一地点,由于表层土与表层土以下的土壤,其类别是不相同的,要求清单编制人准确判定某类土壤的所占比例是困难的,在这种情况下,可考虑将土壤类别描述为合格,注明由投标人根据地勘资料自行确定土壤类别,决定报价。

(2)施工图纸、标准图集标注明确的,可不再详细描述。

(3)还有一些项目可不详细描述,但清单编制人在项目特征描述中应注明由投标人自定。如土方工程中的"取土运距"、"弃土运距"等。首先要求清单编制人决定在多远取土或取、弃土运往多远是困难的;其次,由投标人根据在建工程施工情况统筹安排,自主决定取、弃土方的运距可以充分体现竞争的要求。

52. 编制分部分项工程量项目清单应遵循哪些原则?

编制分部分项工程量项目清单应遵循的原则包括:

(1)统一项目编码、项目名称、计量单位和工程量计算规则。

(2)项目编码的一至九位按附录的规定设置;十至十二位应根据拟建工程的工程量清单项目名称由编制人设置,并应自001起顺序编制。

(3)若出现附录中未包括的项目或新工艺、新技术等其他项目,可作相应补充。补充项目的项目编码如《建设工程工程量清单计价规范》(GB 50500—2008)中已有该项目,前九位编码应与其一致,并按《建设工程工程量清单计价规范》(GB 50500—2008)的计算规则计算工程量,如《建设工程工程量清单计价规范》(GB 50500—2008)中无该项目,补充项目的项目编码的前六位可与附录相应章节的编码相同,七至九位为补充编码,自801至999之间选用。

(4)项目名称应按规范附录的项目名称与项目特征并结合拟建工程的实际确定。

(5)计量单位应按规范附录中的计量单位确定。

(6)工程数量应按规范附录中规定的工程量计算规则计算。

53. 编制分部分项工程量项目清单的依据有哪些?

编制分部分项工程量项目清单的依据包括:

(1)《建设工程工程量清单计价规范》(GB 50500—2008);

(2)招标文件;

(3)设计文件;

(4)有关的工程施工规范与工程验收规范;

(5)拟采用的施工组织设计和施工技术方案。

54. 分部分项工程工程量清单编制程序是怎样的？

分部分项工程工程量清单编制程序如图 4-3 所示。

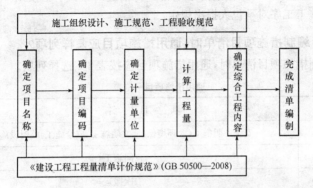

图 4-3　分部分项工程工程量清单编制程序

55. 分部分项工程量清单"项目特征"与"工程内容"有哪些区别？

在按《建设工程工程量清单计价规范》(GB 50500—2008)的附录对工程量清单项目的特征进行描述时，应注意"项目特征"与"工程内容"的区别。"项目特征"是工程项目的实质，决定着工程量清单项目的价值大小，而"工程内容"主要讲的是操作程序，是承包人完成能通过验收的工程项目所必须要操作的工序。在《建设工程工程量清单计价规范》(GB 50500—2008)中，工程量清单项目与工程量计算规则、工程内容具有一一对应的关系，当采用清单计价规范进行计价时，工作内容既有规定，无需再对其进行描述。而"项目特征"栏中的任何一项都影响着清单项目的综合单价的确定，招标人应高度重视分部分项工程量清单项目特征的描述，任何不描述或描述不清，均会在施工合同履约过程中产生分歧，导致纠纷、索赔。

例如屋面卷材防水，按照清单计价规范中编码为 010702001 项目中"项目特征"栏的规定，发包人在对工程量清单项目进行描述时，就必须要对卷材的品种规格、防水层做法、嵌缝材料种类和防护材料种类进行详细的描述，因为这其中任何一项的不同都直接影响到屋面卷材防水的综合单价。而在该项"工程内容"栏中阐述了屋面卷材防水应包括基层处理、抹找平层、刷底油、铺油毡卷材、接缝、嵌缝和铺保护层等施工工序,这些工序即便发包人不提,承包人为完成合格屋面卷材防水工程也必然要经过,因而发包人在对工程量清单项目进行描述时就没有必要对屋面卷材防水的施工工序对承包人提出规定。

56. 编制措施项目清单时,通用措施项目应怎样列项?

编制措施项目清单时,通用措施项目应按表4-1选择列项。

表4-1　　　　　　　　　通用措施项目一览表

序号	项目名称
1	安全文明施工(含环境保护、文明施工、安全施工、临时设施)
2	夜间施工
3	二次搬运
4	冬雨季施工
5	大型机械设备进出场及安拆
6	施工排水
7	施工降水
8	地上、地下设施,建筑物的临时保护设施
9	已完工程及设备保护

57. 编制措施项目清单时,建筑工程、安装工程的措施项目应怎样列项?

编制措施项目清单时,建筑工程、安装工程的措施项目应按表4-2和表4-3的规定项目选择列项。

表4-2　　　　　　　　　建筑工程措施项目一览表

序号	项目名称
1.1	混凝土、钢筋混凝土模板及支架
1.2	脚手架
1.3	垂直运输机械

表 4-3　　　　　　　　安装工程措施项目一览表

序号	项目名称
3.1	组装平台
3.2	设备、管道施工的防冻和焊接保护措施
3.3	压力容器和高压管道的检验
3.4	焦炉施工大棚
3.5	焦炉烘炉、热态工程
3.6	管道安装后的充气保护措施
3.7	隧道内施工的通风、供水、供气、供电、照明及通讯设施
3.8	现场施工围栏
3.9	长输管道临时水工保护措施
3.10	长输管道施工便道
3.11	长输管道跨越或穿越施工措施
3.12	长输管道地下穿越地上建筑物的保护措施
3.13	长输管道工程施工队伍调遣
3.14	格架式抱杆

58. 什么是非实体性项目？

《建设工程工程量清单计价规范》(GB 50500—2008)将实体性项目划分为分部分项工程量清单,非实体性项目划分为措施项目。所谓非实体性项目,一般来说,其费用的发生和金额的大小与使用时间、施工方法或者两个以上工序相关,与实际完成的实体工程量的多少关系不大,典型的是大中型施工机械、文明施工和安全防护、临时设施等。但有的非实体性项目,则是可以计算工程量的项目,典型的是混凝土浇筑的模板工程,用分部分项工程量清单的方式采用综合单价,更有利于措施费的确定和调整,更有利于合同管理。

59. 如何增减措施项目？

投标人在编制措施项目报价表时,可根据实际施工组织设计采取的具体措施,在招标人提供的措施项目清单基础上,增减措施项目。

(1)根据投标人编制的拟建工程的施工组织设计,以确定环境保护、文明安全施工、材料的二次搬运等项目。

(2)根据施工技术方案,以确定夜间施工、大型机具进出场及安拆、混凝土模板及支架、脚手架、施工排水降水、垂直运输机械、组装平台、大型机具使用等项目。

(3)根据相关的施工规范与工程验收规范,以确定施工技术方案没有表述的,但是为了实现施工规范与验收规范要求而必须发生的技术措施。

(4)根据招标文件提出的某些必须通过一定的技术措施才能实现的要求。

(5)设计文件中一些不足以写进技术方案的,但是要通过一定的技术措施才能实现的内容。

总之,措施项目的计价应以实际发生为准。措施项目的大小、数量也应根据实际设计确定,不要盲目扩大或减少,这是准确估计措施项目费的基础。

60. 编制其他项目清单时应如何列项?

编制其他项目清单时,宜按下列内容列项:

(1)暂列金额。

(2)暂估价。

(3)计日工。

(4)总承包服务费。

61. 编制规费项目清单时应如何列项?

在编制规费项目清单时应根据省级政府或省级有关权力部门的规定列项。规费项目清单中应按下列内容列项:

(1)工程排污费。

(2)工程定额测定费。

(3)社会保障费:包括养老保险费、失业保险费、医疗保险费。

(4)住房公积金。

(5)危险作业意外伤害保险。

62. 编制税金项目清单时应如何列项?

根据原建设部、财政部"关于印发《建筑安装工程费用项目组成》的通知"(建标[2003]206号)的规定,目前我国税法规定应计入建筑安装工程造价的税种包括营业税、城市建设维护税及教育费附加。如国家税法发生变化,税务部门依据职权增加了税种,应对税金项目清单进行补充。税金项目清单应按下列内容列项:

(1)营业税;

(2)城市维护建设税;

(3)教育费附加。

63. 工程量清单应由哪些人编制?

工程量清单应由招标人编制,若招标人不具备编制工程量清单的能力,可委托具有工程造价咨询资质的工程造价咨询机构编制。

招标人对编制的工程量清单的准确性和完整性负责。投标人依据工程量清单进行投标报价,对工程量清单不负有核实的义务,更不具有修改和调整的权力。

64. 如何保证工程量清单的准确性?

为确保工程量清单的准确性,编制时应符合以下规定:

(1)要有统一的编制工程量清单的依据。

(2)工程量清单的每一个子项应准确地列明定额的编号、工程项目名称及内容、工程量和工程计量单位。需换算、参照的子项,应在定额编号后注明"换"、"参"字,并在工程项目内容中说明。未能准确确定和计算的项目,而采取"暂定金额"和"暂定工程量"者,应当在工程量清单编制说明中予以说明。

(3)工程量清单发出后,若发现工程量清单的工程量与施工设计图纸、招标文件不一致时,应通过招标补充通知或答疑纪要予以更正。招标补充通知、答疑纪要具有对施工设计图、招标文件、工程量清单最后修正的效力。

65. 工程量清单编制完成后如何复核?

工程量清单编制的准确性直接关系到工程投资的控制,因此清单编制完成后应认真进行全面复核。复核的方法如下：

(1)技术经济指标复核法。将编制好的清单进行套定额计价，从工程造价指标、主要材料消耗量指标、主要工程量指标等方面与同类建筑工程进行比较分析。在复核时，或要选择与此工程具有相同或相似结构类型、建筑形式、装修标准、层数等的以往工程，将上述几种技术经济指标逐一比较，如果出入不大，可判定清单基本正确，如果出入较大则肯定其中必有问题，应逐图在各分部中查找原因。

(2)利用相关工程量之间的关系复核。如：外墙装饰面积＝外墙面积－外墙门窗面积；内墙装饰面积＝外墙面积＋内墙面积×2－(外门窗＋内扇窗面积×2)；地面面积＋楼地面面积＝天棚面积；平屋面面积；建筑面积偶数。

(3)查补缺漏。仔细阅读建筑说明、结构说明及各节点详图，从中可以发现一些疏忽和遗漏的项目，及时补足。核对清单定额子目名称是否与设计相同，表达是否明确清楚，有无错漏项等。

66. 工程量清单应采用统一的格式，一般应包括哪些内容？

工程量清单应包括的内容如下：
(1)封面；
(2)填表须知；
(3)总说明；
(4)分部分项工程量清单；
(5)措施项目清单；
(6)其他项目清单；
(7)零星工作项目表。

67. 填写工程量清单时应符合哪些规定？

工程量清单的填写应符合下列规定：
(1)工程量清单应由招标人填写。
(2)填表须知除《建设工程工程量清单计价规范》(GB 50500—2008)内容外，招标人可根据具体情况进行补充。
(3)总说明应按下列内容填写：
1)工程概况。建设规模、工程特征、计划工期、施工现场实际情况、自然地理条件、环境保护要求以及交通、通信、供水、供电等方面的现状。

2)工程招标和分包范围。

3)工程量清单编制依据。

4)工程质量、材料、施工等的特殊要求。

5)招标人自行采购或供应的材料设备名称、规格型号、数量、价格等。

6)其他项目清单中属招标人部分的(包括预留金、材料购置费等)金额数量。

7)其他需说明的问题。

68. 清单计价模式下的企业竞争应符合哪些要求？

工程量清单报价的特点是:以个体竞争优势为主,体现个别成本,通过合理的市场竞争,提升企业的施工工艺水平和管理水平。在总报价不断降低的情况下,企业要把利润逐步升高,就得采用一定的投标策略和技巧。

69. 什么是招标控制价？

招标控制价是招标人根据国家或省级、行业建设主管部门颁发的有关计价依据和办法,按设计施工图纸计算的,对招标工程限定的最高工程造价。国有资金投资的工程建设项目应实行工程量清单招标,并应编制招标控制价。

70. 招标控制价的作用具体体现在哪些方面？

(1)我国对国有资金投资项目的投资控制实行的是投资概算审批制度,国有资金投资的工程原则上不能超过批准的投资概算。因此,在工程招标发包时,当编制的招标控制价超过批准的概算,招标人应当将其报原概算审批部门重新审核。

(2)国有资金投资的工程进行招标,根据《中华人民共和国招标投标法》的规定,招标人可以设标底。当招标人不设标底时,为有利于客观、合理的评审投标报价和避免哄抬标价,造成国有资产流失,招标人应编制招标控制价。

(3)国有资金投资的工程,招标人编制并公布的招标控制价相当于招标人的采购预算,同时要求其不能超过批准的概算,因此,招标控制价是招标人在工程招标时能接受投标人报价的最高限价。国有资金中的财政性资金投资的工程在招标时还应符合《中华人民共和国政府采购法》相关条款的规定。如该法第三十六条规定:"在招标采购中,出现下列情形之一的,应予废标……(三)投标人的报价均超过了采购预算,采购人不能支付的。"因此,国有资金投资的工程,投标人的投标报价不能高于招标控制价,否则,其投标将被拒绝。

71. 招标控制价的编制人员有哪些?应遵循哪些要求?

招标控制价应由具有编制能力的招标人编制,当招标人不具有编制招标控制价的能力时,可委托具有相应资质的工程造价咨询人编制。工程造价咨询人不得同时接受招标人和投标人对同一工程的招标控制价和投标报价进行编制。

所谓具有相应工程造价咨询资质的工程造价咨询人是指根据《工程造价咨询企业管理办法》(原建设部令第 149 号)的规定,依法取得工程造价咨询企业资质,并在其资质许可的范围内接受招标人的委托,编制招标控制价的工程造价咨询企业。即取得甲级工程造价咨询资质的咨询人可承担各类建设项目的招标控制价编制,取得乙级(包括乙级暂定)工程造价咨询资质的咨询人,则只能承担 5000 万元以下的招标控制价的编制。

72. 招标控制价的编制依据有哪些?

(1)《建设工程工程量清单计价规范》(GB 50500—2008)。
(2)国家或省级、行业建设主管部门颁发的计价定额和计价办法。
(3)建设工程设计文件及相关资料。
(4)招标文件中的工程量清单及有关要求。
(5)与建设项目相关的标准、规范、技术资料。
(6)工程造价管理机构发布的工程造价信息;工程造价信息没有发布的参照市场价。
(7)其他的相关资料。

73. 编制招标控制价时怎样对分部分项工程费进行计价?

分部分项工程费应根据招标文件中的分部分项工程量清单项目的特征描述及有关要求,按规定确定综合单价进行计算。综合单价中应包括招标文件中要求投标人承担的风险费用。招标文件提供了暂估单价的材料,按暂估的单价计入综合单价。

74. 分部分项工程量清单应采用什么计价方式？

分部分项工程量清单应采用综合单价计价方式。综合单价法是分部分项工程单价为全费用单价，全费用单价经综合计算后生成，其内容包括直接工程费、间接费、利润和税金（措施费也可按此方法生成全费用价格）。综合单价应包括完成一个规定计量单位的分部分项工程量清单项目所需的人工费、材料费、施工机械使用费、企业管理费、利润和一定范围内的风险费用。

75. 工程量清单计价价款包括哪些费用？

为了避免减少经济纠纷，合理确定工程造价，《建设工程工程量清单计价规范》(GB 50500—2008)规定，工程量清单计价价款，应包括完成招标文件规定的工程量清单项目所需的全部费用。其内涵如下：

(1)包括分部分项工程费、措施项目费、其他项目费和规费、税金。

(2)包括完成每分项工程所含全部工程内容的费用。

(3)包括完成每项工程内容所需的全部费用（规费、税金除外）。

(4)工程量清单项目中没有体现的，施工中又必须发生的工程内容所需的费用。

(5)考虑风险因素而增加的费用。

76. 如何利用综合单价法计算各分部分项工程费？

各分项工程量乘以综合单价的合价汇总后，生成工程发承包价。

由于各分部分项工程中的人工、材料、机械含量的比例不同，各分项工程可根据其材料费占人工费、材料费、机械费合计的比例（以字母"C"代表该项比值）在以下三种计算程序中选择一种计算其综合单价。

(1)当 $C>C_0$（C_0 为本地区原费用定额测算所选典型工程材料费占人工费、材料费、和机械费合计的比例）时，可采用以人工费、材料费、机械费合计为基数计算该分项的间接费和利润（表 4-4）。

表 4-4　　　　以直接费为基础的综合单价法计价程序

序号	费用项目	计算方法	备注
1	分项直接工程费	人工费＋材料费＋机械费	
2	间接费	1×相应费率	

续表

序号	费用项目	计算方法	备注
3	利润	(1+2)×相应利润率	
4	合计	1+2+3	
5	含税造价	4×(1+相应税率)	

(2) 当 $C < C_0$ 值的下限时,可采用以人工费和机械费合计为基数计算该分项的间接费和利润(表4-5)。

表 4-5 以人工费和机械费为基础的综合单价计价程序

序号	费用项目	计算方法	备注
1	分项直接工程费	人工费+材料费+机械费	
2	其中人工费和机械费	人工费+机械费	
3	间接费	2×相应费率	
4	利润	2×相应利润率	
5	合计	1+3+4	
6	含税造价	5×(1+相应税率)	

(3) 如该分项的直接费仅为人工费,无材料费和机械费时,可采用以人工费为基数计算该分项的间接费和利润(表4-6)。

表 4-6 以人工费为基础的综合单价计价程序

序号	费用项目	计算方法	备注
1	分项直接工程费	人工费+材料费+机械费	
2	直接工程费中人工费	人工费	
3	间接费	2×相应费率	
4	利润	2×相应利润率	
5	合计	1+3+4	
6	含税造价	5×(1+相应税率)	

第四章 电气工程工程量清单计价

77. 当实际工程量与工程量清单不一致时应如何处理？

（1）工程量清单漏项或设计变更引起新的工程量清单项目，其相应综合单价由承包人提出，经发包人确认后作为结算的依据。

（2）由于工程量清单的工程数量有误或设计变更引起工程量增减，属合同约定幅度以内的，应执行原有的综合单价；属合同约定幅度以外的，其增加部分的工程量或减少后剩余部分的工程量的综合单价由承包人提出，经发包人确认后，作为结算的依据。

（3）由于工程量的变更，且实际发生了除上述（1）、（2）条规定以外的费用损失，承包人可提出索赔要求，与发包人协商确认后，给予补偿。

78. 措施项目清单计价的方式是什么？

措施项目清单计价应根据拟建工程的施工组织设计来计算工程量的措施项目，应和分部分项工程量清单一样采用综合单价计价；其余的措施项目可以"项"为单位计价，应包括除规费、税金外的全部费用。

79. 编制招标控制价时怎样确定措施项目费？

措施项目费应按招标文件中提供的措施项目清单确定，措施项目采用分部分项工程综合单价形式进行计价的工程量，应按措施项目清单中的工程量，并按规定确定综合单价；以"项"为单位的方式计价的，按规定确定除规费、税金以外的全部费用。措施项目费中的安全文明施工费应当按照国家或省级、行业建设主管部门的规定标准计价。

80. 哪些费用在清单计价中为不可竞争费用？

措施项目清单中的安全文明施工费应按照国家或省级、行业建设主管部门的规定计价，不得作为竞争性费用。规费和税金也应按国家或省级、行业建设主管部门的规定计价，也不得作为竞争性费用。

81. 编制招标控制价时怎样确定暂列金额？

暂列金额由招标人根据工程特点，按有关计价规定进行估算确定。为保证工程施工建设的顺利实施，在编制招标控制价时应对施工过程中可能出现的各种不确定因素对工程造价的影响进行估算，列出一笔暂列金额。暂列金额可根据工程的复杂程度、设计深度、工程环境条件（包括地质、水文、气候条件等）进行估算，一般可按分部分项工程费的 10%～15% 作为参考。

82. 编制招标控制价时怎样确定暂估价？

暂估价包括材料暂估价和专业工程暂估价。暂估价中的材料单价应按照工程造价管理机构发布的工程造价信息或参考市场价格确定；暂估价中的专业工程暂估价应分不同专业，按有关计价规定估算。

83. 编制招标控制价时怎样确定计日工？

计日工包括计日工人工、材料和施工机械。在编制招标控制价时，对计日工中的人工单价和施工机械台班单价应按省级、行业建设主管部门或其授权的工程造价管理机构公布的单价计算；材料应按工程造价管理机构发布的工程造价信息中的材料单价计算，工程造价信息未发布材料单价的材料，其价格应按市场调查确定的单价计算。

84. 编制招标控制价时怎样确定总承包服务费？

招标人应根据招标文件中列出的内容和向总承包人提出的要求，参照下列标准计算：

（1）招标人仅要求对分包的专业工程进行总承包管理和协调时，按分包的专业工程估算造价的1.5%计算。

（2）招标人要求对分包的专业工程进行总承包管理和协调，并同时要求提供配合服务时，根据招标文件中列出的配合服务内容和提出的要求，按分包的专业工程估算造价的3%~5%计算。

（3）招标人自行供应材料的，按招标人供应材料价值的1%计算。

85. 编制招标控制价时怎样确定规费和税金？

招标控制价的规费和税金必须按国家或省级、行业建设主管部门的规定计算。

86. 编制招标控制价应注意哪些问题？

（1）招标控制价的作用决定了招标控制价不同于标底，无须保密。为体现招标的公平、公正，防止招标人有意抬高或压低工程造价，招标人应在招标文件中如实公布招标控制价，不得对所编制的招标控制价进行上浮或下调。招标人在招标文件中公布招标控制价时，应公布招标控制价各组成部分的详细内容，不得只公布招标控制价总价。同时，招标人应将招标控制价报工程所在地的工程造价管理机构备查。

(2)投标人经复核认为招标人公布的招标控制价未按照《建设工程工程量清单计价规范》(GB 50500—2008)的规定进行编制的,应在开标前5天向招投标监督机构或(和)工程造价管理机构投诉。

招投标监督机构应会同工程造价管理机构对投诉进行处理,发现确有错误的,应责成招标人修改。

(3)依据招标控制价的计算依据编制招标控制价时,还应注意下列问题:

1)使用的计价标准、计价政策应是国家或省级、行业建设主管部门颁布的计价定额和相关政策规定;

2)采用的材料价格应是工程造价管理机构通过工程造价信息发布的材料单价,工程造价信息未发布材料单价的材料,其材料价格应通过市场调查确定;

3)国家或省级、行业建设主管部门对工程造价计价中费用或费用标准有规定的,应按规定执行。

87. 清单计价模式下的投标总价编制应注意哪些问题?

实行工程量清单招标,投标人的投标总价应当与组成工程量清单的分部分项工程费、措施项目费、其他项目费和规费、税金的合计金额相一致,即投标人在投标报价时,不能进行投标总价优惠(或降价、让利),投标人对招标人的任何优惠(或降价、让利)均应反映在相应清单项目的综合单价中。

88. 投标总价的编制依据有哪些?

(1)《建设工程工程量清单计价规范》(GB 50500—2008)。
(2)国家或省级、行业建设主管部门颁发的计价办法。
(3)企业定额,国家或省级、行业建设主管部门颁发的计价定额。
(4)招标文件、工程量清单及其补充通知、答疑纪要。
(5)建设工程设计文件及相关资料。
(6)施工现场情况、工程特点及拟定的投标施工组织设计或施工方案。
(7)与建设项目相关的标准、规范等技术资料。
(8)市场价格信息或工程造价管理机构发布的工程造价信息。
(9)其他的相关资料。

89. 编制投标报价时怎样确定分部分项工程费?

分部分项工程费应按分部分项工程清单项目的综合单价计算。投标人投标报价时依据招标文件中分部分项工程量清单项目的特征描述确定清单项目的综合单价。在招投标过程中,当出现招标文件中分部分项工程量清单特征描述与设计图纸不符时,投标人应以分部分项工程量清单的项目特征描述为准,确定投标报价的综合单价。当施工中施工图纸或设计变更与工程量清单项目特征描述不一致时,发、承包双方应按实际施工的项目特征,依据合同约定重新确定综合单价。

招标文件中提供了暂估单价的材料,应按暂估的单价计入综合单价。

综合单价中应考虑招标文件中要求投标人承担的风险内容及其范围(幅度)产生的风险费用。在施工过程中,当出现的风险内容及其范围(幅度)在合同约定的范围内时,工程价款不做调整。

90. 编制投标报价时怎样确定措施项目费?

投标人可根据工程实际情况并结合施工组织设计,对招标人所列的措施项目进行增补。由于各投标人拥有的施工装备、技术水平和采用的施工方法有所差异,招标人提出的措施项目清单是根据一般情况确定的,没有考虑不同投标人的"个性",投标人投标时应根据自身编制的投标施工组织设计或施工方案确定措施项目,对招标人提供的措施项目进行调整。投标人根据投标施工组织设计或施工方案调整和确定的措施项目应通过评标委员会的评审。

措施项目费的计算包括:

(1)措施项目的内容应依据招标人提供的措施项目清单和投标人投标时拟定的施工组织设计或施工方案。

(2)措施项目费的计价方式应根据招标文件的规定,可以计算工程量的措施清单项目采用综合单价方式报价,其余的措施清单项目采用以"项"为计量单位的方式报价。

(3)措施项目费由投标人自主确定,但其中安全文明施工费应按国家或省级、行业建设主管部门的规定确定,且不得作为竞争性费用。

91. 编制投标报价时怎样确定其他项目费?

投标人对其他项目费投标报价应按以下原则进行:

(1)暂列金额应按照其他项目清单中列出的金额填写,不得变动。

(2)暂估价不得变动和更改。暂估价中的材料必须按照其他项目清单中列出的暂估单价计入综合单价;专业工程暂估价必须按照其他项目清单中列出的金额填写。

(3)计日工应按照其他项目清单列出的项目和估算的数量,自主确定各项综合单价并计算费用。

(4)总承包服务费应依据招标人在招标文件中列出的分包专业工程内容和供应材料、设备情况,按照招标人提出协调、配合与服务要求和施工现场管理需要自主确定。

92. 编制投标报价时怎样确定规费和税金?

规费和税金应按国家或省级、行业建设主管部门的规定计算,不得作为竞争性费用。规费和税金的计取标准是依据有关法律、法规和政策规定制定的,具有强制性。投标人是法律、法规和政策的执行者,不能改变,更不能制定,而必须按照法律、法规、政策的有关规定执行。

93. 什么是合同价款?

合同价款是按有关规定和协议条款约定的各种取费标准计算,用以交付承包人按照合同要求完成工程内容时的价款。

94. 工程合同价款是如何约定的?

(1)实行招标的工程合同价款应在中标通知书发出之日起30日内,由发、承包双方依据招标文件和中标人的投标文件在书面合同中约定。

实行招标的工程,合同约定不得违背招标文件中关于工期、造价、资质等方面的实质性内容。所谓合同实质性内容,按照《中华人民共和国合同法》第三十条规定:"有关合同标的、数量、质量、价款或者报酬、履行期限、履行地点和方式、违约责任和解决争议方法等的变更,是对要约内容的实质性变更。"

在工程招投标及建设工程合同签订过程中,招标文件应视为要约邀请,投标文件为要约,中标通知书为承诺。因此,在签订建设工程合同时,当招标文件与中标人的投标文件有不一致的地方,应以投标文件为准。

(2)不实行招标的工程合同价款,在发、承包双方认可的工程价款基础上,由发、承包双方在合同中约定。

工程合同价款的约定应满足以下几个方面的要求：
(1)约定的依据要求：招标人向中标的投标人发出的中标通知书；
(2)约定的时间要求：自招标人发出中标通知书之日起30天内；
(3)约定的内容要求：招标文件和中标人的投标文件；
(4)合同的形式要求：书面合同。

95. 建设工程合同包括哪几种形式？

工程建设合同的形式主要有单价合同和总价合同两种。合同的形式对工程量清单计价的适用性不构成影响，无论是单价合同还是总价合同均可以采用工程量清单计价。区别仅在于工程量清单中所填写的工程量的合同约束力。采用单价合同形式时，工程量清单是合同文件必不可少的组成内容，其中的工程量一般具备合同约束力（量可调），工程款结算时按照合同中约定应予计量并实际完成的工程量计算进行调整，由招标人提供统一的工程量清单则彰显了工程量清单计价的主要优点。而对总价合同形式，工程量清单中的工程量不具备合同的约束力（量不可调），工程量以合同图纸的标示内容为准，工程量以外的其他内容一般均赋予合同约束力，以方便合同变更的计量和计价。

《建设工程工程量清单计价规范》(GB 50500—2008)规定："实行工程量清单计价的工程，宜采用单价合同方式。"即合同约定的工程价款中所包含的工程量清单项目综合单价在约定条件内是固定的，不予调整，工程量允许调整。工程量清单项目综合单价在约定的条件外，允许调整。但调整方式、方法应在合同中约定。

清单计价规范规定实行工程量清单计价的工程宜采用单价合同，并不表示排斥总价合同。总价合同适用规模不大、工序相对成熟、工期较短、施工图纸完备的工程施工项目。

96. 合同约定如与招标文件和投标文件不一致时该怎么办？

实行招标的工程，合同约定不得违背招、投标文件中关于工期、造价、质量等方面的实质性内容。招标文件与中标人投标文件不一致的地方，应以投标文件为准。

97. 发、承包双方在合同条款中应约定哪些事项？

发、承包双方应在合同条款中对下列事项进行约定；合同中没有约定或约定不明的,由双方协商确定;协商不能达到一致的,按《建设工程工程量清单计价规范》(GB 50500—2008)执行。

(1)预付工程款的数额、支付时间及抵扣方式。预付款是发包人为解决承包人在施工准备阶段资金周转问题提供的协助。如使用大宗材料,可根据工程具体情况设置工程材料预付款。

(2)工程计量与支付工程进度款的方式、数额及时间。

(3)工程价款的调整因素、方法、程序、支付及时间。

(4)索赔与现场签证的程序、金额确认与支付时间。

(5)发生工程价款争议的解决方法及时间。

(6)承担风险的内容、范围以及超出约定内容、范围的调整办法。

(7)工程竣工价款结算编制与核对、支付及时间。

(8)工程质量保证(保修)金的数额、预扣方式及时间。

(9)与履行合同、支付价款有关的其他事项等。

由于合同中涉及工程价款的事项较多,能够详细约定的事项应尽可能具体的约定,约定的用词应尽可能唯一,如有几种解释,最好对用词进行定义,尽量避免因理解上的歧义造成合同纠纷。

98. 工程计量时,若工程量清单中出现差错该怎么办?

若发现工程量清单中出现差错、计算偏差,或者工程变更引起工程量的增减,应按承包人在履行合同义务过程中实际完成的工程量计算。

99. 发包人应如何向承包人支付工程预付款?

发包人应按合同约定的时间和比例(或金额)向承包人支付工程预付款。支付的工程预付款,按合同约定在工程进度款中抵扣。当合同对工程预付款的支付没有约定时,按以下规定办理:

(1)工程预付款的额度:原则上预付比例不低于合同金额(扣除暂列金额)的10%,不高于合同金额(扣除暂列金额)的30%,对重大工程项目,按年度工程计划逐年预付。实行工程量清单计价的工程,实体性消耗和非实体性消耗部分宜在合同中分别约定预付款比例(或金额)。

(2)工程预付款的支付时间:在具备施工条件的前提下,发包人应在双方签订合同后的一个月内或约定的开工日期前的7天内预付工程款。

(3)若发包人未按合同约定预付工程款,承包人应在预付时间到期后10

天内向发包人发出要求预付款的通知,发包人收到通知后仍不按要求预付,承包人可在发出通知14天后停止施工,发包人应从约定应付之日起按同期银行贷款利率计算向承包人支付应付预付的利息,并承担违约责任。

(4)凡是没有签订合同或不具备施工条件的工程,发包人不得预付工程款,不得以预付款为名转移资金。

100. 工程进度款的计量与支付方式有哪几种?

发包人支付工程进度款,应按照合同计量和支付。工程量的正确计量是发包人向承包人支付工程进度款的前提和依据。计量和付款周期可采用按月或分段结算的方式。

(1)按月结算与支付。即实行按月支付进度款,竣工后结算的办法。合同工期在两个年度以上的工程,在年终进行工程盘点,办理年度结算。

(2)分段结算与支付。即当年开工、当年不能竣工的工程按照工程形象进度,划分不同阶段,支付工程进度款。

当采用分段结算方式时,应在合同中约定具体的工程分段划分,付款周期应与计量周期一致。

101. 当发、承包双方在合同中未对工程量计量时间、程序、方法和要求作约定时应如何处理?

承包人应按照合同约定,向发包人递交已完工程量报告。发包人应在接到报告后按合同约定进行核对。当发、承包双方在合同中未对工程量的计量时间、程序、方法和要求作约定时,按以下规定处理:

(1)承包人应在每个月末或合同约定的工程段末向发包人递交上月或工程段已完工程量报告。

(2)发包人应在接到报告后7天内按施工图纸(含设计变更)核对已完工程量,并应在计量前24小时通知承包人。承包人应按时参加。

(3)计量结果:

1)如发、承包双方均同意计量结果,则双方应签字确认;

2)如承包人未按通知参加计量,则由发包人批准的计量应认为是对工程量的正确计量;

3)如发包人未在规定的核对时间内进行计量,视为承包人提交的计量报告已经认可;

4)如发包人未在规定的核对时间内通知承包人,致使承包人未能参加计量,则由发包人所作的计量结果无效;

5)对于承包人超出施工图纸范围或因承包人原因造成返工的工程量,发包人不予计量;

6)如承包人不同意发包人的计量结果,承包人应在收到上述结果后7天内向发包人提出,申明承包人认为不正确的详细情况。发包人收到后,应在2天内重新检查对有关工程量的计量,或予以确认,或将其修改。

发、承包双方认可的核对后的计量结果应作为支付工程进度款的依据。

102. 承包人向发包人递交的进度款支付申请应包括哪些内容?

承包人应在每个付款周期末(月末或合同约定的工程段完成后),向发包人递交进度款支付申请,并附相应的证明文件。除合同另有约定外,进度款支付申请应包括下列内容:

1)本周期已完成工程的价款;
2)累计已完成的工程价款;
3)累计已支付的工程价款;
4)本周期已完成计日工金额;
5)应增加和扣减的变更金额;
6)应增加和扣减的索赔金额;
7)应抵扣的工程预付款。

103. 发包人在收到承包人递交的工程进度款支付申请后该怎么办?

发包人在收到承包人递交的工程进度款支付申请及相应的证明文件后,发包人应在合同约定时间内核对承包人的支付申请并应按合同约定的时间和比例向承包人支付工程进度款。发包人应扣回的工程预付款,与工程进度款同期结算抵扣。

当发、承包双方在合同中未对工程进度款支付申请的核对时间以及工程进度款支付时间、支付比例作约定时,按以下规定办理:

(1)发包人应在收到承包人的工程进度款支付申请后14天内核对完毕。否则,从第15天起承包人递交的工程进度款支付申请视为被批准。

(2)发包人应在批准工程进度款支付申请的14天内,向承包人按不低于计量工程价款的 60%,不高于计量工程价款的 90% 向承包人支付工程进度款。

(3)发包人在支付工程进度款时,应按合同约定的时间、比例(或金额)扣回工程预付款。

104. 工程进度款支付过程中发生争议该怎样处理?

(1)发包人未在合同约定时间内支付工程进度款,承包人应及时向发包人发出要求付款的通知,发包人收到承包人通知后仍不按要求付款,可与承包人协商签订延期付款协议,经承包人同意后延期支付。协议应明确延期支付的时间和从付款申请生效后按同期银行贷款利率计算应付款的利息。

(2)发包人不按合同约定支付工程进度款,双方又未达到延期付款协议,导致施工无法进行时,承包人可停止施工,由发包人承担违约责任。

105. 工程量清单计价表格由哪些组成?各适用哪些范围?

工程量清单与计价宜采用统一的格式。《建设工程工程量清单计价规范》(GB 50500—2008)中对工程量清单计价表格,按工程量清单、招标控制价、投标报价和竣工结算等各个计价阶段共设计了 4 种封面和 22 种表格。各省、自治区、直辖市建设行政主管部门和行业建设主管部门可根据本地区、本行业的实际情况,在《建设工程工程量清单计价规范》(GB 50500—2008)规定的工程量清单计价表格的基础上进行补充完善。

《建设工程工程量清单计价规范》(GB 50500—2008)中规定的工程量清单计价表格的名称及其适用范围见表 4-7。

表 4-7　　　　清单计价表格名称及其适用范围

序号	表格编号	表 格 名 称		工程量清单	招标控制价	投标报价	竣工结算
01	封—1	封面	工程量清单	●			
02	封—2		招标控制价		●		
03	封—3		投标总价			●	
04	封—4		竣工结算总价				●
05	表—01		总说明	●	●	●	●

续表

序号	表格编号	表格名称		工程量清单	招标控制价	投标报价	竣工结算
06	表-02	汇总表	工程项目招标控制价/投标报价汇总表		●	●	
07	表-03		单项工程招标控制价/投标报价汇总表		●	●	
08	表-04		单位工程招标控制价/投标报价汇总表		●	●	
09	表-05		工程项目竣工结算汇总表				●
10	表-06		单项工程竣工结算汇总表				●
11	表-07		单位工程竣工结算汇总表				●
12	表-08	分部分项工程量清单表	分部分项工程量清单与计价表	●	●	●	●
13	表-09		工程量清单综合单价分析表		●	●	●
14	表-10	措施项目清单表	措施项目清单与计价表(一)	●	●	●	●
15	表-11		措施项目清单与计价表(二)	●	●	●	●
16	表-12	其他项目清单表	其他项目清单与计价汇总表	●	●	●	●
17	表-12-1		暂列金额明细表	●	●	●	●
18	表-12-2		材料暂估单价表	●	●	●	●
19	表-12-3		专业工程暂估价表	●	●	●	●
20	表-12-4		计日工表	●	●	●	●
21	表-12-5		总承包服务计价表	●	●	●	●
22	表-12-6		索赔与现场签证计价汇总表				●
23	表-12-7		费用索赔申请(核准)表				●
24	表-12-8		现场签证表				●
25	表-13	规费、税金项目清单与计价表		●	●	●	●
26	表-14	工程款支付申请(核准)表					●

106. 工程量清单封面格式如何？填写时应符合哪些规定？

工程量清单封面格式如下：

```
_____工程

            工 程 量 清 单

                   工程造价
招 标 人：_____    咨 询 人：_____
     （单位盖章）              （单位资质专用章）


法定代表人              法定代表人
或其授权人：_____   或其授权人：_____
     （签字或盖章）              （签字或盖章）


编 制 人：_____    复 核 人：_____
   （造价人员签字盖专用章）     （造价工程师签字盖专用章）


编制时间：  年  月  日   复核时间：  年  月  日
```

封—1

工程量清单封面的填写，应符合下列规定：

（1）本封面由招标人或招标人委托的工程造价咨询人编制工程量清单时填写。

（2）招标人自行编制工程量清单时，由招标人单位注册的造价人员编制。招标人盖单位公章，法定代表人或其授权人签字或盖章；编制人是造价工程师的，由其签字盖执业专用章；编制人是造价员的，在编制人栏签字盖专用章，应由造价工程师复核，并在复核人栏签字盖执业专用章。

（3）招标人委托工程造价咨询人编制工程量清单时，由工程造价咨询人单位注册的造价人员编制。工程造价咨询人盖单位资质专用章，法定代表人或其授权人签字或盖章；编制人是造价工程师的，由其签字盖执业专用章；编制人是造价员的，在编制人栏签字盖专用章，应由造价工程师复核，并在复核人栏签字盖执业专用章。

107. 招标控制价封面格式如何？填写时应符合哪些规定？

工程量清单计价招标控制价封面格式如下：

_____ 工程

招 标 控 制 价

招标控制价(小写)：_____
　　　　(大写)：_____

　　　　　　　　　　　工程造价
招 标 人：_____　　咨 询 人：_____
　　　(单位盖章)　　　　　　　　(单位资质专用章)

法定代表人　　　　　　　　法定代表人
或其授权人：_____　　或其授权人：_____
　　(签字或盖章)　　　　　　　　(签字或盖章)

编 制 人：_____　　复 核 人：_____
　(造价人员签字盖专用章)　　　(造价工程师签字盖专用章)

编制时间： 年 月 日　　复核时间： 年 月 日

封－2

工程量清单计价招标控制价封面填写应符合下列规定：

(1) 本封面由招标人或招标人委托的工程造价咨询人编制招标控制价时填写。

(2) 招标人自行编制招标控制价时，由招标人单位注册的造价人员编制。

招标人盖单位公章,法定代表人或其授权人签字或盖章;编制人是造价工程师的,由其签字盖执业专用章;编制人是造价员的,由其在编制人栏签字盖专用章,应由造价工程师复核,并在复核人栏签字盖执业专用章。

(3)招标人委托工程造价咨询人编制招标控制价时,由工程造价咨询人单位注册的造价人员编制。工程造价咨询人盖单位资质专用章,法定代表人或其授权人签字或盖章;编制人是造价工程师的,由其签字盖执业专用章;编制人是造价员的,在编制人栏签字盖专用章,应由造价工程师复核,并在复核人栏签字盖执业专用章。

108. 投标报价封面格式如何?填写时应符合哪些规定?

工程量清单计价投标报价封面格式如下:

投 标 总 价

招　标　人:＿＿＿＿＿＿＿＿＿＿＿＿＿＿＿＿＿＿＿

工 程 名 称:＿＿＿＿＿＿＿＿＿＿＿＿＿＿＿＿＿＿＿

投标总价(小写):＿＿＿＿＿＿＿＿＿＿＿＿＿＿＿＿＿

　　　　(大写):＿＿＿＿＿＿＿＿＿＿＿＿＿＿＿＿＿

投　标　人:＿＿＿＿＿＿＿＿＿＿＿＿＿＿＿＿＿＿＿

　　　　　　　　　(单位盖章)

法定代表人
或其授权人:＿＿＿＿＿＿＿＿＿＿＿＿＿＿＿＿＿＿＿

　　　　　　　　　(签字或盖章)

编　制　人:＿＿＿＿＿＿＿＿＿＿＿＿＿＿＿＿＿＿＿

　　　　　　(造价人员签字盖专用章)

编 制 时 间:　　　年　　　月　　　日

封—3

工程量清单计价投标报价封面填写应符合下列规定：

(1)本封面由投标人编制投标报价时填写。

(2)投标人编制投标报价时，由投标人单位注册的造价人员编制。投标人单位公章，法定代表人或其授权人签字或盖章；编制的造价人员（造价工程师或造价员）签字盖执业专用章。

109. 清单计价总说明格式如何？填写时应符合哪些规定？

工程量清单计价总说明格式如下：

总　说　明

工程名称：　　　　　　　　　　　　　　　　　　第　页共　页

表—01

工程量清单计价总说明适用于工程量清单计价的各个阶段，填写应符合下列规定：

(1)工程量清单编制阶段。工程量清单中总说明应包括的内容有：①工程概况：如建设地址、建设规模、工程特征、交通状况、环保要求等；②工程发包、分包范围；③工程量清单编制依据：如采用的标准、施工图纸、标准图集等；④使用材料设备、施工的特殊要求等；⑤其他需要说明的问题。

(2)招标控制价编制阶段。招标控制价中总说明应包括的内容有：①采用的计价依据；②采用的施工组织设计；③采用的材料价格来源；④综合单价中风险因素、风险范围(幅度)；⑤其他等。

(3)投标报价编制阶段。投标报价总说明应包括的内容有:①采用的计价依据;②采用的施工组织设计;③综合单价中包含的风险因素,风险范围(幅度);④措施项目的依据;⑤其他有关内容的说明等。

(4)竣工结算编制阶段。竣工结算中总说明应包括的内容有:①工程概况;②编制依据;③工程变更;④工程价款调整;⑤索赔;⑥其他等。

110. 工程项目招标控制价/投标报价汇总表格式如何?填写时应符合哪些规定?

工程项目招标控制价/投标报价汇总表格式如下:

工程项目招标控制价/投标报价汇总表

工程名称: 第 页共 页

序号	单项工程名称	金额/元	其中		
			暂估价/元	安全文明施工费/元	规费/元
	合 计				

注:本表适用于工程项目招标控制价或投标报价的汇总。

表-02

工程项目招标控制价/投标报价汇总表填写应符合下列规定:

(1)由于编制招标控制价和投标价包含的内容相同,只是对价格的处理不同,因此,招标控制价和投标报价汇总表使用同一表格。实践中,对招标控制价或投标报价可分别印制本表格。

(2)使用本表格编制投标报价时,汇总表中的投标总价与投标中标函中投标报价金额应当一致。如不一致时以投标中标函中填写的大写金额为准。

111. 单项工程招标控制价/投标报价汇总表格式如何?

单项工程招标控制价/投标报价汇总表格式如下:

单项工程招标控制价/投标报价汇总表

工程名称: 　　　　　　　　　　　　　　　　　　　　第 页共 页

序号	单位工程名称	金额/元	其中		
			暂估价/元	安全文明施工费/元	规费/元
	合　　计				

注:本表适用于单项工程招标控制价或投标报价的汇总。暂估价包括分部分项工程中的暂估价和专业工程暂估价。

表—03

112. 单位工程招标控制价/投标报价汇总表格式如何？

单位工程招标控制价/投标报价汇总表格式如下：

单位工程招标控制价/投标报价汇总表

工程名称：　　　　　　　　　标段：　　　　　　　　　第　页共　页

序号	汇总内容	金额/元	其中：暂估价/元
1	分部分项工程		
1.1			
1.2			
1.3			
1.4			
1.5			
2	措施项目		—
2.1	安全文明施工费		—
3	其他项目		—
3.1	暂列金额		—
3.2	专业工程暂估价		—
3.3	计日工		—
3.4	总承包服务费		—
4	规费		—
5	税金		—
招标控制价合计＝1＋2＋3＋4＋5			

注：本表适用于单位工程招标控制价或投标报价的汇总，如无单位工程划分，单项工程也使用本表汇总。

表—04

113. 分部分项工程量清单与计价表格式如何？填写时应符合哪些规定？

分部分项工程量清单与计价表格式如下：

分部分项工程量清单与计价表

工程名称：　　　　　　　标段：　　　　　　　第　页共　页

序号	项目编码	项目名称	项目特征描述	计量单位	工程量	金　额/元		
						综合单价	合价	其中：暂估价
本页小计								
合　　计								

注：根据原建设部、财政部发布的《建筑安装工程费用项目组成》（建标[2003]206号）的规定，为计取规费等的使用，可在表中增设其中："直接费"、"人工费"或"人工费＋机械费"。

表－08

分部分项工程量清单与计价表填写应符合下列规定：

(1) 本表是编制工程量清单、招标控制价、投标价和竣工结算的最基本用表。

(2) 编制工程量清单时，使用本表在"工程名称"栏应填写详细具体的工程称谓，对于房屋建筑而言，习惯上并无标段划分，可不填写"标段"栏，但相对于管道敷设、道路施工，则往往以标段划分，此时，应填写"标段"栏，其他各表涉及此类设置，道理相同。"项目编码"栏应按规定另加3位顺序填写。"项目名称"栏应按规定根据拟建工程实际确定填写。"项目特征"栏应按规定根据拟建工程实际予以描述。

(3) 编制招标控制价时，使用本表"综合单价"、"合计"以及"其中：暂估价"按《建设工程工程量清单计价规范》（GB 50500—2008）的规定填写。

(4) 编制投标报价时，投标人对表中的"项目编码"、"项目名称"、"项目特征"、"计量单位"、"工程量"均不应作改动。"综合单价"、"合价"自主决定填写，对其中的"暂估价"栏，投标人应将招标文件中提供了暂估材料单价的暂估价进入综合单价,并应计算出暂估单价的材料在"综合单价"及其"合价"中的具体数额,因此,为更详细反应暂估价情况,也可在表中增设一栏"综合单价"其中的"暂估价"。

(5)编制竣工结算时,使用本表可取消"暂估价"。

114. 工程量清单综合单价分析表格式如何?填写时应符合哪些规定?

工程量清单综合单价分析表格式如下:

工程量清单综合单价分析表

工程名称:　　　　　　　　　标段:　　　　　　　第　页共　页

项目编码				项目名称				计量单位		
清单综合单价组成明细											
定额编号	定额名称	定额单位	数量	单价			人工费	材料费	机械费	管理费和利润
				人工费	材料费	机械费	管理费和利润				
人工单价				小计							
元/工日				未计价材料费							
清单项目综合单价										
材料费明细	主要材料名称、规格、型号				单位	数量	单价/元	合价/元	暂估单价/元	暂估合价/元
	其他材料费						—		—	
	材料费小计						—		—	

注:1. 如不使用省级或行业建设主管部门发布的计价依据,可不填定额项目、编号等。
　2. 招标文件提供了暂估单价的材料,按暂估的单价填入表内"暂估单价"栏及"暂估合价"栏。

表—09

工程量清单综合单价分析表填写应符合下列规定：

(1)工程量清单单价分析表是评标委员会评审和判别综合单价组成和价格完整性、合理性的主要基础,对因工程变更调整综合单价也是必不可少的基础价格数据来源。

(2)本表集中反映了构成每一个清单项目综合单价的各个价格要素的价格及主要的"工、料、机"消耗量。投标人在投标报价时,需要对每一个清单项目进行组价,为了使组价工作具有可追溯性(回复评标质疑时尤其需要),需要表明每一个数据的来源。

(3)本表一般随投标文件一同提交,作为竞标价的工程量清单的组成部分,以便中标后,作为合同文件的附属文件。投标人须知中需要就分析表提交的方式作出规定,该规定需要考虑是否有必要对分析表的合同地位给予定义。

(4)编制招标控制价,使用本表应填写使用的省级或行业建设主管部门发布的计价定额名称。

(5)编制投标报价,使用本表可填写使用的省级或行业建设主管部门发布的计价定额,如不使用,不填写。

115. 措施项目清单与计价表格式如何？填写时应符合哪些规定？

(1)以"项"计价的措施项目,其清单与计价表格式如下：

措施项目清单与计价表(一)

工程名称： 标段： 第 页 共 页

序号	项 目 名 称	计算基础	费率(%)	金额/元
1	安全文明施工费			
2	夜间施工费			
3	二次搬运费			
4	冬雨季施工			
5	大型机械设备进出场及安拆费			
6	施工排水			
7	施工降水			

续表

序号	项目名称	计算基础	费率(%)	金额/元
8	地上、地下设施、建筑物的临时保护设施			
9	已完工程及设备保护			
10	各专业工程的措施项目			
11				
	合　　计			

注：根据原建设部、财政部发布的《建筑安装工程费用项目组成》(建标[2003]206号)的规定，"计算基础"可为"直接费"、"人工费"或"人工费＋机械费"。

表-10

(2) 以综合单价形式计价的措施项目，其清单与计价表格格式如下：

措施项目清单与计价表(二)

工程名称：　　　　　　　　标段：　　　　　　　　第 页共 页

序号	项目编码	项目名称	项目特征描述	计量单位	工程量	金额/元	
						综合单价	合价
		本页小计					
		合　　计					

表-11

填写以"项"计价的措施项目清单与计价表应符合下列规定：

(1)编制工程量清单时，表中的项目可根据工程实际情况进行增减。

(2)编制招标控制价时，计费基础、费率应按省级或行业建设主管部门的规定计取。

(3)编制投标报价时，除"安全文明施工费"必须按规范的强制性规定，按省级、行业建设主管部门的规定计取外，其他措施项目均可根据投标施工组织设计自主报价。

116. 其他项目清单与计价汇总表格式如何？填写时应符合哪些规定？

其他项目清单与计价汇总表格式如下：

其他项目清单与计价汇总表

工程名称：　　　　　　　　　标段：　　　　　　　第 页共 页

序号	项目名称	计量单位	金额/元	备注
1	暂列金额			明细详见表—12—1
2	暂估价			
2.1	材料暂估价			明细详见表—12—2
2.2	专业工程暂估价			明细详见表—12—3
3	计日工			明细详见表—12—4
4	总承包服务费			明细详见表—12—5
5				
	合计			—

注：材料暂估单价进入清单项目综合单价，此处不汇总。

表—12

其他项目清单与计价汇总表填写应符合下列规定：

(1)编制工程量清单，应汇总"暂列金额"和"专业工程暂估价"，以提供给投标人报价。

(2)编制招标控制价,应按有关计价规定估算"计日工"和"总承包服务费"。如工程量清单中未列"暂列金额"和"专业工程暂估价",应按有关规定编列。

(3)编制投标报价,应按招标文件工程量清单提供的"暂列金额"和"专业工程暂估价"填写金额,不得变动。"计日工"、"总承包服务费"自主确定报价。

(4)编制或核对竣工结算,"专业工程暂估价"按实际分包结算价填写,"计日工"、"总承包服务费"按双方认可的费用填写,如发生"索赔"或"现场签证"费用,按双方认可的金额计入本表。

117. 暂列金额明细表格式如何?填写时应符合哪些规定?

暂列金额明细表格式如下:

暂列金额明细表

工程名称: 标段: 第 页共 页

序号	项目名称	计量单位	暂定金额/元	备注
1				
2				
3				
4				
5				
6				
7				
8				
9				
10				
11				
合计				—

注:此表由招标人填写,如不能详列,也可只列暂定金额总额,投标人应将上述暂列金额计入投标总价中。

表-12-1

暂列金额在实际履约过程中可能发生,也可能不发生。填写暂列金额明细表时,要求招标人能将暂列金额与拟用项目列出明细,但如确实不能详列也可只列暂定金额总额,投标人应将上述暂列金额计入投标总价中。

118. 材料暂估单价表格式如何？填写时应符合哪些规定？

材料暂估单价表格式如下:

材料暂估单价表

工程名称：　　　　　　　　标段：　　　　　　　　第　页共　页

序号	材料名称、规格、型号	计量单位	单价/元	备注

注：1. 此表由招标人填写,并在备注栏说明暂估价的材料拟用在哪些清单项目上,投标人应将上述材料暂估单价计入工程量清单综合单价报价中。

2. 材料包括原材料、燃料、构配件以及按规定应计入建筑安装工程造价的设备。

表—12—2

暂估价是在招标阶段预见肯定要发生,只是因为标准不明确或者需要由专业承包人完成,暂时无法确定具体价格。填写材料暂估单价表时,暂估价数量和拟用项目应当在本表备注栏给予补充说明。

119. 专业工程暂估价表格式如何?填写时应符合哪些规定?

专业工程暂估价表格式如下:

专业工程暂估价表

工程名称:		标段:		第 页共 页
序号	工程名称	工程内容	金额/元	备注
	合 计			—

注:此表由招标人填写,投标人应将上述专业工程暂估价计入投标总价中。

表-12-3

专业工程暂估价填写时,应在表内填写工程名称、工程内容、暂估金额、投标人应将上述金额计入投标总价中。

120. 计日工表格式如何?填写时应符合哪些规定?

计日工表格式如下:

计 日 工 表

工程名称：　　　　　　　　　标段：　　　　　　　　第　页共　页

编号	项目名称	单位	暂定数量	综合单价	合价
一	人　工				
1					
2					
3					
	人工小计				
二	材　料				
1					
2					
3					
	材料小计				
三	施工机械				
1					
2					
3					
	施工机械小计				
	总　　计				

注：此表项目名称、数量由招标人填写，编制招标控制价时，单价由招标人按有关计价规定确定；投标时，单价由投标人自主报价，计入投标总价中。

表-12-4

计日工表填写应符合下列规定：

(1)编制工程量清单时，"项目名称"、"计量单位"、"暂估数量"由招标人填写。

(2)编制招标控制价时，人工、材料、机械台班单价由招标人按有关计价规定填写并计算合价。

(3)编制投标报价时，人工、材料、机械台班单价由投标人自主确定，按已给暂估数量计算合价计入投标总价中。

121. 总承包服务费计价表格式如何？填写时应符合哪些规定？

总承包服务费计价表格式如下：

总承包服务费计价表

工程名称：　　　　　　　　标段：　　　　　　　　第 页共 页

序号	项目名称	项目价值/元	服务内容	费率(%)	金额/元
1	发包人发包专业工程				
2	发包人供应材料				
	合　计				

表-12-5

总承包服务费计价表填写应符合下列规定：

(1)编制工程量清单时，招标人应将拟定进行专业分包的专业工程、自行采购的材料设备等决定清楚，填写项目名称、服务内容，以便投标人决定报价。

(2)编制招标控制价时，招标人按有关计价规定计价。

(3)编制投标报价时，由投标人根据工程量清单中的总承包服务内容，自主决定报价。

122. 索赔与现场签证计价汇总表格式如何?

索赔与现场签证计价汇总表格式如下:

索赔与现场签证计价汇总表

工程名称:　　　　　　　　　标段:　　　　　　　　第　页共　页

序号	签证及索赔项目名称	计量单位	数量	单价/元	合价/元	索赔及签证依据
	本页小计					—
	合　计					

注:签证及索赔依据是指经双方认可的签证单和索赔依据的编号。

表-12-6

123. 费用索赔申请(核准)表的格式如何? 填写时应符合哪些规定?

费用索赔申请(核准)表格式如下:

费用索赔申请(核准)表

工程名称：　　　　　　　　标段：　　　　　　　　第　页共　页

致：＿＿＿＿＿＿＿＿＿＿＿＿＿＿＿＿＿＿＿＿＿＿＿（发包人全称） 　　根据施工合同条款第＿＿＿条的约定，由于＿＿＿＿＿＿＿原因，我方要求索赔金额（大写）＿＿＿＿＿元，(小写)＿＿＿＿＿元，请予核准。 附：1. 费用索赔的详细理由和依据： 　　2. 索赔金额的计算： 　　3. 证明材料： 　　　　　　　　　　　　　　　　　　　　　　　　承包人(章) 　　　　　　　　　　　　　　　　　　　　　　　　承包人代表＿＿＿＿＿＿ 　　　　　　　　　　　　　　　　　　　　　　　　日　　期＿＿＿＿＿＿

复核意见： 　　根据施工合同条款第＿＿＿条的约定，你方提出的费用索赔申请经复核： 　□不同意此项索赔，具体意见见附件。 　□同意此项索赔，索赔金额的计算，由造价工程师复核 　　　监理工程师＿＿＿＿＿＿ 　　　日　　期＿＿＿＿＿＿	复核意见： 　　根据施工合同条款第＿＿＿条的约定，你方提出的费用索赔申请经复核，索赔金额为（大写）＿＿＿元，(小写)＿＿＿元。 　　　造价工程师＿＿＿＿＿＿ 　　　日　　期＿＿＿＿＿＿

审核意见： 　□不同意此项索赔。 　□同意此项索赔，与本期进度款同期支付。 　　　　　　　　　　　　　　　　　　　　　　　　发包人(章) 　　　　　　　　　　　　　　　　　　　　　　　　发包人代表＿＿＿＿＿＿ 　　　　　　　　　　　　　　　　　　　　　　　　日　　期＿＿＿＿＿＿

注：1. 在选择栏中的"□"内作标识"√"。
　　2. 本表一式四份，由承包人填报，发包人、监理人、造价咨询人、承包人各存一份。

表—12—7

　　填写时，承包人代表应按合同条款的约定，阐述原因，附上索赔证据、费用计算报发包人，经监理工程师复核（按照发包人的授权不论是监理工程师或发包人现场代表均可），经造价工程师（此处造价工程师可以是发包人现场管理人员，也可以是发包人委托的工程造价咨询企业的人员）复核具体费用，经发包人审核后生效,该表以在选择栏中"□"内作标识"√"表示。

124. 现场签证表格式如何?填写时应符合哪些规定?

现场签证表格式如下:

现场签证表

工程名称:　　　　　　　标段:　　　　　　　第 页共 页

施工部位		日期	
致:_____(发包人全称) 　　根据_____(指令人姓名)　年　月　日的口头指令或你方_____(或监理人)　年　月　日的书面通知,我方要求完成此项工作应支付价款金额为(大写)____元,(小写)____元,请予核准。 附:1. 签证事由及原因: 　　2. 附图及计算式: 　　　　　　　　　　　　　　　　　　　　　　　　　　承包人(章) 　　　　　　　　　　　　　　　　　　　　　　　　　　承包人代表_____ 　　　　　　　　　　　　　　　　　　　　　　　　　　日　　期_____			
复核意见: 　你方提出的此项签证申请经复核: □不同意此项签证,具体意见见附件。 □同意此项签证,签证金额的计算,由造价工程师复核。 　　　　监理工程师_____ 　　　　日　　期_____		复核意见: □此项签证按承包人中标的计日工单价计算,金额为(大写)____元,(小写)____元。 □此项签证因无计日工单价,金额为(大写)____元,(小写)____。 　　　　造价工程师_____ 　　　　日　　期_____	
审核意见: □不同意此项签证。 □同意此项签证,价款与本期进度款同期支付。 　　　　　　　　　　　　　　　　　　　　　　　　　　发包人(章) 　　　　　　　　　　　　　　　　　　　　　　　　　　发包人代表_____ 　　　　　　　　　　　　　　　　　　　　　　　　　　日　　期_____			

注:1. 在选择栏中的"□"内作标识"√"。
　　2. 本表一式四份,由承包人在收到发包人(监理人)的口头或书面通知后填写,发包人、监理人、造价咨询人、承包人各存一份。

表—12—8

《现场签证表》是对"计日工"的具体化,考虑到招标时,招标人对计日工项目的预估难免会有遗漏,带来实际施工发生后,无相应的计日工单价时,现场签证只能包括单价一并处理,因此,在汇总时,有计日工单价的,可归并于计日工,如无计日工单价,归并于现场签证,以示区别。

125. 规费、税金项目清单与计价表格式如何？填写时应符合哪些规定？

规费、税金项目清单与计价表格式如下:

规费、税金项目清单与计价表

工程名称:　　　　　　　　　标段:　　　　　　　　　第 页共 页

序号	项目名称	计算基础	费率(%)	金额/元
1	规费			
1.1	工程排污费			
1.2	社会保障费			
(1)	养老保险费			
(2)	失业保险费			
(3)	医疗保险费			
1.3	住房公积金			
1.4	危险作业意外伤害保险			
1.5	工程定额测定费			
2	税金	分部分项工程费+措施项目费+其他项目费+规费		
合计				

注:根据原建设部、财政部发布的《建筑安装工程费用项目组成》(建标[2003]206号)的规定,"计算基础"可为"直接费"、"人工费"或"人工费+机械费"。

表—13

规费、税金项目清单与计价表按原建设部、财政部印发的《建筑安装工程费用项目组成》(建标[2003]206号)列举的规费项目列项,在施工实践中,有的规费项目,如工程排污费,并非每个工程所在地都要征收,实践中可作为按实计算的费用处理。此外,按照国务院《工伤保险条例》,工伤保险建议列入,与"危险作业意外伤害保险"一并考虑。

126. 工程款支付申请(核准)表格式如何？填写时应符合哪些规定？

工程款支付申请(核准)表格式如下:

工程款支付申请(核准)表

工程名称:　　　　　　　　　标段:　　　　　　　　　第　页共　页

致:＿＿＿＿＿＿＿＿＿＿＿＿＿＿＿＿＿＿＿＿(发包人全称)

我方于＿＿至＿＿期间已完成了＿＿＿＿＿＿工作,根据施工合同的约定,现申请支付本期的工程款额为(大写)＿＿元,(小写)＿＿元,请予核准。

序号	名　　称	金额/元	备　注
1	累计已完成的工程价款		
2	累计已实际支付的工程价款		
3	本周期已完成的工程价款		
4	本周期完成的计日工金额		
5	本周期应增加和扣减的变更金额		
6	本周期应增加和扣减的索赔金额		
7	本周期应抵扣的预付款		
8	本周期应扣减的质保金		
9	本周期应增加或扣减的其他金额		
10	本周期实际应支付的工程价款		

承包人(章)　　　　承包人代表＿＿＿＿＿＿　　　日　期＿＿＿＿＿＿

复核意见: □与实际施工情况不相符,修改意见见附件。 □与实际施工情况相符,具体金额由造价工程师复核。 　　　　监理工程师＿＿＿＿＿＿ 　　　　日　　期＿＿＿＿＿＿	复核意见: 　你方提出的支付申请经复核,本期间已完成工程款额为(大写)＿＿元,(小写)＿＿元。本期间应支付金额为(大写)＿＿元,(小写)＿＿＿。 　　　　造价工程师＿＿＿＿＿＿ 　　　　日　期＿＿＿＿＿＿

审核意见:
□不同意。
□同意,支付时间为本表签发后的15天内。
发包人(章)　　　　发包人代表＿＿＿＿＿　　日　期＿＿＿＿＿

注:1. 在选择栏中的"□"内作标识"√"。
　　2. 本表一式四份,由承包人填报,发包人、监理人、造价咨询人、承包人各存一份。

表—14

　　工程款支付申请(核准)表由承包人代表在每个计量周期结束后,向发包人提出,由发包人授权的现场代表复核工程量(本表中设置为监理工程师),由发包人授权的造价工程师(可以是委托的造价咨询企业)复核应付款项,经发包人批准实施。

第五章 ·工程量计算基础·

1. 什么是工程量?

工程量是以规定的物理计量单位或自然计量单位所表示的各个具体分项工程或构配体的数量。

2. 什么是物理计量单位?

物理计量单位系指用公制度量表示的"m、m^2、m^3、t、kg"等单位。例如,钢筋制作安装以"t"为单位等。

3. 什么是自然计量单位?

自然计量单位系指个、组、台、套等具有自然属性的单位。例如,硅整流柜、成套配电箱都以"台"计等。

4. 什么是工程量计算?有什么特点?

工程量计算是指运用一定的划分方法和计算规则进行计算,并以物理计量单位或自然计量单位来表示分部分项工程或项目总体实体数量的工作。

工程量计算随建设项目所处的阶段及设计深度的不同,其对应的计量单位、计量方法及精确程度也不同。

5. 编制工程造价为什么要计算工程量?

(1)工程量计算是编制施工图预算的重要环节。施工图预算是否正确,主要取决于分项工程或构件、配件数量和预算定额基价。因为分项工程或构件、配件定额直接费就是这两项相乘的结果。因此,工程量计算是否正确直接影响工程预算造价的准确,而且在编制施工图预算工作中,工程量计算所花的劳动量占整个预算工作量的70%左右。在编制施工图预算时,必须充分重视工程量计算这个重要环节。

(2)工程量计算还是施工企业编制施工计划,组织劳动力和供应材料、机具的重要依据。因此正确计算工程量对工程建设各单位加强管理,正确确定工程造价具有重要的现实意义。

6. 编制工程造价时工程量计算采用什么形式?

工程量计算一般采取表格的形式,表格中一般应包括所计算工程量的项目名称、工程量计算式、单位和工程量数量等内容(表 5-1),表中工程量计算式应注明轴线或部位,且应简明扼要,以便进行审查和校核。

表 5-1 工程量计算表

工程名称:_____ 第 页共 页

序号	项目名称	工程量计算式	单位	工程量

计算: 校核: 审查: 年 月 日

7. 工程量计算时如何对工程计量对象进行划分？

工程计量对象有多种划分方式(图5-1)，对照不同的划分方式有不同的计量方法，所以计量对象的划分是工程计量的前提。

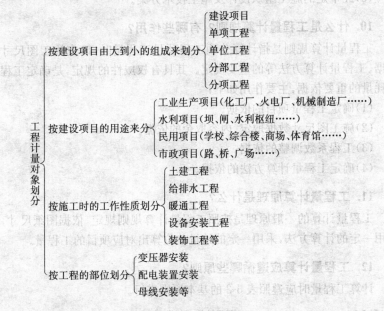

图5-1 工程计量对象划分

8. 工程量计算时应考虑哪些因素？

为了对建设项目工程量进行有效的计算，应搞清与工程量计算有关的因素，包括：

(1)工程计量对象；
(2)计量单位；
(3)工程设计深度；
(4)施工方案；
(5)计价方式。

9. 工程量计算的依据有哪些？

为了保证工程量计算结果的统一性和可比性，以及防止结算时出现

不必要的纠纷,在工程量计算时应严格按照一定的依据来进行。包括:

(1)工程量计算规则;

(2)工程设计图纸及说明;

(3)经审定的施工组织设计及施工技术方案。

10. 什么是工程量计算规则?有哪些作用?

工程量计算规则是指计算分项工程项目工程量时,确定施工图尺寸数据、工程量计算方法等的重要规定。其具有权威性的规定,是确定工程消耗量的重要依据,主要作用如下:

(1)确定工程量项目的依据。

(2)施工图尺寸数据取定、内容取舍的依据。

(3)工程系数调整的依据。

(4)确定工程量计算方法的依据。

11. 工程量计算原理是什么?

工程量计算的一般原理是按照工程量计算规则规定,依据图纸尺寸,运用一定的计算方法,采用一定的计量单位算出对应项目的工程量。

12. 工程量计算应遵循哪些原则?

计算工程量时应遵照表 5-2 的基本原则进行。

表 5-2　　　　　　　　工程量计算一般原则

序号	一般原则	具　体　要　求
1	计算规则要一致	工程量计算必须与定额中规定的工程量计算规则(或计算方法)相一致,才符合定额的要求。预算定额中对分项工程的工程量计算规则和计算方法都作了具体规定,计算时必需严格按规定执行。 按施工图纸计算工程量采用的计算规则,必须与本地区现行预算定额计算规则相一致。 各省、自治区、直辖市预算定额的工程量计算规则,其主要内容基本相同,差异不大。在计算工程量时,应按工程所在地预算定额规定的工程量计算规则进行计算
2	计算口径要一致	计算工程量时,根据施工图纸列出的工程子目的口径(指工程子目所包括的工作内容),必须与土建基础定额中相应的工程子目的口径相一致。不能将定额子目中已包含了的工作内容拿出来另列子目计算

续表

序号	一般原则	具体要求
3	计量单位要一致	计算工程量时,所计算工程子目的工程量单位必须与土建基础定额中相应子目的单位一致
4	计算尺寸取定要准确	计算工程量时,首先要对施工图尺寸进行核对,并对各子目计算尺寸的取定要准确
5	计算顺序要统一	要遵循一定的顺序进行计算。计算工程量时要遵循一定的计算顺序,依次进行计算,这是为避免发生漏算或重算的重要措施
6	计算精确度要统一	工程量的数字计算要准确,一般应精确到小数点后三位,汇总时,其准确度取值要达到: (1)立方米(m^3)、平方米(m^2)及米(m)以下取两位小数。 (2)吨(t)以下取三位小数。 (3)台、套等取整数。

13. 工程量计算的方法有哪些?

工程量的计算从实际操作来讲,不管运用什么方法,只要根据工程量计算原理把工程量不重不漏地准确地算出来即可。但从理论上讲,为了保证工程量计算的快速、准确,仍有一些经过实践总结出来的实用方法值得介绍和应用。

常用的工程量计算方法包括:

(1)统筹法。

(2)按施工顺序计算。

(3)列表法。在计算工程量时,为了使计算清晰、防止遗漏,便于检查,可通过列表法来计算有关工程量。

(4)重复计算法。计算工程量时,常常会发现一些分项工程的工程量是相同的或者是相似的,则可采用重复计算法,即把某个计算式重复利用。

(5)按定额项目顺序计算。

14. 如何运用统筹法进行工程量计算?

统筹法计算工程量是根据各分项工程量计算之间的固有规律和相互之间的依赖关系,运用统筹原理和统筹图来合理安排工程量的计算程序,并按其顺序计算工程量。

用统筹法计算工程量的基本要点是:统筹程序、合理安排;利用基数、连续计算;一次计算,多次使用;结合实际、灵活机动。

15. 如何运用按施工顺序法计算工程量?

按施工顺序计算即按工程施工顺序的先后来计算工程量。计算时,先地下,后地上;先底层,后上层;先主要,后次要。大型和复杂工程应先划成区域,编成区号,分区计算。

(1)按轴线编号顺序计算。按横向轴线从①~⑩编号顺序计算横向构造工程量;按竖向轴线从Ⓐ~Ⓓ编号顺序计算纵向构造工程量,见图5-2。这种方法适用于计算内外墙的挖基槽,做基础,砌墙体,墙面装修等分项工程量。

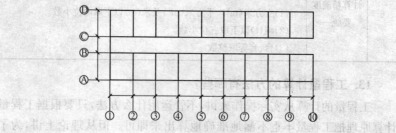

图 5-2 按轴线编号顺序

(2)按顺时针顺序计算。先从工程平面图左上角开始,按顺时针方向先横后竖、自左至右、自上而下逐步计算,环绕一周后再回到左上方为止。如计算外墙、外墙基础、楼地面、顶棚等都可按此法进行,如图 5-3 所示。

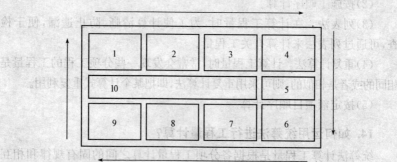

图 5-3 顺时针计算法

例如:计算外墙工程量,由左上角开始,沿图中箭头所示方向逐段计算;计算楼地面、顶棚的工程量亦可按图中箭头或编号顺序进行。

16. 如何运用按定额项目顺序计算法计算工程量?

按定额项目顺序计算,即按《全国统一安装工程预算定额》所列分部分项工程的次序来计算工程量。

由前到后,逐项对照施工图设计内容,能对上号的就计算。采用这种方法计算工程量,要求熟悉施工图纸,具有较多的工程设计基础知识,并且要注意施工图中有的项目可能套不上定额项目,这时应单独列项,待编制补充定额时,切记不可因定额缺项而漏项。

17. 工程量计算分为哪些步骤?

计算工程量是一项极为复杂而细致的工作。为了计算准确,防止错算、重算和漏算,应按照一定的步骤和方法进行。计算公式力求扼要明了,便于校审,为此应按照如下步骤进行计算:

(1)列出计算公式。计算工程量,应按照先主干、后分支,先进入、后排出的顺序,以设计图纸所示尺寸,列出计算公式,分层、分段、分系统的逐项进行计算,但不能将不同系统或同一系统而材质、规格不同的工程量混合在同一公式中计算。这样不仅给校审造成了困难,更重要的是难以套用定额。

(2)计算结果。分项工程计算公式全部列出后,就可以按照顺序逐式进行计算,并把计算结果填入"数量"栏,依次直到把所有分项工程量计算完为止。

(3)汇总工程量。工程量计算完毕并经自我复查无误后,应按照预算定额的排列顺序,分部分项汇总,为套用预算单价做好准备。

汇总工程量时,其准确度取值:m^3、m^2、m 以下取两位小数;t 以下取三位小数;台("套"、"件"等)取整数,两位或三位小数后的位数按四舍五入法取舍。

(4)调整计量单位。

18. 工程量计算中应注意哪些问题?

工程量计算时应依据对应的工程量计算规则来进行计算,计算过程中应注意的一些事项见表 5-3。

表 5-3　　　　　　　　　　工程量计算注意事项

序号	注意事项	具　体　内　容
1	熟悉设计图纸和设计说明	注意熟悉设计图纸和设计说明,能作出准确的项目描述,对图中的错漏、尺寸不符、用料及做法不清等问题及时请设计单位解决,计算时应以图纸注明尺寸为依据,不能任意加大或缩小构件尺寸
2	注意计算中的整体性、相关性	在工程量计算时,应有这样的理念:一个工程是一个整体,计算时应从整体出发
3	注意计算列式的规范性与完整性	计算时最好采用统一格式的工程量计算纸,书写时必需标清部位、编号,以便核对
4	注意计算过程中的顺序性	工程量计算时为了避免发生遗漏、重复等现象,一般可按一定的顺序进行计算
5	计算过程中应注意切实性	工程量计算前应了解工程的现场情况、拟用的施工方案、施工方法等,从而使工程量更切合实际。当然有些规则规定计算工程量时,只考虑图示尺寸不考虑实际发生的量,这时两者的差异应在报价时考虑
6	注意对计算结果的自检和他检	工程量计算完毕后,计算者自己应进行粗略地检查,如指标检查(某种结构类型的工程正常每平方米耗用的实物工程量指标)、对比检查(同以往类似工程的数字进行比较)等,也可请经验比较丰富、水平比较高的造价工程师来检查

第六章
变配电设备安装工程计量与计价

1. 什么是配电网络？其特征有哪些？

通常把电力系统中二次降压变电所低压侧直接或降压后向用户供电的网络称为配电网络。它由架空或电缆配电线路、配电所或柱上降压变压器直接接入用户所构成。从电厂直接以发电机电压向用户供电的侧称为直配电网。配电网络的特征是：

(1)常深入城市中心和居民密集点。

(2)功率和距离一般不大。

(3)供电容量、用户性质、供电质量和可靠性要求等千差万别，各不相同。

(4)在工程设计、施工和运行管理方面都有特殊要求。

2. 变配电的电压有几种？应符合哪些要求？

变配电的电压有高压配电和低压配电两种。1kV 以上的称为高压配电，额定电压有 35kV、6～10kV 和 3kV 等。不足 1kV 的称为低压配电，通常额定电压有单相 220V 和三相 380V。高压配电一般采用 10kV，但如 6kV 用电设备的总容量较大，技术经济上合理时，则可采用 6kV。近年来由于负荷集中、用电量大，对供电可靠性要求更高，随着 SF_6 全封闭组合电器和电缆线路的推广应用，配电电压有向 35kV 以上更高等级发展的趋势。

3. 变配电有哪几种方式？各具有哪些特点？

变配电的方式有放射式、树干式、环式三种，其特点如下：

(1)放射式。供电可靠性高，故障发生后，影响范围较小，切换操作方便，保护简单，便于自动化，但造价较高。

(2)树干式。投资少，但事故后影响范围较大，供电可靠性差。

(3)环式。有闭路环式和开路环式，为简化保护，一般采用开路环式。供电可靠性较高，运行比较灵活，但切换操作较频繁。

4. 变电所可分为哪些类别？

变电所是连接电力系统的中心环节，用以汇集电源、升降电压和分配电力，通常由高低压配电装置、主变压器、主控制室和相应的设施以及辅助生产建筑物等组成。根据其在系统中的位置、性质、作用及控制方式等，可分类见表 6-1。

表 6-1　　　　　　　　　　变电所的分类

类　　型		作　用　与　特　点
按作用性质分	升压变电所	一般设于发电厂内或附近，将电厂电压升高，连接电力系统
	降压变电所	一般分布于负荷中心或网络中心，一方面连接电力系统各个部分，同时将系统电压降低，分配给地区用电
	开关站(开闭所)	仅连接电力系统中的各个部分，不起升压或降压作用，是为系统稳定性要求而设
按所处地位分	枢纽变电所	为系统中汇集多个大电源和大容量联络线的枢纽点，其高压侧以交换系统间巨大的功率为主
	地区变电所	一般汇集 2~3 个中小电源，高压侧亦以交换功率为主，并供电给中、低压侧的变电所，电压通常为 220~330kV
	企业(用户)变电所	专供一个单位或工矿企业用电所降压变电所，电压多为 110~220kV
	终端(分支)变电所	处于电网终端或线路分支接入的降压变电所，接线较简单，位置接近负荷点
按控制方式分	有人值班变电所	大部分变电所内常驻值班人员，就地操作与监视电气设备
	三遥变电所	变电所内无人值班，由地区变电所对其进行遥控、遥信、遥测。目前只在部分 35kV 变电所实行
	在家值班变电所	不在主控制室值班，而在所内或邻近变电所福利区驻有少量值班人员，平时可进行其他工作

续表

类 型		作 用 与 特 点
按布置形式分	屋外变电所	除主控室及低压侧设备置于室内,大部分设备均在屋外的变电所
	屋内变电所	所有电压等级的配电装置均置于室内的变电所
	地下(洞内)变电所	地位狭窄的水电站及大城市中心地区因用地困难而采用的布置形式

5. 什么是变压器?

变压器是一种静止的电气设备,其作用是交换交流电的电压。

6. 变压器由哪些配件组成?

变压器的结构组成有铁芯(由硅钢片叠成或非晶合制成)、绕组(用绝缘圆导线或扁导线绕成)、外壳、油、油枕、绝缘套管等。

7. 什么是降压变压器?

将电网送来的高压电经变压器降为适合需要的低电压以满足各用电设备的需要,称为降压变压器。

8. 什么是升压变压器?

将发电机发出的较低压电经变压器升压后送至电网以减少电能的损耗,称为升压变压器。

9. 变压器有哪些分类方法?

变压器有多种分类方法,具体内容见表6-2。

表6-2　　　　　　　　　变压器分类

序号	分类方法	类　别
1	按用途分类	电力变压器、电炉变压器、整流变压器、仪用变压器(电压互感器、电流互感器)
2	按相数分类	单相变压器、多相变压器
3	按绕组个数分类	双绕组变压器、三绕组变压器、多绕组变压器、自耦变压器

续表

序号	分类方法	类别	
4	按冷却方式分类	干式变压器、油浸式变压器	
5	按结构形式分类	心式变压器、壳式变压器	

10. 变压器的布置应符合哪些要求？

(1) 每台油量为 60kg 及以上的变压器应安装在单独的变压器室内。宽面推进的变压器，低压侧宜向外；窄面推进的，油枕宜向外。

(2) 变压器外廓与变压器室墙壁和门的净距不应小于表 6-3 所列规定。

表 6-3　　　变压器外廓与变压器室墙壁和门的最小净距　　　　　　m

变压器容量/kV·A	≤1000	1250
至后壁和侧壁的净距	0.6	0.8
至门的净距	0.8	1.0

(3) 变压器室内可安装与变压器有关的负荷开关、隔离开关和熔断器，在考虑变压器室的布置及高低压进出线位置时，应尽量使其操动机构装在近门处。

(4) 确定变压器室时，应考虑有发展的可能性，一般按能安装大一级容量的变压器考虑。

(5) 变压器室内不应有非本身所用的管线通过。

(6) 车间内变电所的变压器室，应设置能容纳 100% 油量的储油池。独立式或附设式变电所的变压器室，容量一般不大于 1250kV·A，油量不超过 1000kg，因此只要考虑能容纳 20% 油量的挡油设施。在下列场所的变压器室，应设置能容纳 100% 油量的挡油设施或设置能将油排到安全处所需的设施。

1) 位于容易沉积可燃粉尘、可燃纤维的场所；

2) 附近有易燃物大量集中的露天场所；

3) 变压器下面有地下室。

11. 变压器安装工程工程量清单包括哪些项目？

变压器安装工程工程量清单项目包括：油浸电力变压器、干式变压器、整流变压器、自耦式变压器、带负荷调压变压器、电炉变压器及消弧线圈。

12. 什么是电力变压器?

电力变压器是指用于输配电系统中的升压或降压,是一种最普通的常用变压器,是变电所设备的核心。

13. 油浸电力变压器由哪几部分组成?其型号表示什么含义?

油浸电力变压器主要由油枕、油箱、铁芯及绕组等组成,如图 6-1 所示。其型号表示如下:

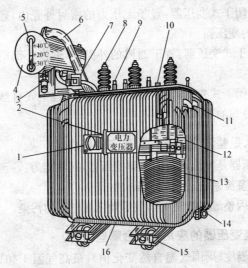

图 6-1 油浸式电力变压器外形与结构

1—信号式温度计;2—铭牌;3—吸湿器;4—油枕(储油柜);5—油位指示器(油标);6—防爆管;7—瓦斯继电器;8—高压套管;9—低压套管;10—分接开关;11—油箱;12—铁芯;13—绕组及绝缘;14—放油阀;15—小车;16—接地端子

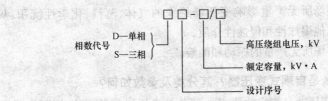

绝缘代号:C 表示线圈外绝缘介质为成形固体;G 表示线圈外绝缘介

质为空气；油浸式不表示。
　　冷却代号：F表示风冷；自然冷却不表示。
　　调压代号：Z表示有载调压；无励磁调压不表示。
　　绕组导线材质代号：L表示铝绕组；铜绕组不表示。

14. 什么是干式变压器？可分为哪几类？

干式变压器是铁芯和绕组均不浸于绝缘液体中的变压器，用于一般公共配电网或工业电网中，其可分为下面三类：

(1) 全封闭干式变压器：置于无压力的密封外壳内，通过内部空气循环进行冷却的变压器。

(2) 封闭干式变压器：置于通风的外壳内，通过外部空气循环进行冷却的变压器。

(3) 非封闭干式变压器：不带防护外壳，通过空气自然循环或强迫空气循环进行冷却的变压器。

15. 什么是整流变压器？其具有哪些功能？

整流变压器是整流设备的电源变压器，其功能为：
(1) 供给整流系统适当的电压；
(2) 减小因整流系统造成的波形畸变对电网的污染。

16. 整流变压器的应用应符合哪些条件？

(1) 环境温度（周围气温自然变化值）：最高气温+40℃，最高日平均气温+30℃，最高年平均气温+20℃，最低气温-30℃。

(2) 海拔高度：变压器安装地点的海拔高度不超过1000m。

(3) 空气最大相对湿度：当空气温度为+25℃时，相对湿度不超过90%。

(4) 安装场所无严重影响变压器绝缘的气体、蒸汽、化学性沉积、灰尘、污垢及其他爆炸性和侵蚀性介质。

(5) 安装场所无严重的振动和颠簸。

17. 什么是自耦式变压器？其分类及参数如何？

自耦式变压器是指它的绕组一部分是高压边和低压边共用的，另一部分只属于高压边。根据结构一般有可调压式和固定式两种。

自耦式变压器的技术参数:
(1) 容量:单相 25VA～100kVA;三相 10kV·A～800kV·A。
(2) 输入电压:1∅220V,3∅380V(可按客户的要求定做)。
(3) 输出电压:按客户要求的电压。
(4) 频率:50～60Hz(可选)。
(5) 效率:≥98%。
(6) 绝缘等级:B级。
(7) 过载能力:1.2倍额定负载2h。
(8) 冷却方式:风冷。
(9) 噪声:≤60dB。
(10) 温升:≤65℃。
(11) 环境温湿度:温度-20～+40℃;湿度93%。

18. 自耦式变压器与干式变压器有什么区别?

自耦式变压器与干式变压器的区别是:普通的变压器是通过原副边线圈电磁耦合来传递能量,原副边没有直接的联系,而自耦式变压器原副边有直接的电的联系,它的低压线圈就是高压线圈的一部分。在目前的电网中,从220kV电压等级才开有自耦式变压器,多用作电网间的联络变压。220kV以下几乎没有自耦式变压器。

19. 带负荷调压变压器是怎样实现电压调整的?

带负荷调压变压器利用分接开关改变一次侧或二次侧绕组函数,来实现电压的调整。

20. 什么是电炉变压器?其特点有哪些?

电炉变压器是用于冶炼的变压器。

电炉变压器的特点:二次电压低,仅数十伏至数百伏,并且要求能在较大范围内调节;二次电流往往达数千安至数万安。通常电炉变压器为户内装置。小容量、低电压的电阻炉变压器与盐浴炉变压器均为干式、带箱壳、自然冷却;中等容量的电炉变压器为油浸自冷式;大容量的电炉变压器则为强迫循环水冷式。带电抗器的中小型电炉变压器,其电抗器一般与变压器身装在同一油箱内。

21. 电炉变压器可分为哪几类？

电炉变压器按不同用途可分为电弧炉变压器、工频感应器、工频感应炉变压器、电阻炉变压器、矿热炉变压器、盐浴炉变压器。

22. 什么是消弧线圈？

消弧线圈是一种绕组带有多个分接头、铁芯带有气隙的电抗器。消弧线圈的标注含义如下：

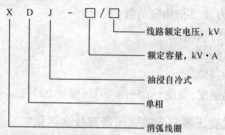

23. 变压器安装定额工作内容包括哪些？

变压器分部共分为 5 个分项工程。

(1)油浸电力变压器安装。工作内容包括开箱、检查，本体就位，器身检查，套管、油枕及散热器清洗，油柱试验，风扇油泵电机解体检查接线，附件安装，垫铁止轮器制作、安装，补充注油及安装后整体密封试验，接地，补漆，配合电气试验。

(2)干式变压器安装。工作内容包括开箱、检查，本体就位，垫铁及止轮器制作安装，附件安装，接地，补漆，配合电气试验。

(3)消弧线圈安装。工作内容包括开箱、检查，本体就位，器身检查，垫铁及止轮器制作安装，附件安装，补充注油及安装后整体密封试验，接地，补漆，配合电气试验。

(4)电力变压器干燥。工作内容包括准备，干燥及维护、检查，记录整理，清扫，收尾及注油。

(5)变压器油过滤。工作内容包括过滤前准备及过滤后清理、油过滤、取油样、配合试验。

24. 变压器安装可分为哪几个步骤？

(1)安装前检查；

(2)就位;
(3)器身检查;
(4)附件安装;
(5)变压器油的过滤;
(6)变压器的干燥;
(7)密封检查;
(8)试验;
(9)变压器的油漆。

25. 变压器附件有哪些?

变压器附件包括:套管、冷却器、储油柜、油位计、吸湿器、放气管、汽油管、连接气体继电器、储油柜和变压器本体的连管、套管型电流互感器、压力释放阀等。

26. 为什么要对变压器油进行过滤?

变压器油是油浸变压器的主要绝缘、冷却介质,其电气强度和化学成分的好坏,直接影响变压器的性能。

如果油中含有少量水分和杂质,就会使绝缘强度下降;且油与氧气接触,在高温下容易氧化而变质。因此,变压器安装时要进行变压器油过滤。

27. 如何判断变压器是否需要进行干燥?

(1)对于新装的带油运输的变压器,是否需要对其进行干燥,应对下列条件进行综合分析,以最终确定:

1)绝缘油电气强度及微量水试验合格;

2)绝缘电阻及吸收比(或极化指数)符合现行国家标准《电气装置安装工程 电气设备交接试验标准》(GB 50150—2006)的相关规定。

3)介质损耗角正切值 $\tan\delta$(%)符合规定(电压等级在 35kV 以下及容量在 4000kV·A 以下者,可不作要求)。

(2)对于新装的充气运输的变压器及电抗器,应对下列条件进行综合分析后,以确定是否需要干燥:

1)器身内压力在出厂至安装前均保持正压;

2)残油中微量水不应大于 30ppm;

3)变压器及电抗器注入合格绝缘油后,绝缘油电气强度微量水及绝缘电阻应符合现行国家标准《电气装置安装工程 电气设备交接试验标准》(GB 50150—2006)的相关规定。

(3)当器身未能保持正压,而密封无明显破坏时,应根据安装及试验记录全面分析作出综合判断,决定是否需要干燥。

28. 电力变压器安装定额不包括的工作内容其费用怎样处理?

电力变压器安装定额项目不包括的工作内容,其费用可按以下方法处理:

(1)电力变压器安装项目中不包含变压器本体调试,变压器本体调试包含在变压器系统调试项目中,变压器系统调试应使用全统定额第二册第十一章的相应子目。

(2)如果产生变压器油过滤,需使用全统定额第二册"变压器过滤"子目计算其费用。

(3)如果判定变压器需要干燥,需使用全统定额第二册"电力变压器干燥"子目计算其费用。若需搭设干燥棚时,搭、拆费按实际发生计算。

(4)变压器端子箱、控制箱制作与安装,应使用全统定额第二册相应子目计算其制作安装费。

(5)变压器二次喷漆(不是补漆,补漆费用在变压器安装子目中包含),应使用全统定额第二册相应子目计算其费用。

29. 变压器安装定额中是否包括了变压器轨道安装?

变压器安装不包括轨道的安装,轨道安装应另行计算。

30. 变压器安装工程定额工程量计算应遵循哪些规则?

变压器安装定额工程量计算规则如下:

(1)变压器安装,按不同容量以"台"为计量单位。

(2)干式变压器如果带有保护罩时,其定额人工和机械乘以系数1.2。

(3)变压器通过试验,判定绝缘受潮时才需进行干燥,所以只有需要干燥的变压器才能计取此项费用(编制施工图预算时可列此项,工程结算时根据实际情况再作处理),以"台"为计量单位。

(4)消弧线圈的干燥按同容量电力变压器干燥定额执行,以"台"为计量单位。

(5)变压器油过滤不论过滤多少次,直到过滤合格为止,以"t"为计量单位,其具体计算方法如下:

1)变压器安装定额未包括绝缘油的过滤,需要过滤时,可按制造厂提供的油量计算。

2)油断路器及其他充油设备的绝缘油过滤,可按制造厂规定的充油量计算。

31. 变压器安装工程清单工程量计算应遵循哪些规则?

变压器安装工程清单工程量按设计图示数量计算。

32. 配电装置安装工程工程量清单包括哪些项目?

配电装置安装工程工程量清单项目包括:油断路器、真空断路器、SF_6 断路器、空气断路器、真空接触器、隔离开关、负荷开关、互感器、高压熔断器、避雷器、干式电抗器、油浸电抗器、移相及串联电容器、集合式并联电熔器、并联补充电容器组架、交流滤波装置组架、高压成套配电柜、组合型成套箱式变电站及环网柜。

33. 配电装置安装工程清单项目设置应注意哪些问题?

配电装置安装包括了各种配电设备安装工程的清单项目,但其项目特征大部分是一样的,即设备名称、型号、规格(容量),它们的组合就是该清单项目的名称,但在项目特征中,有一特征为"质量",该"质量"是规范对"重量"的规范用语,它不是表示设备质量的优或合格,而指设备的重量,如电抗器、电容器安装时,均以重量划类区别,所以其项目特征栏中就有"质量"二字。

(1)油断路器、SF_6 断路器等清单项目描述时,一定要说明绝缘油、SF_6 气体是否设备带有,以便投标人计价时确定是否计算此部分费用。

(2)配电设备安装如有地脚螺栓者,清单中应注明是由土建预埋还是由安装者浇筑,以便确定是否计算二次灌浆费用(包括抹面)。

(3)绝缘油过滤的描述和过滤油量的计算参照"变压器安装"的绝缘油过滤的相关内容。

(4)高压设备的安装没有综合绝缘台安装,如果设计有此要求,其内容一定要表述清楚,避免漏项。

34. 断路器的组成部件有哪些？

就断路器的基本结构来讲，可由五个部分组成，即通断元件、中间传动结构、支撑绝缘件、操作机构和基座。

通断元件是断路器的核心部分，主电路的接通或断开由它来完成。操作机构接到操作命令后，经中间传动机构传送到通断元件，通断元件执行命令，使主电路接通或断开。通断元件中包括触头、导电元件、灭弧介质和灭弧室等，一般装设在支撑绝缘件上，使带电部分与地绝缘。支撑绝缘件则安装在基座上。

35. 断路器型号如何表示？

断路器型号的具体表示如下：

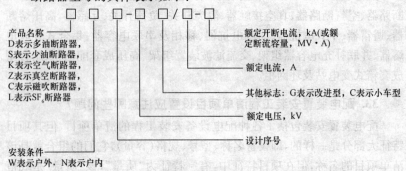

例如，SN10-10/1250-750 为户内式少油断路器，设计序号为 10，额定电压为 10kV，额定电流为 1250A，断路器断流容量为 750MV·A。DW0-400/3 为户外式多油断路器，设计序号为 0，额定电压为 400kV，额定电流为 3A。

36. 什么是油断路器？如何分类？

油断路器指用绝缘油作灭弧介质的一种断路器，按断路器油量分为多油断路器和少油断路器。油断路器的相关参数见表 6-4。

表 6-4　　　　　　油断路器的相关参数

电压等级/kV	型号	电流/A	重量/kg 本体	重量/kg 油	断口数/个	操作机构
多油式断路器						
10	DN1,DN3	200~125	84~125	14~15	1	1

续表

电压等级/kV	型号	电流/A	重量/kg 本体	重量/kg 油	断口数/个	操作机构
少油式断路器						
10	SN1	600～1000	100～120	5～8	1	1
10	SN3	2000～3000	770～790	20	2	1
10	SN4	5000～6000	2100～2900	55	2	1

37. 多油断路器的油有哪些作用？

(1) 作为灭弧介质。
(2) 在断路器跳闸时作为动、静触头间的绝缘介质。
(3) 作为带电导体对地(外壳)的绝缘介质。

多油断路器历史最长，但体积大、维护麻烦，除频繁通断负荷外，不太受用户欢迎。

38. 少油断路器具有哪些特点？

少油断路器油量少(一般只有几千克)，油只作为灭弧介质和动、静触头间的绝缘介质用。其对地绝缘靠空气、套管及其他绝缘材料来完成，故不适用于频繁操作。少油断路器因其油量少，体积相应减少，所耗钢材等也少，价格便宜，维护方便，所以目前我国主要生产少油断路器。

39. 高压断路器的操作机构分为哪几类？

高压断路器的操作机构分为以下几类：

(1) 手力式(手动)操作机构(CS_2)——用于就地操作合闸，就地或近距离操作分闸。
(2) 电磁式(电动)操作机构(CD_{10})——用于远距离控制操作断路器。
(3) 弹簧储能操作机构(CT_6)——用于进行一次自动重合闸。
(4) 压缩空气操作机构(CY_3)——用于控制操作 KW 型高压空气断路器。

40. 真空断路器由哪几部分组成？具有哪些特点？

真空断路器因其灭弧介质和灭弧后触头间隙的绝缘介质都是高真空

而得名,主要包含三大部分:真空灭弧室、电磁或弹簧操动机构、支架及其他部件。

真空断路器以真空作为灭弧和绝缘介质。零部件都密封在用绝缘的玻璃等材料制成的外壳内,动触杆与动触头的密封靠金属波纹管来实现。真空断路器有以下特点:

(1)结构轻巧。触头开距小(10kV,只有10mm),动作迅速,操作轻便,体积小,重量轻。

(2)燃弧时间短。因为触头处于真空中,基本上不发生电弧,极小的电弧一般只需半周波(0.01s)就能熄灭,故有半周波断路器之称,而且燃弧时间与电流大小无关。

(3)触头间隙介质恢复速度快。

(4)寿命长。

(5)维修工作量少,能防火防爆。

41. SF_6 断路器具有哪些特点?

SF_6(六氟化硫)断路器采用具有良好灭弧和绝缘性能的气体六氟化硫(SF_6)作为灭弧介质,具有开断能力强、灭弧速度快、体积小的优点。

SF_6高压断路器的额定压力一般是0.4~0.6MPa(表压),通常这是指环境温度为20℃时的压力值。温度不同时,SF_6气体的压力也不同,充气或检查时,必须查对SF_6气体温度压力曲线,同时要比对产品的说明书。

42. 什么是空气断路器?常用的空气断路器有哪些?

采用压缩空气作为灭弧介质的称压缩空气断路器,简称空气断路器。空气断路器可用于接通和分断负载电路,也可以直接用来控制不频繁启动的电动机。

常见的空气断路器有DZ5-20、DZ-100系列塑壳式空气断路器,DW10系列万能式空气断路器,3VE系列塑壳式空气断路器,ME系列万能式空气断路器,3VE(国内型号为DZS3)、3VN、3VT、3VA系列低压断路器,DZS系列断路器(自动空气开关),DZX2系列小型断路器(国外同类型为C45N)以及ALD1系列漏电保护器。

空气断路器(自动空气开关)的外形如图6-2所示。

第六章 变配电设备安装工程计量与计价

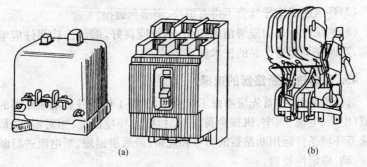

图 6-2 空气断路器(自动空气开关)外形
(a)塑壳式；(b)万能式

43. 怎样进行空气断路器的解体检查？

空气断路器部件的解体检查，应符合下列要求：

(1)活塞、套筒、弹簧、胀圈等零件应完好、清洁、无锈蚀；滑动工作面涂以产品规定的润滑剂。

(2)橡皮密封垫(圈)应无扭曲、变形、裂纹、毛刺，并应具有良好的弹性；密封垫(圈)应与法兰面或法兰面上的密封槽的尺寸配合。

(3)阀门的排气孔、控制延时用的气孔以及阀门进出气管的承接口应通畅。

(4)阀门的金属法兰面应清洁、平整、无砂眼。

(5)组装时，活塞胀圈的张口应互相错开；活塞运动灵活、无卡阻；弹簧应保持原有的压缩程度。

(6)触头零件应紧固，灭弧触指弹簧应完整，位置准确、触指上的镀银层应完好。

(7)灭弧室内部应清扫干净，部件的装配尺寸及灭弧动触头传动活塞的行程应符合产品要求；喷口的安装方向正确。

(8)测得的并联电阻、均压电容值应符合规定。

(9)转轴应清洁，并涂以适合的润滑脂。

(10)传动机构系统动作应灵活可靠。

44. 空气断路器及附件安装前应做哪些检查？

空气断路器及附件安装前，应进行下列检查：

(1)外表应完好，无影响其性能的损伤。

(2) 环氧玻璃钢导气管不得有裂纹、剥落和破损。

(3) 绝缘拉杆表面应清洁无损伤,绝缘应良好,端部连接部件应牢固可靠,弯曲变不超过产品的技术规定。

45. 怎样进行断路器的选择?

选择断路器时,首先应考虑工作条件,根据工作条件确定断路器的额定值(电压、电流、频率、机械负荷);然后,结合环境温度、相对温度、最大风速等环境条件运用断路器的型号和规格;最后根据短、断电流进行断流容量,动、稳定性校验。

在可用的几种断路器之间进行经济指标分析,在能满足工作要求的前提下,尽量选用维修方便、价格便宜、运行费少的设备。

46. 什么是接触器? 其类型有哪些?

接触器是一种用来频繁地远距离自动接通或断开交、直流主电路的控制电器。接触器的分类见表 6-5。

表 6-5　　　　　　　　　接触器的分类

序号	分类方法	类型
1	按驱动力不同划分	电磁式接触器、气动式接触器、液压式接触器
2	按触点通过电流的种类划分	交流接触器、直流接触器
3	按冷却方式划分	自然空气冷却接触器、油冷接触器、水冷接触器
4	按触点极数不同划分	单极接触器、双极接触器、三极接触器、四极接触器等

47. 真空接触器具有哪些特点? 其作用如何?

真空接触器的组成部分与一般空气接触器相似,不同的是真空接触器的触头密封在真空灭弧中,其特点是接通和分断电流大,额定操作电压较高。

真空接触器用于交流 50Hz,主回路额定工作电压 1140V、660V、380V 的配电系统。供频繁操作较大的负荷电流用,在工业企业被广泛选用,特别适用于环境恶劣和易燃易爆危险场所。

48. 什么是隔离开关? 可分为哪些类型?

隔离开关是将电气设备与电源进行电气隔离或连接的设备。

第六章 变配电设备安装工程计量与计价

隔离开关分为户内型和户外型(60kV及以上电压无户内型);按极数不同,可分为单极和三极;按构造不同可分为双柱式、三柱式和V型等。隔离开关一般是开启式,特定条件下也可以订制封闭式隔离开关。隔离开关有带接地刀闸和不带接地刀闸两种;按绝缘情况又可分为普通型及加强绝缘型两类。

49. 什么是负荷开关?可分为哪些类型?

负荷开关是一种介于隔离开关与断路器之间的电气设备,负荷开关比普通隔离开关多了一套灭弧装置和快速分断机构。负荷开关有户内型和户外型两种。

50. 什么是互感器?其功能是什么?

互感器是一种特种变压器,按用途不同分为电压互感器和电流互感器。

互感器的功能是将高电压或大电流按比例变换成标准低电压(100V)或标准小电流(5A或10A,均指额定值),以便实现测量仪表、保护设备及自动控制设备的标准化、小型化。互感器还可用来隔开高电压系统,以保证人身和设备的安全。

51. 什么是电压互感器?其型号如何表示?

电压互感器是指将高电压变成低电压的互感器。其型号表示方法如下:

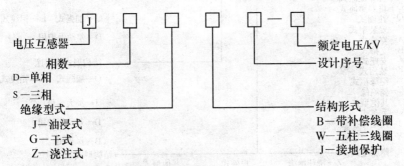

52. 电压互感器可分为哪些类型?

根据不同的分类标准,可将电压互感器分为不同类型:

(1)电压互感器按用途可分为测量用电压互感器(在正常电压范围内,向测量、计量装置提供电网电压信息)和保护用电压互感器(在电网故障状态下,向继电保护等装置提供电网故障电压信息)。

(2)电压互感器按绝缘介质可分为分干式电压互感器(由普通绝缘材料浸渍绝缘漆作为绝缘)、浇注绝缘电压互感器(由环氧树脂或其他树脂混合材料浇注成型)、油浸式电压互感器(由绝缘纸和绝缘油作为绝缘,是我国最常见的结构型式)和气体绝缘电压互感器(由气体作主绝缘,多用在较高电压等级)。

(3)电压互感器按电压变换原理可分为电磁式电压互感器(根据电磁感应原理变换电压,原理与基本结构和变压器完全相似)、电容式电压互感器(由电容分压器、补偿电抗器、中间变压器、阻尼器及载波装置防护间隙等组成,用在中性点接地系统里作电压测量、功率测量、继电防护及载波通信用)和光电式电压互感器(通过光电变换原理以实现电压变换)。

(4)电压互感器按使用条件可分为户内型电压互感器(安装在室内配电装置中)和户外形其他电压互感器(安装在户外配电装置中)。

53. 什么是电流互感器?其型号应怎样表示?

电流互感器是指将大电流变成小电流的互感器,其型号表示方法如下:

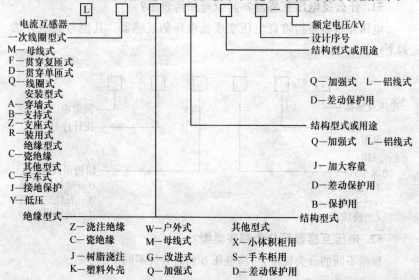

第六章 变配电设备安装工程计量与计价

54. 电流互感器可分为哪些类型？

根据不同的分类标准，可将电流互感器分为不同类型：

（1）电流互感器按用途可分为测量用电流互感器（在正常工作电流范围内，向测量、计量等装置提供电网的电流信息）和保护用电流互感器（在电网故障状态下，向继电保护等装置提供电网故障电流信息）。

（2）电流互感器按绝缘介质可分为干式电流互感器、浇注式电流互感器、油浸式电流互感器和气体绝缘电流互感器。

（3）电流互感器按电流变换原理可分为电磁式电流互感器和光电式电流互感器。

（4）电流互感器按安装方式可分为贯穿式电流互感器（用来穿过屏板或墙壁的电流互感器）、支柱式电流互感器（安装在平面或支柱上，兼做一次电路导体支柱用的电流互感器）、套管式电流互感器（没有一次导体和一次绝缘，直接套装在绝缘的套管上的一种电流互感器）和母线式电流互感器（没有一次导体但有一次绝缘，直接套装在母线上使用的一种电流互感器）。

55. 什么是熔断器？其功能有哪些？

熔断器是最简单的保护电器，它串联在电路中，利用热熔断原理，当电气设备和电路发生短路和过载时，能自动切断电路，对电气设备和线路安全起到保护作用。

熔断器熔断时间和通过的电流大小有关，通常是电流越大、熔断时间越短。

56. 高压熔断器由哪些部分组成？其型号怎样表示？

高压熔断器是常用的一种简单的保护电器，它由熔体、支持金属体、触头和保护外壳三个部分组成。其型号表示方法如下：

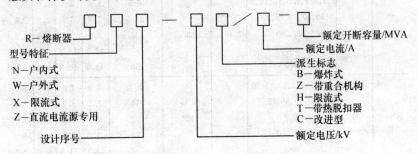

57. 高压熔断器有哪些类型？

熔断器按使用场所分户内型和户外型两种。其中户内型的熔断器制成固定式。如 RN 系列户内高压熔断器。而户外型都制成跌落式，在熔丝熔断后熔体管将自动断开。如 RW 系列户外高压跌落式熔断器。

表 6-6 是 RW3 及 RW4 型跌落式熔断器技术参数，表 6-7 是 RN1 型户内管型熔断器技术参数，表 6-8 是 RN2 型户内管型熔断器技术参数。

表 6-6　　　　RW3 及 RW4 型跌落式熔断器技术参数

型号	额定电压/kV	额定电流/A	极限断流容量(三相)/MV·A 上限	极限断流容量(三相)/MV·A 下限	单极重量/kg
RW3-10 RW3-10Z	10	3、5、7.5、10、15、20、25、30、40、50、60、75、100、150、200	100	30	6.4～9.5
RW3-15	15				
RW4-10/50	10	3～50	100	5	6.5
RW4-10/100	10	30～100	200	10	7.2

注：RW3-15 额定电流最大为 100A，RW3-10Z 带自动重合闸。

表 6-7　　　　RN1 型户内管型熔断器技术参数

产品型号	额定电压/kV	额定电流范围/A	最大切断电流/kA	最大切断容量(三相)不小于/kV·A	切断极限短路电流时电流最大峰值(限流)/kA	单极不带底板重量/kg 抚瓷	单极不带底板重量/kg 西瓷	熔管重量/kg 抚瓷	熔管重量/kg 西瓷
RN1-3	3	2、3、5、7、7.5、10、15、20 30、40、50、75、100 150、200 300 400	40	200	6.5 24.5 35 — 50	4.7 5.7 8.0 12.5 13.0	2.5 3.5 5.8 10.3 10.8	0.9 2.2 4.5 9.0 9.0	0.9 2.2 4.5 8.5 9.0
RN1-6	6	2、3、5、7.5、10、15、20 30、40、50、75 100 150、200 300	20	200	5.2 14 19 25 13.5	6.0 7.3 8.5 11.0 11.3	3.8 5.2 6.3 8.8 11.3	1.5 2.6 6.0 6.0 9.2	1.5 2.6 3.0 6.0 9.2

续表

产品型号	额定电压/kV	额定电流范围/A	最大切断电流/kA	最大切断容量(三相)不小于/kV·A	切断极限短路电流时电流最大峰值(限流)/kA	单极不带底板重量/kg 抚瓷	单极不带底板重量/kg 西瓷	熔管重量/kg 抚瓷	熔管重量/kg 西瓷
RN1-10	10	2、3、5、7、7.5、10、15、20	12	200	4.5	7.4	5.4	2	2
		30、40、50			8.6	8.5	6.5	3	3
		75、100			15.5	11.5	9.5	6	6
		150			—	12.5	10.5	10	7
		200			—	16.5	14.5	10	9.5

表 6-8　　　　RN2 型户内管型熔断器技术参数

产品型号	额定电压/kV	额定电流范围/A	最大切断电流/kA	最大切断容量(三相)不小于/kV·A	切断极限短路电流时电流最大峰值(限流)/kA	单极不带底板重量/kg
RN2-10	3	0.5	100	500	100	3.64
	6		85	1000	300	
	10		50	1000	1000	
RN2-20	15	0.5	40	1000	350	10

58. 什么是避雷器？其功能有哪些？

避雷器是能释放雷电或兼能释放电力系统操作过电压能量,保护电工设备免受瞬时过电压危害,又能截断续流,不致引起系统接地短路的电器装置。避雷器通常接于带电导线与地之间,且与被保护设备并联。当过电压值达到规定的动作电压时,避雷器立即动作,流过电荷,限制过电压幅值,保护设备绝缘;电压值正常后,避雷器又迅速恢复原状,以保证系统正常供电。

避雷器的型号表示方法如下:

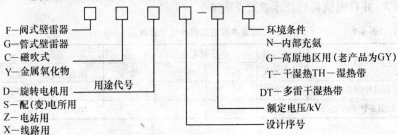

59. 避雷器有哪些类型？

避雷器主要分为阀型避雷器、管型避雷器和压敏电阻避雷器等。

阀型避雷器在使用场所上可分为电站阀型避雷器、旋转电机磁吹式避雷器或旋转电机无间隙金属氧化物避雷器及碳化硅普通阀型避雷器。

60. 什么是接闪器？其由哪些部分组成？

接闪器是专门用来接受直接雷击的金属物体。接闪的金属杆称为避雷针。接闪的金属线称为避雷线或架空地线。接闪的金属网、金属带称为避雷网、避雷带。接闪器应由下列的一种或多种组成：

(1) 独立避雷针。

(2) 架空避雷线或架空避雷网。

(3) 直接装设在建筑物上的避雷针、避雷带或避雷网。

61. 什么是电抗器？其类型有哪些？

电抗器是用于交流电路中阻碍电流变化的电气设备。它包括通常所说的电阻器、电容器和电感器，按其结构材料也可分为混凝土电抗器、铁芯干式电抗器和空心电抗器等类型。

62. 什么是干式电抗器？

干式电抗器是绕组和铁芯（如果有）不浸于液体绝缘介质中的电抗器。

63. 什么是并联电抗器？

并联电抗器是指一般接在超高压输电线的末端和地之间，起无功补偿作用，并联连接在电网中，用于补偿电容电流的电抗器。并联电抗器由外壳和芯子组成。外壳用薄钢板密封焊接而成，外壳盖上装有出线瓷套，在两侧壁上焊有供安装的吊耳，一侧吊耳上装有接地螺栓。

并联电抗器的技术参数见表 6-9。

表 6-9 常见并联电抗器的技术参数

型号	额定容量 /kV·A	额定电压/kV			重量/t	
		高压	中压	低压	油重	总重
BKDJ-50000/500	50000				17.5	56.5
BKDFP-40000/500	40000	550/$\sqrt{3}$			40.0	135.0

续表

型号	额定容量/kV·A	额定电压/kV			重量/t	
		高压	中压	低压	油重	总重
BKDFP-20000/330	20000	363/√3			19.9	67.23
BKSJ-30000/15	30000	15			9.39	35.1

64. 什么是油浸电抗器?

油浸电抗器是绕组和铁芯(如果有)均浸渍于液体绝缘介质中的电抗器。

65. 串联电抗器的型号如何表示?

串联电抗器的型号表示方法如下:

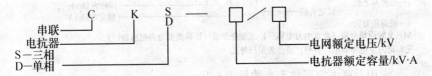

66. 什么是电容器? 其类型有哪些?

电容器是电子设备的基本元件。其由两个金属电极中间夹一层绝缘介质(又称电介质)构成,具有充放电特性,当在两个金属电极上施加电压时,电极上就会贮存电荷,所以它是一种贮能元件。

电容器的种类很多,按其结构、介质材料分类如下:

(1)固定式电容,可分为有机介质、无机介质和电解。

1)有机介质:可分为纸介(普通纸介、金属化纸介)和有机薄膜(涤纶、聚碳酸酯、聚苯乙烯、聚四氟乙烯、聚丙烯、漆膜等)。

2)无机介质:可分为云母、瓷介(瓷片、瓷管)和玻璃(玻璃膜、玻璃釉)等。

3)电解:可分为铝电解、钽电解和铌电解等。

(2)可变式,可分为空气、云母、薄膜式电容器。

(3)半可变式,可分为瓷介、云母电容器。

67. 什么是串联电容器?

串联电容器是指串联连接于电力线路中,主要用来补偿电力线路感抗的电容器。

68. 什么是并联电容器？

并联电容器是并联连接于工频交流电力系统中,补偿感性负荷无功功率,提高功率因数,改善电压质量,降低线路损耗的一种电容器。

并联电容器的型号表示方法如下:

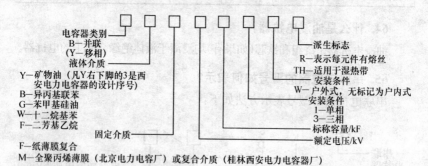

常用并联电容器技术参数见表 6-10。

表 6-10　　　　常用并联电容器技术参数

型号	额定电压 /kV	额定容量 /kV·A	额定电容 /μF	相数
BW0.23 BKMJ0.23 BCMJ0.23	0.23	2、3、2.5、10、15、20	40、64、100、200、300、400	1,3
BW0.4 BKCMJ0.4 BCMJ0.4	0.4	3、4、5、6、8、10、15、20、 25、30、40、50、60、80、 100、120	60、80、100、120、160、 200、300、400、500、600、 800、1000、1200、1600、 2000、2400	3
BW3.15	3.15	12、15、18、20、25、30、40、 50、60、80、100、120	3.86、5.1、5.78、6.42、8、 9.6、12.8、16、19.2、 25.6、32、1、64.2	1

69. 电力电容器有哪些补偿方式？

电力电容器的补偿方式有个别补偿、分组补偿和集中补偿三种。

(1) 个别补偿。就是将电力电容器装设在需要补偿的电气设备附近，使用中与电气设备同时运行和退出，如图 6-3 所示。个别补偿处于供电线路的末端负荷处，它可补偿安装地点前所有高、低压输电线路及变压器的无功功率，能最大限度地减少系统的无功输送量，使得整个线路和变压器的有功损耗减少及导线的截面、变压器的容量、开关设备等的规格尺寸减小，它有最好的补偿效果。

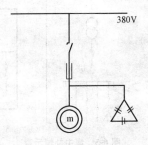

图 6-3 电容器个别补偿示意

(2) 分组补偿。即对用电设备组，每组采用电容器进行补偿，如图 6-4 所示。其利用率比个别补偿大，所以电容器总容量也比个别补偿小，投资比个别补偿小。但其对从补偿点到用电设备这段配电线路上的无功功率是不能进行补偿的。

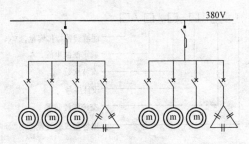

图 6-4 分组补偿示意

(3)集中补偿。其电力电容器通常设置在变配电所的高、低压母线上,如图6-5所示。将集中补偿的电力电容器设置在用户总降压变电所的高压母线上,这种方式投资少,便于集中管理;同时能补偿用户高压侧的无功能量以满足供电部门对用户功率因数的要求。但其对母线后的内部线路没有补偿。

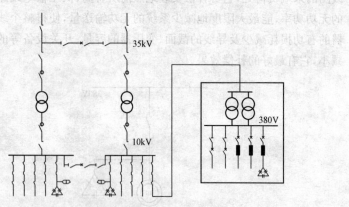

图6-5 集中补偿示意

70. 什么是交流滤波装置?

交流滤波装置是指在电缆电视系统的前端设备中,如天线放大器、混合器、频道转换器、调制器等器件的电路中都使用了不同的滤波装置,滤波器就是一个重要的滤波装置。其型号表示方法如下:

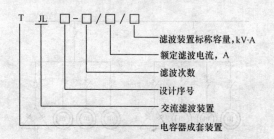

71. 交流滤波装置由哪几部分组成？其作用如何？

交流滤波装置组架由电感、电容和电阻适当组合而成。

交流滤波装置组架用来滤除电源里除 50Hz 交流电之外其他频率的杂波、尖峰、浪涌干扰，使下游设备得到较纯净的 50Hz 交流电。

72. 什么是高压成套配电柜？

高压成套配电柜俗称高压开关柜，是指按电气主要接线的要求，按一定顺序将电气设备成套布置在一个或多个金属柜内的配电装置。其型号表示方法如下：

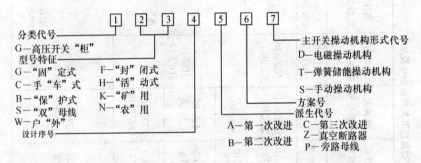

73. 高压成套配电柜有哪些类型？

高压成套配电柜主要分固定式和手车式两种。从结构可分为开启式、封闭式、半封闭式。从操作方法来分可分为电磁操作机构、弹簧操作机构和手动操作机构。从使用环境来分又可分为户内、户外型两种。

74. 什么是"五防型高压开关柜"？具有哪些型号和规格？

近些年来，各地开关厂生产出多种"五防型高压开关柜"，"五防型"是指：①防误合、误分断路口；②防止带负荷分、合隔离开关；③防止带电挂地线；④防止带地线合闸；⑤防止误入带电间隔。

"五防"型高压开关柜从电气联锁和机械联锁上采取了具体措施，实现高压安全操作程序化，提高了可靠、安全性能。部分"五防型高压开关柜"的型号及规格见表 6-11。

表 6-11 部分"五防"型高压开关柜的型号及规格

技术数据 开关柜型号	类别形式	电压等级/kV	额定电流/A	主开关型号	操作机构型号	电流互感器型号	电压互感器型号	高压熔断器型号	避雷器型号	接地开关型号	外形尺寸（长×宽×高）/mm
JYN1-35			35	1000	SN10-35	CD10 CT8	JDJ2-35 JDZJ-35	RN2-35 RW10-35	FZ-35 FYZ1-35		1818×2400×2925
JYN2-10	单母线移开式		630～2500	SN10-10 Ⅰ Ⅱ Ⅲ	CD10 CT8	LZZB6-10 LZZQB6-10	JDZ6-10 JDZJ6-10	RM2-10		JN-101	840×1000×1500×2200
KYN-10			630～2500	SN10-10 Ⅰ Ⅱ	CD10 CT8	LDJ-10					1500×1650×1800
KGN-10	单母线固定式	10	630、1000	SN10-10 Ⅰ Ⅱ Ⅲ	CD10 CT8	LA-10 LAJ-10	JDZ-10 JDZJ-10		FCD3	JN-10	800×1650×1800 2200
CFC-15(F)			630、1500	SN10-10 Ⅰ Ⅱ Ⅲ ZS3-10	CD10 CT8	LZXZ-10 LMZD-10		RN2-10			1180×1600×2800
GFC-7B(F)	单母线手车式		630、1000	SN10-10 Ⅰ Ⅱ Ⅲ NZ3-10 NZ5-10	CD10 CT8	LZJC-10 LJ1-10	JDE-10 JDEJ-10	RN1-10 RN2-10	FS FZ FCD3	JN-10	800×1500×2100×2200 840×1500×2200

续表

技术数据 开关柜型号	类别形式	电压等级/kV	额定电流/A	主开关型号	操作机构型号	电流互感器型号	电压互感器型号	高压熔断器型号	避雷器型号	接地开关型号	外形尺寸 (长×宽×高)/mm
GFC-10A	单母线手车式	10	1000	SN10-10 Ⅰ、Ⅱ	CD10 CT8	LCJ-10		RN1-10 RN2-10			800×1250×2000
GFC-10B			630~2500	SN10-10 Ⅱ Ⅲ	Ⅰ CD10 Ⅱ Ⅲ	LZX-10 LQZQ-10					800×1000×1500×2200
GFC-18G′				SN10-10 Ⅱ C Ⅲ C	Ⅰ C CD10 CD14	LZB6-10 LZX-10					1000×1500×2200
GC2-10(F)			630~2500	SN10-1,Ⅰ,Ⅱ ZN Ⅰ、Ⅱ-10 LN1-10	Ⅰ CD10 Ⅱ Ⅲ CT8-1	LFX-10 LMZ-10	JDZ-10 JDZJ-10	RN2-10 RN3-30	FS FZ FCD3	JN10(G)	840 1000×1500×1200 2185
GC1A-10(F)	单母线固定式		600~3000	SN10-10 FN3-10	CD10 CT8 CS3,CS7	LMC-10 LDZ-10 LO-10 LA-10					1200×1200×1800×2800
VC-10			630,1250	VK-10J/M25	电动弹簧储能	LZJ-10	VKV				
BA/BB-10			630~2500	HB六氟化硫	KHB弹簧储能	AKS AKV		RN2-10 RN3-10	FS FZ FCD3		800×1540×2300 800×1120×1800(1000)

75. 什么是组合型成套箱式变电站？其型号如何表示？

组合型成套箱式变电站是把所有的电气设备按配电要求组成电路，集中装于一个或数个箱子内构成的变电站。其型号表示方法如下：

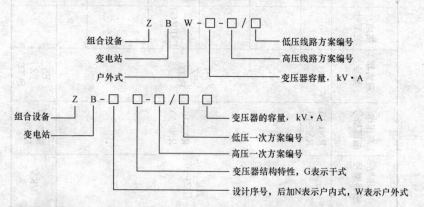

76. 组合型箱式变电站有哪些类型？

组合型箱式变电站由高压配电装置、电力变压器和低压配电装置三部分组成。其特点是结构紧凑，移动方便，常用高压电压为 6～35kV，低压 0.4～0.23kV。按主开关容量和结构可划分为以下几种：

(1)150kV·A 以下袖珍式成套配电站，高压室有负荷开关和高压熔断器。

(2)300kV·A 以下组合形式，高压室有隔离开关、真空断路器或少油断路器。

(3)500kV·A 以下组合形式，由多种高压配电屏组成的中型变电站，以真空断路器柜或少油断路器柜为主要元件。

77. 什么是环网柜？

环网柜是一组高压开关设备装在钢板金属柜体内或做成拼装间隔式环网供电单元的电气设备，其核心部分采用负荷开关和熔断器，具有结构简单、体积小、价格低、可提高供电参数和性能以及供电安全等优点。自20世纪80年代初，国外在城市中压配电网中，推广应用电缆环网供电系统，称之为环网单元(Ring Unit)，受到了欢迎。

78. 配电装置安装工程定额包括哪些工作内容？

配电装置分部共分12个分项工程。

(1)油断路器安装。工作内容包括开箱、解体检查、组合、安装及调整、传动装置安装调整、动作检查、消弧室干燥、注油、接地。

(2)真空断路器、SF6断路器安装。工作内容包括开箱、解体检查、组合、安装及调整、传动装置安装调整、动作检查、消弧室干燥、注油、接地。

(3)大型空气断路器、真空接触器安装。工作内容包括开箱、检查、划线、安装固定、绝缘柱杆组装、传动机构及接点调整、接地。

(4)隔离开关、负荷开关安装。工作内容包括开箱、检查、安装固定、调整、拉杆配置和安装、操作机构联锁装置及信号装置接头检查、安装、接地。

(5)互感器安装。工作内容包括开箱、检查、打眼、安装固定、接地。

(6)熔断器、避雷器安装。工作内容包括开箱、检查、打眼、安装固定、接地。

(7)电抗器安装。工作内容包括开箱、检查、安装固定、接地。

(8)电抗器干燥。工作内容包括准备、通电干燥、维护值班、测量、记录、清理。

(9)电力电容器安装。工作内容包括开箱、检查、安装固定、接地。

(10)并联补偿电容器组架及交流滤波装置安装。工作内容包括开箱、检查、安装固定、接线、接地。

(11)高压成套配电柜安装。工作内容包括开箱、检查、安装固定、放注油、导电接触面的检查调整、附件拆装、接地。

(12)组合型成套箱式变电站安装。工作内容包括开箱、检查、安装固定、接线、接地。

79. 电流互感器接线方式有哪几种？

在三相电路中，电流互感器的接线方式有如下四种：

(1)一相式接线。即电流线圈通过的电流反应一次电路对应相的电流，通常用在负荷平衡的三相电路中测量电流，或在继电保护电路中作为过负荷保护接线。

(2)两相 V 形接线。也称为两相不完全星形接线。与继电器相接,构成继电保护。

(3)两相电流差接线。也称为两相交叉接线。其二次侧公共线流过的电流,等于两个相电流的相量差。

(4)三相 Y 形接线。这种接线的三个电流线圈正好反应各相的电流,广泛用于不论负荷平衡与否的三相电路中。

80. 电压互感器的接线方式有哪几种?

电压互感器的接线方式很多,常用的有如下三种:

(1)一台单相电压互感器,用来测量某一相对地电压或相间电压。

(2)由两台单相互感器接成不完全星形(也称 V-V 接线),用来测量各相间电压,但是不能测量相对地电压,它广泛应用在 20kV 以下中性点不接地或经消弧线圈接地的电网中。

(3)用三台单相三绕组电压互感器构成 YN,y_n,d_0 接线或 YN,y,d_0 接线(即二次星形绕组中性点不直接接地,而采用 b 相接地)。它广泛应用于 3~220kV 系统(110kV 及以上无高压熔断器),其二次绕组用来测量相间电压和相对地电压,辅助二次绕组接成开口三角形,可接入交流电网绝缘监视仪表和继电器用。

81. 电容器安装应分为哪些步骤?

(1)设备验收。

(2)基础制作与安装。

(3)二次搬运。

(4)安装。

(5)送电前检查。

(6)试运行验收。

82. 箱式变电所安装应分为哪些步骤?

(1)测量定位;

(2)基础型钢安装;

(3)箱式变电所就位与安装;

(4)接线;

(5)试验；

(6)验收。

83. 配电装置安装工程定额工程量计算应遵循哪些规则？

配电装置安装定额工程量计算规则如下：

(1)断路器、电流互感器、电压互感器、油浸电抗器、电力电容器及电容器柜的安装，以"台(个)"为计量单位。

(2)隔离开关、负荷开关、熔断器、避雷器、干式电抗器的安装，以"组"为计量单位，每组按三相计算。

(3)交流滤波装置的安装以"台"为计量单位。每套滤波装置包括三台组架安装，不包括设备本身及铜母线的安装，其工程量应按《全国统一安装工程预算工程量计算规则》相应定额另行计算。

(4)高压设备安装定额内均不包括绝缘台的安装，其工程量应按施工图设计执行相应定额。

(5)高压成套配电柜和箱式变电站的安装以"台"为计量单位，均未包括基础槽钢、母线及引下线的配置安装。

(6)配电设备安装的支架、抱箍及延长轴、轴套、间隔板等，按施工图设计的需要量计算，执行全统定额第二册第四章铁构件制作安装或成品价。

(7)绝缘油、六氟化硫气体、液压油等均按设备带油考虑。电气设备以外的加压设备和附属管道的安装应按相应定额另行计算。

(8)配电设备的端子板外部接线，应按相应定额另行计算。

(9)设备安装用的地脚螺栓按土建预埋考虑，不包括二次灌浆。

84. 配电装置安装工程清单工程量计算应遵循哪些规则？

配电装置安装工程清单工程量按设计图示数量计算。

85. 配电装置定额工程量计算时应注意哪些问题？

根据全统定额中的工程量计算规则进行配电装置工程量计算时，应注意以下问题：

(1)互感器安装定额系按单相考虑，不包括抽芯及绝缘油过滤。特殊情况另作处理。

(2) 电抗器安装定额系按三相叠放、三相平放和二叠一平的安装方式综合考虑，不论何种安装方式，均不作换算，一律执行配电装置安装相关定额。干式电抗器安装定额适用于混凝土电抗器、铁芯干式电抗器和空心电抗器等干式电抗器的安装。

(3) 高压成套配电柜安装定额系综合考虑的，不分容量大小，也不包括母线配制及设备干燥。

(4) 低压无功补偿电容器屏（柜）安装列入定额的控制设备及低压电器中。

(5) 组合型成套箱式变电站主要是指 10kV 以下的箱式变电站，一般布置形式为变压器在箱的中间，箱的一端为高压开关位置，另一端为低压开关位置。组合型低压成套配电装置，外形像一个大型集装箱，内装 6～24 台低压配电箱（屏），箱的两端开门，中间为通道，称为集装箱式低压配电室。该内容列入定额的控制设备及低压电器中。

86. 什么是母线？可分为哪些类型？

母线是电路中的主干线，在供电过程中，一般把电源送来的电流汇集到母线上，然后再按需要从母线送到各分支电路上，可分为硬母线和软母线两种。

87. 母线安装工程工程量清单包括哪些项目？

母线安装工程工程量清单项目包括：软母线、组合软母线、带形母线、槽形母线、共箱母线、低压封闭式插接母线槽及重型母线。

88. 母线是采用什么材料制成的？其型号、规格有哪些？

母线采用的材料为铜、铝、钢或其他金属。

(1) 铜母线的型号、规格见表 6-12 和表 6-13。

表 6-12　　　　　　　　铜母线型号及名称

型　号	状　态	名　称
TMR	O—退火的	软铜母线
TMY	H—硬的	硬铜母线

表 6-13　　　　常用铜母线规格型号及其单位重量表

规格型号	质量/kg·m⁻¹	规格型号	质量/kg·m⁻¹	规格型号	质量/kg·m⁻¹
TMY—30×4	1.07	TMY—50×5	2.22	TMY—100×8	7.10
TMY—30×5	1.33	TMY—50×6	2.66	TMY—100×100	8.88
TMY—30×6	1.59	TMY—60×6	3.19	TMY—120×8	8.53
TMY—40×4	1.42	TMY—60×8	4.26	TMY—120×10	10.66
TMY—40×5	1.78	TMY—80×8	5.68		
TMY—40×6	2.13	TMY—80×10	7.10		

(2) 铝母线的型号、规格见表 6-14 和表 6-15。

表 6-14　　　　铝母线主要型号及名称

型　号	状　态	名　称
LMR	O—退火的	软铝母线
LMY	H—硬的	硬铝母线

表 6-15　　　　常用铝母线规格型号及参数

规格型号	质量/kg·m⁻¹	规格型号	质量/kg·m⁻¹	规格型号	质量/kg·m⁻¹
LMY—20×3	0.16	LMY—50×5	0.68	LMY—80×10	2.16
LMY—20×4	0.22	LMY—50×6	0.81	LMY—100×6	1.62
LMY—30×3	0.24	LMY—60×5	0.81	LMY—100×8	2.16
LMY—30×4	0.32	LMY—60×6	0.97	LMY—100×10	2.7
LMY—40×4	0.43	LMY—80×6	1.3	LMY—120×8	2.59
LMY—40×5	0.54	LMY—80×8	1.73	LMY—120×10	3.24

(3) 钢母线的型号、规格见表 6-16。

表 6-16　　　　　　　　常用钢母线规格型号及参数

规格型号	质量/kg·m⁻¹	规格型号	质量/kg·m⁻¹	规格型号	质量/kg·m⁻¹
CT-3×20	0.47	CT-6×60	2.83	CT-10×100	7.85
CT-3×25	0.59	CT-6×70	3.3	CT-10×120	9.42
CT-3×30	0.71	CT-6×80	3.77	CT-10×140	10.99
CT-10×70	5.5	CT-4×40	1.26	CT-12×80	7.54
CT-10×80	6.28	CT-4×50	1.57	CT-12×90	8.48
CT-10×90	7.07	CT-5×40	1.57	CT-12×100	9.42
CT-10×100	7.85	CT-5×50	1.96	CT-12×120	11.3
CT-10×120	9.42	CT-5×60	2.36	CT-12×150	14.13
CT-3×20	0.47	CT-5×70	2.75	CT-14×90	9.89
CT-3×25	0.59	CT-6×50	2.36	CT-14×100	10.99
CT-3×30	0.71	CT-6×55	2.59	CT-16×90	11.3
CT-4×30	0.94	CT-6×60	2.83	CT-16×100	12.56
CT-4×35	1.1	CT-10×140	10.99	CT-16×150	18.84

89. 什么是软母线？其具有哪些特性？

软母线是指在发电厂和变电所的各级电压配电装置中，将发动机、变压器与各种电器连接的导线。软母线一般用于室外，因空间大，导线有所摆动也不至于造成线间距离不够。

软母线截面为圆形，容易弯曲，制作方便，造价低廉。

常用的软母线采用的是铝绞线（由很多铝丝缠绕而成），有的为了加大强度，采用钢芯铝绞线。按软母线的截面积分类，有 50mm、70mm、95mm、120mm、150mm、240mm 等。

90. 组合软母线如何连接？

组合软母线即将软母线组合安装在一起。组合软母线是通过压接法使之连接起来的。将软母线的接头放在一起用液压压接机将其压接在一起。然后通过组装,将软母线悬挂固定。

组合软母线安装要用到的主要材料有导线、金具、绝缘子和线夹等。

91. 组合软母线安装时怎样计算各种材料的用量？

组合软母线安装时,按三相为一组计算。跨距(包括水平悬挂部分和两端引下线部分之和)是以长度45m以内考虑的,跨度的长短不得调整。导线、绝缘子、线夹、金具按施工图设计用量加定额规定的损耗率计算。

92. 什么是绝缘子？

绝缘子俗称瓷瓶,是用来固定导线并使导线与导线、导线与横担、导线与电杆间保持绝缘;同时也承受导线的垂直荷重和水平荷重。绝缘子是线路的组成部分,对线路的绝缘强度和机械强度有着直接影响。合理选择线路的绝缘子,对保证架空线路安全可靠运行起着重要的作用。

93. 什么是线路金具？根据用途可划分为哪几种？

在架空电力线路中用来固定横担、绝缘子、拉线及导线的各种金属连接件统称为线路金具。线路金具种类很多,根据用途可分为以下几种：

(1)用于连接导线与绝缘子与杆塔横担的金具称连接金具。它要求连接可靠、转动灵活、机械强度高、抗腐性能好和施工维护方便。连接金具包括耐张线夹、碗头挂板、球头挂环、直角挂板、U形挂环等。

(2)用于接续断头导线的金具叫做接续金具。要求其能承受一定的工作拉力,有可靠的工作接触面,有足够的机械强度等。接续金具包括接续导线的各种铝压接管和在耐张杆上连通导线的并沟线夹等。

(3)用于接线的连接和承受拉力的金具叫做拉线金具,拉线金具包括楔形线夹、UT线夹、花篮螺丝等。

94. 常用的绝缘导线如何分类？其型号表示什么含义？

常用绝缘导线按其绝缘材料分为橡皮绝缘和聚氯乙烯绝缘两类。按线芯性能有硬线和软线两类。一般截面较小的导线多制成单股硬线。但是与经常移动的电器相连接所用的导线,虽然导线截面不大,也常采用多股线,这样的导线易弯曲不易折断。截面较大的导线,则均制成多股线。

绝缘导线的型号表示意义如下：

B——在第一位表示布线用；

在第二位表示外护层为玻璃丝编织；

在第三位表示外形为扁平型的；

X——表示橡皮绝缘；

L——表示铝芯、无 L 表示为铜芯；

V——表示聚氯乙烯绝缘；

VV——第一位表示聚氯乙烯绝缘；

第二位表示聚氯乙烯护套；

F——表示复合物；

R——表示软线；

S——表示双绞线。

95. 什么是带形母线？其特点有哪些？

带形母线是指在大型车间中作为配电干线以及在电镀车间作为低压载流母线的一种硬质母线。

带形母线散热条件较好，集肤效应较小，在容许发热温度下通过的允许工作电流大。

96. 槽形母线的特点有哪些？其表示方法如何？

槽形母线（母线槽）也称汇流排，是电路中的主干路，是电路中的一个电气节点。为了输送很大的安全载流量，用普通的导线就显得容量不够了，常常采用母线槽的形式输送大电流。例如，FCM-A 型密集型插接式母线槽，其特点是：不仅输送电流大而且安全可靠，体积小、安装灵活，施工中与其他土建互不干扰，安装条件适应性强，效益好，绝缘电阻一般不小于 10MΩ。

槽形母线的表示方法：

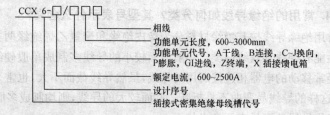

槽形母线的规格型号及参数见表 6-17。

表 6-17　　　　　　　　　槽形母线规格型号及参数

规格型号	质量/kg·m^{-1}	规格型号	质量/kg·m^{-1}
A[—175×80×8	6.62	A[—125×55×5.5	3.3
A[—250×115×10.5	15.37	A[—150×65×7	4.99
A[—100×45×5	24.1	A[75×35×4	1.47
A[100×45×6	2.9	A[100×45×4.5	2.19
A[—200×90×12	11.45	A[125×55×6.5	3.9
A[75×35×5.5	2.01	A[200×90×10	9.66
A[—200×100×10	10.26	A[225×105×12.5	14.88
A[—75×35×3.5	1.29	A[250×115×12.5	15.97

97. 什么是共箱母线？其类型有哪些？

共箱母线是指将多片标准型铝母线(铜母线)装设在支柱式绝缘子上，外用金属(一般为铝)薄板制成罩箱用于保护多相导体的一种电力传输装置。

共箱母线按其金属附件对瓷件的胶装方式，高压共箱母线分为内胶装、外胶装及联合胶装。

98. 低压封闭式插接母线槽由哪几部分组成？其作用有哪些？

低压封闭式插接母线槽由金属外壳、绝缘瓷插座及金属母线组成。插接式母线槽每段长 3m，前后各有 4 个插接孔，其孔距为 700mm。用于电压 500V 以下，额定电流 1000A 以下的工厂企业、车间、用电设备较密的场所作配电用。

99. 什么是重型母线？其类型有哪些？

重型母线是指单位长度重量较大的母线，主要包括重型铜母线和重型铝母线。重型铜母线是用铜材料制作而成的重型母线，重型铝母线是用铝材料制作而成的重型母线。

100. 什么是母线伸缩器？

母线伸缩器，是为了解决母线在热胀冷缩情况下所产生的应力而设置的一种伸缩机构。它可以有效地避免因热胀冷缩而产生应力，导致母线张力过大而拉断导线。

101. 什么是铜导板？

铜导板是指用铜质材料制作而成的导板，是用铜焊粉和铜焊条进行焊接以及用镀锌精制带螺母螺栓进行连接而成的。

102. 什么是铝导板？

铝导板，即用铝质材料制作而成的导板，是用铝焊条焊接以及用镀锌精制带螺母螺栓连接而成的。

103. 母线安装工程定额工作内容有哪些？

母线、绝缘子分部共分15个分项工程。

(1)绝缘子安装。工作内容包括开箱、检查、清扫、绝缘摇测、组合安装、固定、接地、刷漆。

(2)穿墙套管安装。工作内容包括开箱、检查、清扫、安装固定、接地、刷漆。

(3)软母线安装。工作内容包括检查下料、压接、组装、悬挂、调整弛度、紧固、配合绝缘子测试。

(4)软母线引下线、跳线及设备连线。工作内容包括测量、下料、压接、安装连接、调整弛度。

(5)组合软母线安装。工作内容包括检查、下料、压接、组装、悬挂紧固、调整弛度、横联装置安装。

(6)带形母线安装。含带形铜母线、带形铝母线两项，工作内容包括平直、下料、煨弯、母线安装、接头、刷分相漆。

(7)带形母线引下线安装。含带形铜母线引下线、带形铝母线引下线两项，工作内容包括平直、下料、煨弯、钻眼、安装固定、刷相色漆。

(8)带形母线用伸缩节头及铜过渡板安装。

1)有带形铜母线用伸缩节头及铜过渡板。工作内容包括钻眼、锉面、挂锡、安装。

2)带形铝母线用伸缩节头。工作内容包括钻眼、锉面、安装。

(9)槽型母线安装。工作内容包括平直、下料、煨弯、锯头、钻孔、对口、焊接、安装固定、刷分相漆。

(10)槽型母线与设备连接。含发电机、变压器连接两项,与断路器、隔离开关连接两项,工作内容包括平直、下料、煨弯、钻孔、锉面、连接固定。

(11)共箱母线安装。工作内容包括配合基础铁件安装、清点检查、吊装、调整箱体、连接固定(包括母线连接)、接地、刷漆、配合实验。

(12)低压封闭式插接母线槽安装。含低压封闭式插接母线槽和封闭母线槽进出分线箱两项,工作内容包括开箱检查、接头清洗处理、绝缘测试、吊装就位、线槽连接、固定、接地。

(13)重型母线安装。工作内容包括平直、下料、煨弯、钻孔、接触面搪锡、焊接、组合、安装。

(14)重型母线伸缩器及导板制作、安装。工作内容包括加工制作、焊接、组装、安装。

(15)重型铝母线接触面加工。工作内容为接触面加工。

104. 母线安装的支持点的距离应符合哪些要求?

母线的安装支持点的距离要求如下:低压母线不得大于900mm,高压母线不得大于700mm。低压母线垂直安装,当支持点间间距无法满足要求时,应加装母线绝缘夹板。

105. 重型母线安装应符合哪些规定?

(1)母线与设备连接处宜采用软连接,连接线的截面不应小于母线截面。

(2)母线的紧固螺栓:铝母线宜用铝合金螺栓,铜母线宜用铜螺栓,紧固螺栓时应用力矩扳手。

(3)在运行温度高的场所,母线不应有铜铝过渡接头。

(4)母线在固定点的活动滚杆应无卡阻,部位的机械强度及绝缘电阻值应符合设计要求。

106. 母线安装工程定额工程量计算应遵循哪些规则？

(1)悬垂绝缘子串安装,指垂直或Ⅴ形安装的提挂导线、跳线、引下线、设备连接线或设备等所用的绝缘子串安装,按单串以"串"为计量单位。耐张绝缘子串的安装,已包括在软母线安装定额内。

(2)支持绝缘子安装分别按安装在户内、户外、单孔、双孔、四孔固定,以"个"为计量单位。

(3)穿墙套管安装不分水平、垂直安装,均以"个"为计量单位。

(4)软母线安装,指直接由耐张绝缘子串悬挂部分,按软母线截面大小分别以"跨/三相"为计量单位。设计跨距不同时,不得调整。导线、绝缘子、线夹、弛度调节金具等均按施工图设计用量加定额规定的损耗率计算。

(5)软母线引下线,指由T形线夹或并沟线夹从软母线引向设备的连接线,以"组"为计量单位,每三相为一组;软母线经终端耐张线夹引下(不经T形线夹或并沟线夹引下)与设备连接的部分均执行引下线定额,不得换算。

(6)两跨软母线间的跳引线安装,以"组"为计量单位,每三相为一组。不论两端的耐张线夹是螺栓式或压接式,均执行软母线跳线定额,不得换算。

(7)设备连接线安装,指两设备间的连接部分。不论引下线、跳线、设备连接线,均应分别按导线截面、三相为一组计算工程量。

(8)组合软母线安装,按三相为一组计算,跨距(包括水平悬挂部分和两端引下部分之和)系以45m以内考虑,跨度的长与短不得调整。导线、绝缘子、线夹、金具按施工图设计用量加定额规定的损耗率计算。

(9)软母线安装预留长度按表6-18计算。

(10)带形母线安装及带形母线引下线安装包括铜排、铝排,分别以不同截面和片数以"m/单相"为计量单位。母线和固定母线的金具均按设计量加损耗率计算。

(11)钢带形母线安装,按同规格的铜母线定额执行,不得换算。

(12)母线伸缩接头及铜过渡板安装,均以"个"为计量单位。

(13)槽形母线安装以"m/单相"为计量单位。槽形母线与设备连接,分别以连接不同的设备以"台"为计量单位。槽形母线及固定槽形母线的金具按设计用量加损耗率计算。壳的大小尺寸以"m"为计量单位,长度按设计共箱母线的轴线长度计算。

(14)低压(指380V以下)封闭式插接母线槽安装,分别按导体的额定电流大小以"m"为计量单位,长度按设计母线的轴线长度计算,分线箱以"台"为计量单位,分别以电流大小按设计数量计算。

(15)重形母线安装包括铜母线、铝母线,分别按截面大小以母线的成品质量以"t"为计量单位。

(16)重形铝母线接触面加工指铸造件需加工接触面时,可以按其接触面大小,分别以"片/单相"为计量单位。

(17)硬母线配置安装预留长度按表6-19的规定计算。

(18)带形母线、槽形母线安装均不包括支持瓷瓶安装和钢构件配置安装,其工程量应分别按设计成品数量执行相应定额。

表6-18　　　　　　　　软母线安装预留长度　　　　　　　　m/根

项目	耐张	跳线	引下线、设备连接线
预留长度	2.5	0.8	0.6

表6-19　　　　　　　硬母线配置安装预留长度　　　　　　　m/根

序号	项目	预留长度	说明
1	带形、槽形母线终端	0.3	从最后一个支持点算起
2	带形、槽形母线与分支线连接	0.5	分支线预留
3	带形母线与设备连接	0.5	从设备端子接口算起
4	多片重型母线与设备连接	1.0	从设备端子接口算起
5	槽形母线与设备连接	0.5	从设备端子接口算起

107. 母线安装工程量清单工程量计算应遵循哪些规则?

(1)软母线、组合软母线、带形母线、槽形母线安装清单工程量按设计图示尺寸以单线长度计算。

(2)共箱母线、低压封闭式插接母线槽安装清单工程量按设计图示尺寸以长度计算。

(3)重型母线安装清单工程量按图示尺寸以质量计算。

108. 进行母线安装工程工程量计算时,应注意哪些问题?

进行母线安装工程工程量计算时,应注意如下问题:

(1)母线、绝缘子定额不包括支架、铁构件的制作、安装,发生时执行相应定额。

(2)软母线、带形母线、槽型母线的安装定额内不包括母线、金具、绝缘子等主材,具体可按设计数量加损耗计算。

(3)组合软导线安装定额不包括两端铁构件制作、安装和支持瓷瓶、带形母线的安装,发生时应执行相应定额。其跨距是按标准跨距综合考虑的,如实际跨距与定额不符时不作换算。

(4)软母线安装定额是按单串绝缘子考虑的,如设计为双串绝缘子,其定额人工乘以系数1.08。

(5)软母线的引下线、跳线、设备连线均按导线截面分别执行定额。不区分引下线、跳线和设备连线。

(6)带形钢母线安装执行铜母线安装定额。

(7)带形母线伸缩节头和铜过渡板均按成品考虑,定额只考虑安装。

(8)高压共箱母线和低压封闭式插接母线槽均按制造厂供应的成品考虑,定额只包含现场安装。封闭式插接母线槽在竖井内安装时,人工和机械乘以系数2.0。

109. 软母线安装定额是如何考虑的?

软母线安装定额是按单串绝缘子考虑的,如设计为双串绝缘子,其定额人工乘以系数1.08。

【例6-1】 某工程组合软母线3根,跨度为65m,求调整定额基价。

【解】 组合软母线安装定额不包括两端铁构件制作、安装和支持瓷瓶、带形母线的安装,发生时应执行相应定额。其跨距是按标准跨距综合考虑的,如实际跨距与定额不符时不作换算,故套用定额2-122。

增加定额材料量为:

定额材料量×(65−45)/45×100%=定额材料量×44.44%

调整后基价为:

731.19+56.09×44.44%=756.12元。

110. 如何计算硬母线安装定额工程量?

硬母线安装(带形、槽形、管形)均以"米/单相"为单位计量,其计算式如下:

$$L_{母} = \sum(按母线设计单片延长米 + 母线预留长度) \times (1 + 2.3\%)$$

式中 2.3%——硬母线材料损耗率。

母线预留长度见表6-19。

111. 如何计算保护盘、信号盘、直流盘的盘顶小母线安装定额工程量?

保护盘、信号盘、直流盘的盘顶小母线安装,以"米"为单位计量,按下式计算:

$$L = n\sum B + nl$$

式中 L——小母线总长;

n——小母线根数;

B——盘之宽;

l——小母线预留长度。

小母线安装定额是按配套订货供应的。如果由施工现场加工配制,则应另计算小母线制作费及小母线刷漆两项。小母线未计价材料量,按下式计算:

小母线材料质量 = 计算长度 × 单位长度质量 × (1 + 损耗率2.3%)

也由此来计算小母线的未计价材料价值。

附件:变配电设备安装工程工程量清单项目设置

附件1 变压器安装工程工程量清单项目设置

变压器安装工程工程量清单项目编码、项目名称、项目特征、计量单位及工程内容见表6-20。

附件2 配电装置安装工程工程量清单项目设置

配电装置安装工程工程量清单项目编码、项目名称、项目特征、计量单位及工程内容见表6-21。

表 6-20　　变压器安装(编码:030201)

项目编码	项目名称	项目特征	计量单位	工程内容
030201001	油浸电力变压器	1. 名称。 2. 型号。 3. 容量/kV·A	台	1. 基础型钢制作、安装。 2. 本体安装。 3. 油过滤。 4. 干燥。 5. 网门及铁构件制作、安装。 6. 刷(喷)油漆
030201002	干式变压器			1. 基础型钢制作、安装。 2. 本体安装。 3. 干燥。 4. 端子箱(汇控箱)安装。 5. 刷(喷)油漆
030201003	整流变压器	1. 名称。 2. 型号。 3. 规格。 4. 容量/kV·A		1. 基础型钢制作、安装。 2. 本体安装。 3. 油过滤。 4. 干燥。 5. 网门及铁构件制作、安装。 6. 刷(喷)油漆
030201004	自耦式变压器			
030201005	带负荷调压变压器			
030201006	电炉变压器			1. 基础型钢制作、安装。 2. 本体安装。 3. 刷油漆
030201007	消弧线圈	1. 名称。 2. 型号。 3. 容量/kVA		1. 基础型钢制作、安装。 2. 本体安装。 3. 油过滤。 4. 干燥。 5. 刷油漆

表 6-21　　　　　配电装置安装(编码:030202)

项目编码	项目名称	项目特征	计量单位	工程内容
030202001	油断路器	1. 名称。 2. 型号。 3. 容量(kV·A)	台	1. 本体安装。 2. 油过滤。 3. 支架制作、安装或基础槽钢安装。 4. 刷油漆
030202002	真空断路器			1. 本体安装。 2. 支架制作、安装或基础槽钢安装。 3. 刷油漆
030202003	SF$_6$ 断路器			
030202004	空气断路器			
030202005	真空接触器	1. 名称、型号。 2. 容量(A)	组	1. 支架制作、安装。 2. 本体安装。 3. 刷油漆
030202006	隔离开关			
030202007	负荷开关			
030202008	互感器	1. 名称、型号。 2. 规格。 3. 类型	台	1. 安装。 2. 干燥
030202009	高压熔断器	1. 名称、型号。 2. 规格	组	安装
030202010	避雷器	1. 名称、型号。 2. 规格。 3. 电压等级		
030202011	干式电抗器	1. 名称、型号。 2. 规格。 3. 质量	台	1. 本体安装。 2. 干燥
030202012	油浸电抗器	1. 名称、型号。 2. 容量(kV·A)		1. 本体安装。 2. 油过滤。 3. 干燥
030202013	移相及串联电容器	1. 名称、型号。 2. 规格。 3. 质量	个	安装
030202014	集合式并联电容器			

续表

项目编码	项目名称	项目特征	计量单位	工程内容
030202015	并联补偿电容器组架	1. 名称、型号。 2. 规格。 3. 回路	台	安装
030202016	交流滤波装置组架	1. 名称、型号。 2. 规格。 3. 结构		
030202017	高压成套配电柜	1. 名称、型号。 2. 规格。 3. 母线设置方式。 4. 回路	台	1. 基础槽钢制作、安装。 2. 柜体安装。 3. 支持绝缘子、穿墙套管耐压试验及安装。 4. 穿通板制作、安装。 5. 母线桥安装。 6. 刷油漆
030202018	组合型成套箱式变电站	1. 名称、型号。 2. 容量(kV·A)		1. 基础浇筑。 2. 箱体安装。 3. 进箱母线安装。 4. 刷油漆
030202019	环网柜			

附件3 母线安装工程工程量清单项目设置

母线安装工程工程量清单项目编码、项目名称、项目特征、计量单位及工程内容见表 6-22。

表 6-22　　　　　　母线安装(编码:030203)

项目编码	项目名称	项目特征	计量单位	工程内容
030203001	软母线	1. 型号。 2. 规格。 3. 数量(跨/三相)	m	1. 绝缘子耐压试验及安装。 2. 软母线安装。 3. 跳线安装

续表

项目编码	项目名称	项目特征	计量单位	工程内容
030203002	组合软母线	1. 型号。 2. 规格。 3. 数量(组/三相)		1. 绝缘子耐压试验及安装。 2. 母线安装。 3. 跳线安装。 4. 两端铁构件制作、安装及支持瓷瓶安装。 5. 油漆
030203003	带形母线	1. 型号。 2. 规格。 3. 材质	m	1. 支持绝缘子、穿墙套管的耐压试验、安装。 2. 穿通板制作、安装。 3. 母线安装。 4. 母线桥安装。 5. 引下线安装。 6. 伸缩节安装。 7. 过渡板安装。 8. 刷分相漆
030203004	槽形母线	1. 型号。 2. 规格		1. 母线制作、安装。 2. 与发电机变压器连接。 3. 与断路器、隔离开关连接。 4. 刷分相漆
030203005	共箱母线	1. 型号。 2. 规格		1. 安装。 2. 进、出分线箱安装。 3. 刷(喷)油漆(共箱母线)
030203006	低压封闭式插接母线槽	1. 型号。 2. 容量(A)		
030203007	重型母线	1. 型号。 2. 容量(A)	t	1. 母线制作、安装。 2. 伸缩器及导板制作、安装。 3. 支承绝缘子安装。 4. 铁构件制作、安装

第七章 电机及低压电气安装工程计量与计价

1. 电机的类型有哪些？如何区分？

电机的类型有大型、中型、小型三种，单台重量在 30t 以上的电机为大型电机；单台重量在 3～30t 之间的电机为中型电机；单台重量在 3t 以下的电机为小型电机。

2. 电机检查接线及调试工程工程量清单包括哪些项目？

电机检查接线及调试工程工程量清单项目包括：发电机，调相机，普通小型直流电动机，可控硅调速直流电动机，普通交流同步电动机，低压交流异步电动机，高压交流异步电动机，交流变频调速电动机，微型电机，电加热器，电动机组，备用励磁机组，励磁电阻器。

3. 电机检查接线及调试工程工程量清单项目设置应注意哪些问题？

电机检查接线及调试工程设置清单项目时应该注意以下几方面：

(1)普通交流同步电动机的检查接线及调试项目，要注明启动方式：直接启动还是降压启动。

(2)低压交流异步电动机的检查接线及调试项目，要注明控制保护类型：刀开关控制、电磁控制、非电量联锁、过流保护、速断过流保护及时限过流保护等。

(3)电动机组检查接线调试项目，要表述机组的台数，如有联锁装置应注明联锁的台数。

4. 什么是发电机？其结构如何？

发电机是指将机械能转变成电能的电机。通常由汽轮机、水轮机或内燃机驱动。小型发电机也有用风车或其他机械经齿轮或皮带驱动的。

发电机的结构：发电机本体包括转子和定子(静子)两大部分。转子由转子铁芯和转子线圈组成，转子铁芯由整块的优质合金钢锻成，具有良好的导磁特性，从而使转子铁芯变成电磁铁，形成发电机的磁场。定子主要由静子铁芯和定子线圈组成,定子铁芯由导磁性较好的硅钢片叠装组成,用以构成发电机的磁路。定子线圈也叫定子绕组,用以产生感应电动势并流通定子电流。

5. 发电机的类型有哪些?

发电机分为直流发电机和交流发电机两大类。交流发电机又可分为同步发电机和异步发电机两种。

(1)现代发电站中最常用的是同步发电机。这种发电机的特点是由直流电流励磁,既能提供有功功率,也能提供无功功率,可满足各种负载的需要。同步发电机按所用原动机的不同分为汽轮发电机、水轮发电机和柴油发电机三种。

(2)异步发电机由于没有独立的励磁绕组,其结构简单,操作方便,但是不能向负载提供无功功率,而且还需要从所接电网中汲取滞后的磁化电流。因此异步发电机运行时必须与其他同步电机并联,或者并接相当数量的电容器。这限制了异步发电机的应用范围,只能较多地应用于小型自动化水电站。

6. 国产交流发电机的型号如何表示?

国产交流发电机的型号组成如下:

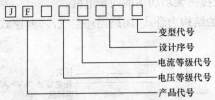

(1)产品代号。国产交流发电机的产品代号有四种:JF 表示普通交流发电机;JEZ 表示整体式交流发电机;JFB 表示带泵式交流发电机;JFW 表示无刷式交流发电机。

(2)电压等级代号和电流等级代号,分别用 1 位数表示,其含义见表 7-1 和表 7-2。

表 7-1　　　　　　　交流发电机电压等级代号

电压等级代号	1	2	3	4	5	6
电压等级/V	12	24	3	4	5	6

表 7-2　　　　　　　　交流发电机电流等级代号

电流等级/A 分组代号 产品	1	2	3	4	5	6	7	8	9
交流发电机 整体交流发电机 带录交流发电机 无刷交流发电机 电磁交流发电机	≤19	20～29	30～39	40～49	50～59	60～69	70～79	80～89	≥90

(3) 设计代号。按产品设计先后顺序,由 1～2 位阿拉伯数字组成。

(4) 变型代号。以调整臂位置作为变型代号:从交流发电机的驱动端看,调整臂在中间的不加标记;在右边的用 Y 表示;在左边的用 I 表示。

7. 什么是调相机？其作用如何？

调相机是指一种能够改变电路中接入线路的装置。它的作用是改变接入电路的相数。

8. 什么是同步调相机？

同步调相机也称为同步补偿机,指运行于电动机状态,但不带机械负载,只向电力系统提供无功功率的同步电机。

同步调相机的结构为卧式,闭路循环空气冷却,座式轴承,B 级绝缘,型号含义如下:

同步调相机的技术规格见表 7-3。

表 7-3　　　　　　　同步调相机的技术规格

型号	额定功率 /(kV·A)	额定电压 /kV	额定电流 /A	额定转速 /(r/min)	结构型式	励磁装置 电压/V	励磁装置 电流/A	外形尺寸 (长×宽×高) /(mm×mm×mm)	总重 /t
TT-5-6	5000	6.6	438	1000		Z42.3 90	15-5 360		
TT-7.5-6	7500	11	394	1000		Z42.3 115	15-5 392		

第七章 电机及低压电气安装工程计量与计价

续表

型号	额定功率 /(kV·A)	额定电压 /kV	额定电流 /A	额定转速 /(r/min)	结构型式	励磁装置 电压 /V	励磁装置 电流 /A	外形尺寸 (长×宽×高) /(mm×mm×mm)	总重 /t
TT-30-6	30000	11	1650	1000		Z49.3 120	22-5 675		
TT-30-11	30000	11	1575	1000		Z112 135	830	5315×3760×3300	86
TT-15-2	15000	6.6/11	1312/788	750	凸极	Z49.3 115	22-5 527		
TT-15-6.35	15000	6.35	1360	750		88	450	7082×30200×2800	63
TT-15-11	15000	11	788	750					
TT-30-11	30000	11	1575	1000		140	637	7024×3780×3175	94

同步调相机常用于改善电网功率因数,维持电网电压水平。由于同步调相机不带机械负载,所以其转轴可以细些。如果同步调相机具有自起动能力,则其转子可以做成没有轴伸,便于密封。同步调相机经常运行在过励状态,励磁电流较大,损耗也比较大,发热比较严重。容量较大的同步调相机常采用氢气冷却。随着电力电子技术的发展和静止无功补偿器(SVC)的推广使用,调相机现已很少使用。

9. 什么是小型电动机?

小型电动机指电动机轴中心高度 H 约为 89～315mm 及以下,或定子铁芯外径 D 约为 100～500mm,或机座号在 10 号及以下的电动机,有直流与交流之分,它是将电能转化为机械能而拖动其他机械工作的动力装置。

10. 什么是直流电动机?其型号如何表示?

直流电动机是利用直流电进行工作,将直流电能转化为动能为其他设备提供动力的电气设备。

直流电动机型号表示方法如下:

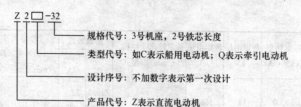

我国直流电动机的型号,均采用大写字母和阿拉伯数字组合在一起来表示。字母代号的含义见表7-4。

表7-4 直流电动机型号中汉语拼音字母代号意义

字母	代号意义	字母	代号意义
Z	直流	O	封闭
G	发电机	C	船用、测速、机床
M	电动机	K	高速
W	卧式	Q	牵引
L	立式	Y	冶金
B	防爆	T	电梯
G、GB	蓄电池	R	内燃

每台直流电动机的机座上都有一块铭牌,它标明了正确合理使用电动机的各项技术数据,这些数据是直流电动机的额定值,表7-5就是一台直流电动机的铭牌。

表7-5 直流电动机的铭牌

型号	Z_2-72
功率/kW	22
电压/V	220
电流/A	116
转速/(r/min)	1500
产品编号	××××
励磁	并励

续表

型号	Z_2—72
励磁电压/V	220
励磁电流/A	2.06
定额	连续
温升/℃	80
出厂日期	1981年1月

11. 什么是普通小型直流电动机？由哪几部分组成？

普通小型直流电动机就是将直流电能转换成机械能的电机。普通小型直流电动机分为定子与转子两部分。定子包括：主磁极、机座、换向极、电刷装置等；转子包括：电枢铁芯、电枢绕组、换向器、轴和风扇等。

12. 什么是可控硅调速直流电动机？具有哪些特点？

可控硅调速直流电动机就是将直流电能转换成机械能的电机。其特点如下：

(1) 调速性能好。所谓"调速性能"，是指电动机在一定负载的条件下，根据需要，人为地改变电动机的转速。直流电动机可以在重负载条件下，实现均匀、平滑的无级调速，而且调速范围较宽。

(2) 起动力矩大。可以均匀而经济地实现转速调节。因此，凡是在重负载下起动或要求均匀调节转速的机械，例如大型可逆轧钢机、卷扬机、电力机车、电车等，都用直流电动机拖动。

13. 什么是同步电动机？具有哪些特点？

同步电动机是一种转速不随负载变化而变化的恒转速电动机。其转速不随负载变化而变化，是一种恒转速电动机。电动机的功率因数较高，可以通过调节励磁电流，使功率因数等于1或在超前情况下运行，从而改善整个电网的功率因数。

同步电动机广泛用于拖动大容量恒定转速的机械负载，这种电动机通常是高电压6kV以上，大容量250kW以上。

14. 普通交流同步电动机有哪些类型？

普通交流同步电动机一般包括永磁同步电动机、磁阻同步电动机和磁滞同步电动机三种。

(1)永磁同步电动机。能够在石油、煤矿、大型工程机械等比较恶劣的工作环境下运行,这不仅加速了永磁同步电机取代异步电机的速度,同时也为永磁同步电机专用变频器的发展提供了广阔的空间。

(2)磁阻同步电动机。磁阻同步电动机,也称反应式同步电动机,是利用转子交轴和直轴磁阻不等而产生磁阻转矩的同步电动机。磁阻同步电动机也分为单相电容运转式、单相电容起动式、单相双值电容式等多种类型。

(3)磁滞同步电动机。磁滞同步电动机是利用磁滞材料产生磁滞转矩而工作的同步电动机。它分为内转子式磁滞同步电动机、外转子式磁滞同步电动机和单相罩极式磁滞同步电动机。

15. 什么是异步电动机?其有哪些类型?

异步电动机也称感应电动机,它是把电能转换为机械能的一种电动机,它具有感应电动机所具有的构造简单、坚固耐用、工作可靠、价格便宜、使用和维护方便等优点,因此,它是所有电动机中应用最广的一种。

异步电动机包括三相异步电动机和单相异步电动机两类。

(1)三相异步电动机。三相异步电动机包括笼型电动机和绕线型电动机两种。

(2)单相异步电动机。单相异步电动机包括分相式电动机、电容运转式电动机、电容起动运转式电动机和罩极电动机四种。其中,分相式电动机还可分为电阻分相式电动机和电容分相式电动机两类;罩极电动机还可分为凸极式罩极电动机和隐极式罩极电动机两类。

16. 单相异步电动机的型号如何表示?

单相异步电动机型号由系列代号、设计代号、机座代号、特征代号、特殊环境代号五部分组成。其型号表示含义如下:

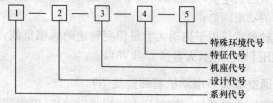

系列代号——表示电机结构特征、使用特征的类别,见表7-6。

设计代号——表示产品为第几次设计,用数字表示,无数字为第一次。

机座代号——以电机轴心高(mm)表示,规格有:45、50、56、63、71、80、90、100。

特征代号——表示电机的铁芯长度和极数,铁芯长度号有L(长)、M(中)、S(短)及数字1、2。特征代号的后面一位为极数,2、4、6等偶数。

特殊环境代号——表示产品适用的环境,一般环境不标注,见表7-7。

表7-6　　　　　单相异步电动机系列产品代号表

系列产品名称	新系列	老系列
单相电阻分相式电机	YU	BO、BO_2、JZ、JLOE
单相电容分相式电机	YC	CO、CO_2、JY、JDY
单相电容运转式电机	YY	DO、DO_2、JX、JLOY
单相电容启动和运转电机	YL	E
单相罩极异步电机	YJ	F

表7-7　　　　　单相异步电动机特殊环境代号表

热带用	湿热带用	干热带用	高原用	船(海)用	化工防腐用
T	TH	A	G	H	F

例如:$CO_2 8022$,CO表示单相电容启动电动机,下标"2"表示是CO系列第二次设计,80表示机座尺寸(中心高)80mm,22表示2号铁心长和2极。再如:YC—$100L_2$—6,YC表示异步电容分相启动,100表示机座中心高为100mm,L_2表示长铁芯中的2号铁芯,6表示6极电机。

17. 低压交流异步电动机由哪几部分组成?

低压交流异步电动机由定子、转子、轴承、机壳、端盖等构成。

定子由机座和带绕组的铁芯组成。铁芯由硅钢片冲槽叠压而成,槽内嵌装两套空间互隔900电角度的主绕组(也称运行绕组)和辅绕组(也称起动绕组成副绕组)。主绕组接交流电源,辅绕组串接离心开关或起动电容、运行电容等之后,再接入电源。

转子为笼形铸铝转子,它是将铁芯叠压后用铝铸入铁芯的槽中,并一起铸出端环,使转子导条短路成笼形。

18. 高压交流异步电动机的结构是怎样的?

高压交流异步电动机的结构与低压交流异步电动机相似,其定子绕组接入三相交流电源后,绕组电流产生的旋转磁场,在转子导体中产生感应电流,转子在感应电流和气隙旋转磁场的相互作用下,又产生电磁转矩(即异步转矩),使电动机旋转。

19. 交流变频调速电动机的工作原理是怎样的?

交流变频调速电动机是通过改变电源的频率来达到改变交流电动机转速的目的。其基本原理是:先将原来的交流电源整流为直流,然后利用具有自关断能力的功率开关元件在控制电路的控制下高频率依次导通或关断,从而输出一组脉宽不同的脉冲波。通过改变脉冲的占空比,可以改变输出电压;改变脉冲序列则可改变频率。最后通过一些惯性环节和修正电路,即可把这种脉冲波转换为正弦波输出。

20. 什么是微型电机? 可分为哪几类?

微型电机指的是体积、容量较小,输出功率一般在数百瓦以下的电机和用途、性能及环境条件要求特殊的电机。全称微型特种电机,简称微电机。常用于控制系统中,实现机电信号或能量的检测、解算、放大、执行或转换等功能,或用于传动机械负载,也可作为设备的交、直流电源。

微型电机共分为三大类:驱动微型电机、控制微型电机和电源微型电机。其中,驱动微型电机包括微型异步电机、微型同步电机、微型交流换向器电机、微型直流电机等;控制微型电机包括自整角机、旋转变压器、交直流测速发电机、交直流伺服电机、步进电机、力矩电机等;电源微型电机包括微型电动发电机组和单枢交流机等。

21. 什么是电加热器?

电加热器是指通过电阻元件将电能转换为热能的空气加热设备。

22. 什么是电动机组? 应怎样对电动机组进行调试?

电动机组是指承担不同工艺任务且具有联锁关系的多台电动机的组合。对电动机组进行调试时,不同的电动机应按其要求进行检查与调试。

23. 常用的电动机组有哪几种？

根据动力不同，常用的电动机组可分为水轮发电机组、风力发电机组和柴油机组等不同类型。根据水流的作用方式，水流发电机组可分为混流式（HL）水轮发电机组、轴流式（ZZ，ZD）水轮发电机组、斜击式（XJ）水轮发电机组等不同类型。

24. 什么是励磁机组？

励磁机组是指将多台励磁电机并在一起的电机设备。

25. 根据励磁方式不同，直流发电机、直流电动机可分为哪几类？

根据励磁方式不同，可将直流发电机分为他励发电机、并励发电机、串励发电机和复励发电机四种。

直流电动机和直流发电机一样，按其励磁绕组和电枢绕组连接方式的不同，可分为他励电动机、并励电动机、串励电动机和复励电动机四类。

26. 什么是电阻？其作用是什么？

电阻是一种将电能转换成热能的耗能元件。在一个线性电阻网络中，如果激励电压为某一频率的正弦量时，其电流响应也是一个同频率的正弦量；在数值上，它们的有效值的关系符合欧姆定律；在相位上，电压与电流同相。电阻元件在任一瞬间都是从电源吸取电功率，并将电能转换成热能，这是一种不可逆的能量转换过程。励磁电阻器是指切割磁通的电阻器。

27. 什么是励磁电阻器？

励磁电阻器是连接在发电机或电动机的励磁电路内用以控制或限制其电流的电阻器。

28. 全统定额电机安装工程包括哪些工作内容？

电机共分为 11 个分项工程，具体工作内容如下：

(1) 发电机及调相机检查接线。工作内容包括检查定子、转子，研磨电刷和滑环，安装电刷，测量轴承绝缘，配合密封试验，接地，干燥，整修整流子及清理。

(2) 小型直流电动机检查接线。工作内容包括检查定子、转子和轴承,吹扫,调整和研磨电刷,测量空气间隙,手动盘车检查电动机转动情况,接地,空载试运转。

(3)小型交流异步电机检查接线。工作内容包括检查定子、转子和轴承,吹扫,测量空气间隙,手动盘车检查电机转动情况,接地,空载试运转。

(4)小型交流同步电机检查接线。工作内容包括检查定子、转子和轴承,吹扫,测量空气间隙,调整和研磨电刷,手动盘车检查电机转动情况,接地,空载试运转。

(5)小型防爆式电机检查接线。工作内容包括检查定子、转子和轴承,吹扫,测量空气间隙,手动盘车检查电机转动情况,接地,空载试运转。

(6)小型立式电机检查接线。工作内容包括检查定子、转子和轴承,吹扫,测量空气间隙,手动盘车检查电机转动情况,接地,空载试运转。

(7)大中型电机检查接线。工作内容包括检查定子、转子、吹扫,调整和研磨电刷,测量空气间隙,用机械盘车检查电机转动情况,接地,空载试运转。

(8)微型电机、变频机组检查接线。工作内容包括检查定子、转子和轴承,测量空气间隙,手动盘车检查电机转动情况,接地,空载试运转。

(9)电磁调速电动机检查接线。工作内容包括检查定子、转子和轴承,吹扫,测量空气间隙,手动盘车检查电机转动情况,接地,空载试运转。

(10)小型电机干燥。工作内容包括接电源及干燥前准备,安装加热装置及保温设施,加温干燥及值班,检查绝缘情况,拆除清理。

(11)大中型电机干燥。工作内容包括接电源及干燥前准备,安装加热装置及保温设施,加温干燥及值班,检查绝缘情况,拆除清理。

29. 电机试运行时怎样判断其安装质量是否合格?

电机试运行,是安装工作的最后一道工序,电机试运转符合下列要求时,即可判断安装质量合格:

(1)电机的旋转方向符合要求,无异声。

(2)换向器、集电环及电刷的工作情况正常。

(3)检查电机各部温度,不应超过产品技术条件的规定。

(4)电机振动的双倍振幅值不应大于表 7-8 的规定。

(5)滑动轴承温升不应超过 80℃,滚动轴承温升不应超过 95℃。

表 7-8　　　　　　　　　　电机的振动标准

同步转速/(r/min)	3000	1500	1000	750 及以下
双倍振幅值/mm	0.05	0.085	0.10	0.12

30. 电机检查接线及调试工程定额工程量计算应遵循哪些原则？

(1)发电机、调相机、电动机的电气检查接线,均以"台"为计量单位。直流发电机组和多台一串的机组,按单台电机分别执行定额。

(2)起重机上的电气设备、照明装置和电缆管线等安装,均执行相应定额。

(3)电气安装规范要求每台电机接线均需要配金属软管,设计有规定的,按设计规格和数量计算;设计没有规定的,平均每台电机配相应规格的金属软管1.25m和与之配套的金属软管专用活接头。

(4)电机检查接线定额,除发电机和调相机外,均不包括电机干燥,发生时其工程量应按电机干燥定额另行计算。电机干燥定额系按一次干燥所需的工、料、机消耗量考虑,在特别潮湿的地方,电机需要进行多次干燥,应按实际干燥次数计算。在气候干燥、电机绝缘性能良好、符合技术标准而不需要干燥时,则不计算干燥费用。实行包干的工程,可参照以下比例,由有关各方协商而定。

1)低压小型电机3kW以下,按25%的比例考虑干燥。

2)低压小型电机3kW以上至220kW,按30%~50%考虑干燥。

3)大中型电机按100%考虑一次干燥。

(5)电机定额的界线划分:单台电机质量在3t以下的,为小型电机;单台电机质量在3t以上至30t以下的,为中型电机;单台电机质量在30t以上的为大型电机。

(6)小型电机按电机类别和功率大小执行相应定额,大、中型电机不分类别一律按电机质量执行相应定额。

(7)电机的安装,执行《机械设备安装工程》的电机安装定额;电机检查接线,执行相应定额。

31. 电机检查接线及调试工程清单工程量计算应遵循哪些规则？

电机检查接线及调试工程清单工程量按设计图示数量计算。

32. 什么是蓄电池？其主要用于哪些方面？

蓄电池是储备电能的一种直流装置。蓄电池充电时将电能转变为化学能，使用时内部化学能转变为电能向外输送给用电设备。蓄电池充放电过程是一种完全可逆的化学反应，因为蓄电池的充电和放电过程，可以重复循环多次，所以又称为二次电池。

蓄电池主要用于发、变电和自动化系统中，如操作回路、信号回路、自动装置及继电保护回路、事故照明、厂用通信。它也用于各种汽车、拖拉机、内燃机车、船舶等的起动、点火和照明等。

33. 蓄电池由哪些结构组成？有何特点？

蓄电池主要由正负极板、电解液和电槽（容器）等组成。蓄电池最大优点是当电气设备发生故障时，甚至没有交流电源的情况下，也能保证部分重要设备可靠而连续的工作。但也有缺点，与交流电相比蓄电池装置投资费用高且运行维修比较复杂。

34. 蓄电池有哪些种类？

根据不同的分类标准可将蓄电池分为不同的类别：

（1）根据极板所用材料和电解性质的不同，蓄电池也可以分为酸性和碱性蓄电池两种。

（2）按用途分有固定型蓄电池、起动用蓄电池、动力牵引用蓄电池等。

35. 铅酸蓄电池的型号怎样表示？其具有什么特点？

铅酸蓄电池是目前应用最广的蓄电池。铅酸蓄电池的型号常用汉语拼音大写字母和阿拉伯数字表示，通常由三段组成：

| 1 | 2 | 3 |

（1）第一段：串联的单体电池数，当数目为"1"时省略。

（2）第二段：蓄电池类型和特征代号。蓄电池类型主要根据其用途划分：固定型蓄电池的代号为G，启动用蓄电池代号为Q，电力牵引用为D，内燃机车用为N，铁路客车用为T，摩托车用为M，航标用为B，船舶用为C，阀控型为F，储能型为U等。蓄电池特征代号为附加部分，用来区别同类型蓄电池所具有的特征。密封式蓄电池标注M，免维护标注W，干式荷电标注A，湿式荷电标注H，防酸式标注F，带液式标注Y（具有几种特征时按上述顺序标;如某一主要特征已能表达清楚,则以该特征代号标注)。

(3)第三段:以阿拉伯数字表示额定容量,单位为安培小时(A·h),型号中常省略。需要时,额定容量之后可标注其他代号,如蓄电池所能适应的特殊使用环境或其他临时代号。

36. 什么是固定密封式铅酸蓄电池?根据其容量可分为哪些类型?

固定密封式铅酸蓄电池是一种利用铅酸浓液为电解液的密封式蓄电池。根据固定密封式铅蓄电池的容量可将其分为 100A·h、200A·h、300A·h、400A·h、600A·h、800A·h、1000A·h、1200A·h、1400A·h、1600A·h、1800A·h、2000A·h、2500A·h、3000A·h 等种类。

37. 什么是阀控密封铅酸蓄电池?具有哪些特性?

阀控密封铅酸蓄电池系指蓄电池正常使用时保持气密和液密状态,同时防止外部空气进入蓄电池内部的一种蓄电池。当内部气压超过预定值时,安全阀自动开启释放气体;当内部气压降低后安全阀自动闭合,使蓄电池密封。蓄电池在额定年限内,正常使用情况下具有无需补水、加酸、测电解液密度等优点。

电池槽采用高强度 ABS 树脂,板栅采用铅钨等多元耐腐合金,隔板采用优质超细玻璃纤维棉(毡),设有安全可靠的减压阀,使内部压力保持在大约 4×10^5 Pa 左右。

38. 什么是免维护铅酸蓄电池?它与一般蓄电池的区别有哪些?

免维护铅酸蓄电池是指正常使用情况下,无需补水、加酸、测电解液密度的蓄电池。它与一般蓄电池的区别见表 7-9。

表 7-9 免维护铅酸蓄电池与一般电池的区别

序号	项目	具体内容
1	搁置过程中的区别	一般的铅酸蓄电池在搁置过程中,负极会自放电产生氢气,正极会自放电产生氧气。在蓄电池充电的后期,正极上产生氧气,负极上产生氢气。这些反应导致蓄电池电解液中的水分的不断损失,因而要经常对蓄电池补充纯水,使蓄电池能正常工作。免维护铅酸蓄电池是一种在使用期内不需要加水,能维持电解液体积的铅酸蓄电池,从而达到了对蓄电池的免维护要求

续表

序号	项目	具体内容
2	使用过程中的区别	免维护蓄电池在使用过程中,一般没有气体的逸出,因此也不会产生酸雾
3	维护过程中的区别	在免维护蓄电池中,电解液被吸收在极板和隔膜中,不存在游离电解液,因而即使蓄电池壳破裂,也不会有电解液溅出来,使用是安全的。它是以铅酸溶液为电解液的免维护蓄电池。免维护铅酸蓄电池的电压/容量主要有 12/100V/(A·h)、12/200V/(A·h)、12/290V/(A·h)、6/390V/(A·h)、12/500V/(A·h)、12/570V/(A·h)、6/820V/(A·h)、6/980V/(A·h)、6/1070V/(A·h)等几种

39. 什么是碱性蓄电池？可用于哪些方面？

碱性蓄电池是用碱性溶液作为电解液的蓄电池,它可用作移动的通信设备、仪器仪表、自动控制等电子设备的直流电源;也可作为反压电池使用。

40. 单体碱性蓄电池型号怎样表示？

单体碱性蓄电池的型号常用汉语拼音大写字母和阿拉伯数字表示。

$\boxed{1}\ \boxed{2}\ \boxed{3}\ \boxed{4}$

第一段为系列代号。以两极主要材料汉语拼音的第一个大写字母表示。负极代号在左,正极代号在右。镉镍系列代号为 GN,铁镍系列代号为 TN,锌银系列为 XY,锌镍系列为 XN,镉银系列为 GY,氢镍系列为 QN,氢银系列为 QY,锌锰系列为 XM 等。

第二段为形状代号。开口蓄电池不标注;在密封蓄电池中,圆柱形代号为 Y,扁形为 B(扣式),方形为 F,全密封则在形状代号右下角加注,如 Y_1 等。

第三段为放电倍率代号。中倍率(0.5~3.5)放电的代号为 Z,高倍率(3.5~7)为 G,超高倍率(>7)为 C,低倍率代号为 D(不标注)。

第四段为以阿拉伯数字表示的额定容量。单位为安培小时(A·h)时省略;单位为毫安小时(mA·h)时在容量数字后面加"m"。

第一段和第四段在产品型号中必须标注,第二、三段在必要时标注,如:

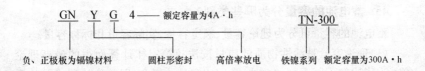

41. 碱性蓄电池可分为哪几类？其特点是什么？

碱性蓄电池由于极板活性物质材料不同，分为铁镍蓄电池、镉镍蓄电池、锌银蓄电池等系列。

碱性蓄电池的正负极板可使用不同的材料，并由此组成不同系列的碱性蓄电池，有工作电压平稳、能够高倍率（大电流）放电、机械强度高、耐过充过放、低温性能好、使用寿命长等特点，但造价较高。

42. 整体蓄电池型号如何表示？

整体蓄电池型号由两段组成。第一段为整体壳内组合极板组个数；第二段为一个槽内的蓄电池型号。如：

```
        2 XY8
        │  └── 额定容量为8A·h的锌银蓄电池
        └───── 组合极板个数为2
```

43. 蓄电池组的型号如何表示？

蓄电池组的型号由串联单体蓄电池的只数及单体蓄电池型号组成；或者由串联整体蓄电池个数、短横"-"和整体蓄电池型号组成。型号后若加"A"或"B"等，表示系列、容量、串联只数都相同而结构、连接形式不同的蓄电池组。如：

```
        4 GN10-(2) A ── 与4GN10(2)结构不同的蓄电池组
        │    └────────── 与GN10的尺寸或壳体材料等不同的单体蓄电池
        └─────────────── 4只单体电池串联
```

44. 什么是蓄电池的容量？其符号及单位是怎样的？

蓄电池在一定放电条件下所能给出的电量称为电池的容量，以符号 C 表示。常用的单位为安培小时，简称安时（A·h）或毫安时（mA·h）。

45. 蓄电池的容量分为哪些类别?

蓄电池的容量可分为理论容量、额定容量、实际容量和标称容量。

(1) 理论容量是活性物质的质量按法拉第定律计算而得的最高理论值。为了比较不同系列的电池,常用比容量的概念,即单位体积或单位质量电池所能给出的理论电量,单位为 $A \cdot h/kg$ 或 $A \cdot h/L$。

(2) 实际容量是指电池在一定条件下所能输出的电量。它等于放电电流与放电时间的乘积,单位为 $A \cdot h$,其值小于理论容量。因为组成实际电池时,除活性物质外还包括非反应成分,如外壳、导电零件等,同时还与活性物质被有效利用的程度有关。

(3) 额定容量也叫保证容量,是按国家或有关部门颁布的标准,保证电池在一定的放电条件下应该放出的最低限度的容量。

(4) 标称容量(或公称容量)是用来鉴别电池适当的近似安时值,只标明电池的容量范围而没有确切值,因为在没有指定放电条件下,电池的容量是无法确定的。

46. 什么是蓄电池的放电时率?

蓄电池的放电时率是以放电时间表示的放电速率,即以某电流放电至规定终止电压所经历的时间。例如,某电池额定容量是 20 小时时率为 $60A \cdot h$,即以 C_{20} 时为 $60A \cdot h$ 表示,则电池应以 $60/20=3A$ 的电流放电,连续达 20h 者即为合格。

47. 什么是蓄电池的放电倍率?

蓄电池的放电倍率是指电池放电电流的数值为额定容量数值的倍数。如放电电流表示为 $0.1C_{20}$,对于一个 $60A \cdot h(C_{20})$ 的电池,即以 $0.1 \times 60A = 6A$ 的电流放电;$3C_{29}$ 是指 $180A$ 的电流放电。C 的下角标表示放电时率。

48. 蓄电池的额定储备容量的特点有哪些?

蓄电池的额定储备容量是不分蓄电池规格大小,一律以 $25A$ 电流放电到终止电压为 $1.75V$ 时的放电时间,以分计。对规格不同的电池,规定不同的放电时间。

应强调指出,在实际电池的设计和制造中,正、负极的容量一般是不相等的,电池的容量是由其中容量较小的电极来限制。

49. 什么是蓄电池的终止电压？

蓄电池的终止电压指电池放电时电压下降到不宜再继续放电时的最低工作电压。一般在高倍率、低温条件下放电时，终止电压规定得低一些。

几种常用电池在常温下放电时规定的终止放电电压见表 7-10。

表 7-10　　　　　　　　几种常用电池常温放电终止电压

电池系列 \ 终止电压/V \ 放电制度	10 小时率 C_{10}	5 小时率 C_5	3 小时率 C_3	1 小时率 C_1
镉镍蓄电池	1.10	1.10	1.0	1.0
铅酸蓄电池	1.80	1.80	1.75	1.75
锌银蓄电池	1.20～1.30	1.20～1.30	0.9～1.0	0.9～1.0

50. 什么是蓄电池的开路电压？有哪些特点？

蓄电池的开路电压是指电池在开路状态下的端电压。电池的开路电压等于组成电池的正极的混合电势与负极混合电势之差。由于正极活性物质其氧的超电势大，故混合电势接近平衡电势；负极材料其氢的超电势大，故混合电势接近平衡电势。因此，电池的开路电压在数值上接近电池的电动势。

某些电极电池的开路电压数值受催化剂影响很大，与电动势不一定很接近。如燃料电池的开路电压常常偏离电动势较大，而且随催化剂的品种和数量而异。

51. 主要蓄电池体系的电动势如何表示？

主要蓄电池体系的电动势见表 7-11。

表 7-11　　　　　　　　主要蓄电池体系的电动势

电池系列	正极	负极	电动势/V	理论比容量/(A·h/kg)
铅酸电池	PbO_2	Pb	2.1	120
铁镍电池	NiOOH	Fe	1.40	224
镉镍电池	NiOOH	Cd	1.35	181
锌银电池	AgO	Zn	1.85	283
氢镍电池	NiOOH	H_2	1.5	289
镉银电池	AgO	Cd	1.4	227
锌镍电池	NiOOH	Zn	1.73	215

52. 什么是蓄电池的工作电压？其特点是什么？

蓄电池的工作电压指电池接通负荷后在放电过程中显示的电压，也称为负荷电压或放电电压。在电池放电初始的工作电压称为初始电压。蓄电池工作电压的特点如下：

(1)电池在接通负荷后，由于欧姆电阻和超电势的存在，电池的工作电压低于开路电压。电池的放电电压随放电时间的平稳性表示电压精度的高低。当反应产物形成新相时电池电压一般平稳；当电池在放电过程中只是反应物中某一组分连续变化时，则放电电压将连续变化。

(2)如果活性物质能以两种价态进行氧化或还原，则工作电压随时间的变化会出现两个电压平台，如锌—银蓄电池小电流放电时的放电曲线。电压随放电时间变化的曲线，称放电曲线。

(3)电池工作电压的数值及平稳程度也依赖于放电条件。高速率、低温条件下放电时，电池的工作电压将降低，平稳程度下降。

53. 什么是蓄电池充放电？

蓄电池充放电是一种完全可逆的化学反应过程。蓄电池充电时将电能转化为化学能储存起来；放电时将化学能转化为电能输送给用电设备。

54. 蓄电池充电方式有哪几种？

充电是蓄电池日常维护管理的重要工作，充电设备和充电技术是做好充电工作的重要技术基础。传统的充电方式可分为恒流充电或恒压充电及其变型。

55. 什么是恒流充电？其有哪些特点？

充电时自始至终以恒定不变的电流进行充电，该电流是用调整充电装置的办法来达到这种维持电流的方法，从直流发电机和硅整流装置中都能实现，其操作简单、方便，易于做到。

恒流充电方式也有不足，开始充电阶段电流过小，在充电后期充电电流又过大，整个充电时间长，析出气体多，对极板冲击大，能耗高，充电效率不超过65%。

这种充电方法特别适合于由多个蓄电池串联的蓄电池组，落后电池的容量易于恢复，最好用于小电流长时间的充电模式。

56. 什么是恒压充电？其有哪些特点？

恒压充电是指每只单体蓄电池均以某一恒定电压进行充电的方法。充电初期电流相当大，随着充电进行，电流逐渐减小，在充电终期只有很小的电流通过，这样在充电过程中就不必调整电流。恒压充电的优点是方法较简单，因为充电电流自动减小，所以充电过程中析气量小，充电时间短，能耗低，充电效率可达80%。

恒压充电的缺点是：

(1)在充电初期，如果蓄电池放电深度过深，充电电流会很大，不仅危及充电电极的安全，蓄电池也可能因过流而受到损伤。

(2)若充电电压选择过低，后期充电电流又过小，充电时间过长，不适宜串联数量多的蓄电池组充电。

(3)蓄电池端电压的变化很难补偿，充电过程中对落后蓄电池的完全充电也很难完成。恒电压充电一般应用在蓄电池组电压较低的场合。

57. 什么是蓄电池的自放电？其原因有哪些？

蓄电池的自放电指电池在存储期间容量降低的现象。电池无负荷时由于自行放电使容量损失。

蓄电池的自放电主要发生在负极，因为负极活性物质多为活泼的金属粉末电极，在水深液中其电势常比氢负，可发生置换氢气的反应。当电极中存在的氢超过电势低的金属杂质，这些杂质和负极活性物质能组成腐蚀微电池，使负极金属自溶解，并伴有氢气析出，从而减少电池的容量。在电解液中杂质起着同样的有害作用。一般正极的自放电不大。正极为强氧化剂，若在电解液中或隔膜上存在易于被氧化的杂质，也会引起正极活性物质的还原，从而减少电池的容量。

58. 如何计算蓄电池的自放电率？

蓄电池的自放电率用单位时间容量降低的百分数表示，即

$$自放电率 = \frac{C_a - C_b}{C_a T} \times 100\%$$

式中 C_a——电池存储前的容量(A·h)；

C_b——电池存储后的容量(A·h)；

T——电池储存的时间，常用天、月计算。

对于蓄电池,常常在最初循环时容量增加。在第一次放电时容量为 C_a,然后充电;如果不经储存进行第二次放电,可得到 C_a' 的容量,而且 C_a' > C_a。若经过 T 时间储存,但时间不够长就放电,可得容量 C_b,可能 C_b > C_a。自放电得负值显然不合理,这是由于电池尚处于容量随循环增加的阶段,考虑到这种情况,可用方式计算蓄电池的自放电率:

$$自放电率 = \frac{C_a + C_c - 2C_b}{\frac{1}{2}(C_a + C_c)T} \times 100\%$$

式中 C_c——电池经过储存再完全充电后得到的第三次容量值。

59. 什么是蓄电池的荷电保持能力?如何计算?

蓄电池的荷电保持能力是表征电池自放电性能的物理量,是指电池经一定时间存储后所剩余容量为最初容量的多少,用百分数表示。例如,储存半年后剩余容量为 60%。荷电保持能力表达式为

$$K = \frac{C_b}{C_a} \times 100\%$$

蓄电池能用充电方法恢复容量,通常对自放电要求不如原电池那么严格,但对于密封式蓄电池的要求却是很严格的。一般情况下,碱性蓄电池的荷电保持能力优于酸性蓄电池。

60. 什么是蓄电池的能量?

蓄电池的能量是指在一定放电制度下,电池所能给出的电能,通常用 W·h(瓦时)表示。

蓄电池的能量分为理论能量和实际能量。

(1)理论能量 $W_{理}$ 可用理论容量和电动势(E)的乘积表示,即

$$W_{理} = C_{理} E$$

(2)蓄电池实际能量为一定放电条件下的实际容量 $C_{实}$ 与平均工作电压 $U_{平}$ 的乘积,即

$$W_{实} = C_{实} U_{平}$$

61. 什么是蓄电池的比能量?

蓄电池的比能量是指电池单位质量或单位体积所能输出的电能,单位分别是 W·h/kg 或 W·h/L。

比能量有理论比能量和实际比能量之分。理论比能量指 1kg 蓄电池

反应物质完全放电时理论上所能输出的能量。实际比能量为1kg蓄电池反应物质所能输出的实际能量。

常用比能量来比较不同的电池系列。主要蓄电池的比能量见表7-12。

表7-12 主要蓄电池系列的比能量

电池系列	典型工作电压/V	实际比能量/(W·h/kg)	实际比能量/(W·h/L)	理论比能量/(W·h/kg)
铅酸蓄电池	2.0	35	80	175.5
铁镍蓄电池	1.2	30	60	272.5
镉镍蓄电池	1.2	35	80	214.3
锌银蓄电池	1.5	90	180	487.5
氢镍蓄电池	1.2		275	

由于各种因素的影响,蓄电池的实际比能量远小于理论比能量。实际比能量和理论比能量的关系式如下:

$$W_{实}=W_{理}K_vK_RK_m$$

式中 K_v——电压效率(蓄电池的工作电压与电动势的比值);

K_R——反应效率(表示活性物质的利用率);

K_m——质量效率蓄电池中存在一些不参加成流反应但又是必要的物质,应减小这些物质所占比例,以提高活性物质所占比例。两者之比是质量效率。

蓄电池的比能量是综合性指标,它反映了蓄电池的质量水平,也表明生产厂家的技术和管理水平。通常,生产厂家并不独立考核此项指标,但在评估所生产的电池水平时,往往以此为衡量准则。

62. 什么是蓄电池内阻?其特点有哪些?

蓄电池的内阻指电流通过蓄电池内部时受到阻力,其使电池的电压降低。

蓄电池的内阻不是常数,在放电过程中随时间不断变化,因为活性物质的组成、电解液浓度和温度都在不断地改变。

各种规格和型号的蓄电池内阻各不相同,一般来说,大型蓄电池内阻小。通常生产厂家不进行内阻测定。在低倍率放电时,内阻对蓄电池性能的影响不显著;但在高倍率放电时,蓄电池全内阻明显增大,电压降损失可达数百毫伏,需要仔细考察蓄电池各个部件对电压降损失的影响程度,然后予以解决。

63. 蓄电池内阻包括哪些形式?

蓄电池内阻包括欧姆内阻和极化内阻,欧姆电阻遵守欧姆定律;极化电阻随电流密度增加而增大,但不是直线,常随电流密度的对数增大。

64. 什么是欧姆内阻? 其特点有哪些?

欧姆内阻主要由电极材料、电解液、隔膜的电阻以及各部分零件的接触电阻组成。

欧姆内阻电池的尺寸、结构和电极的成型方式以及装配的松紧度有关。

65. 什么是极化内阻? 其特点有哪些?

极化内阻是指蓄电池正极、负极进行电化学反应时极化引起的内阻。

极化内阻与活性物质的本性、电极的结构、电池的制造工艺有关,尤其与电池的工作条件有关,放电电流和温度对其影响很大。在大电流密度时,电化学极化和浓差极化均增加,甚至可能引起负极的钝化。温度降低对活化极化、离子的扩散均有不利影响,故在低温条件下电池的全内阻增加。

66. 什么是蓄电池的功率?

蓄电池的功率是指蓄电池在一定放电制度下,于单位时间内所给出能量的大小,单位为 W(瓦)或 kW(千瓦)。

67. 什么是蓄电池的输出效率? 如何表示?

蓄电池的输出效率也称为充电效率,通常用容量输出效率和能量输出效率来表示。

(1)容量输出效率是指蓄电池放电时输出的电量与充电时输入的电量之比,即

$$\eta_c = \frac{C_{放}}{C_{充}} \times 100\%$$

式中 η_c——容量输出效率；

$C_放$——放电时输出的电量(A·h)；

$C_充$——充电时输入的电量(A·h)。

(2)能量输出效率也称电能效率,指蓄电池放电时输出的能量与充电时输入的能量之比,即

$$\eta_w = \frac{W_放}{W_充} \times 100\%$$

式中 η_w——能量输出效率；

$W_放$——放电时输出的能量(W·h)；

$W_充$——充电时输入的能量(W·h)。

68. 什么是蓄电池的使用寿命？蓄电池寿命终止的原因是什么？

在规定条件下,某蓄电池的有效寿命期限称为该蓄电池的使用寿命。

蓄电池寿命终止的主要原因有两点：

(1)蓄电池容量逐渐下降引起其容量衰退的因素有：活性物质晶型改变、表面积收缩、活性物质膨胀、脱落、骨架或基板腐蚀等。

(2)内部短路。由于隔膜物质的降解老化而穿孔,活性物质的脱落、膨胀使两极连接,或充电过程中生成枝晶穿透隔膜等引起内部短路。

69. 蓄电池工程量清单项目设置应注意哪些问题？

(1)如果设计要求蓄电池抽头连接用电缆及电缆保护管时,应在清单项目中予以描述,以便计价。

(2)蓄电池电解液如需承包方提供,亦应描述。

(3)蓄电池充放电费用综合在安装单价中,按"组"充放电,但需摊到每一个蓄电池的安装综合中报价。

70. 全统定额蓄电池分部工程包括哪些工作内容？

全统定额蓄电池分部工程包括下列工作内容：

(1)蓄电池防震支架安装工作内容包括打眼、固定、组装、焊接。

(2)碱性蓄电池安装工作内容包括检查测试、安装固定、极柱连接、补充注液。

(3)固定密闭式铅酸蓄电池安装工作内容包括搬运、开箱、检查、安装、连接线、配注电解液、标志标号。

(4)免维护铅酸蓄电池安装工作内容包括搬运、开箱、检查、支架固定、电池就位、整理检查、连接与接线、护罩安装、标志标号。

(5)蓄电池充放电工作内容包括直流回路检查、放电设施准备、初充电、放电、再充电、测量、记录技术数据。

71. 固定式铅蓄电池安装应符合哪些规定？

固定式铅蓄电池安装时，其基本要求应符合下列规定：

(1)蓄电池须设在专用室内，室内的门窗、墙、木架、通风设备等须涂有耐酸油漆保护，地面须铺耐酸砖，并保持一定温度。室内应有上、下水道。

(2)电池室内应保持严密，门窗上的玻璃应为毛玻璃或涂以白色油漆。

(3)照明灯具的装设位置，需考虑维修方便，所用导线或电缆应具有耐酸性能。采用防爆型灯具和开关。

(4)取暖设备，在室内不准有法兰连接和气门，距离电池不得小于750mm。

(5)风道口应设有过滤网，并有独立的通风道。

(6)充电设备不准设在电池室内。

(7)固定型开口式铅蓄电池木台架的安装应符合下列要求：

1)台架应由干燥、平直、无大木节及贯穿裂缝的多树脂木材（如红松）制成，台架的连接不得用金属固定。

2)台架应涂耐酸漆或焦油沥青。

3)台架应与地面绝缘，可采用绝缘子或绝缘垫。

4)台架的安装应平直，不得歪斜。

72. 蓄电池注液应遵循哪些规定？

(1)向酸性蓄电池灌注电解液时，应遵守下列规定：

1)电解液温度不宜高于30℃。

2)注入蓄电池的电解液面高度：防酸隔爆式蓄电池液面应在高低液面标志线之间。

3)全部灌注工作应在2h内完成。

(2)向碱性蓄电池注液应遵守下列规定：

1)配制好的电解液应静置 4h,使其澄清后使用。

2)往电池槽中灌注电解液时,电解液温度不得超过+30℃。注入电池后的液面应高出极板 5~12mm。为防止二氧化碳进入电解液内,应在每只蓄电池中加入数滴液态石蜡,使电解液表面形成保护层。蓄电池静置 2h 后检查每只蓄电池的电压,若无电压,可再静置 10h,如仍无电压,则该蓄电池应换掉。

73. 蓄电池充放电应符合哪些要求?

蓄电池充放电应符合下列要求:

(1)初充电及首次放电应按产品技术文件的技术要求进行,不应过充或过放。初充电期间,应保证电源可靠。在初充电开始后 25h 内,应保证连续充电,电源不可中断。

(2)充电前应复查蓄电池内电解液的液面高度。

(3)电解液注入蓄电池后,应静止 3~5h,待液温冷却到 30℃ 以下时,方可充电,但自电解液注入蓄电池内开始至充电之间的放置时间(当产品无要求时),一般不宜超过 12h。

(4)碱性镉镍蓄电池注入电解液后,应静置 2h,经检查全部电池上出现电压(大于 0.5V),方可充电。

74. 铅酸蓄电池的维护应注意哪些事项?

对于铅酸蓄电池,除免维护型外,日常维护应注意以下几点:

(1)蓄电池必须经常保持清洁。

(2)不要使任何外来杂质落入蓄电池内。

(3)使用的一切工具、材料必须保存在干净、有遮盖的地方。

(4)必须定期擦净蓄电池整个外部的硫酸痕迹和灰尘。

(5)各单体电池间的电解装置以及与导线的连接都必须完全可靠。

(6)如果蓄电池有密封盖和通气栓塞,就必须检查和清拭通气孔。

(7)必须注意电解液面高度,不要让极板和隔板露出液面。

(8)必须将电解液调整到正常密度,而且只能在蓄电池充电终止时进行。

(9)放电过程中要经常检查各单体电池端电压和电解液密度,密切注意蓄电池的放电程度,绝不容许电解液密度和端电压低于该型蓄电池放电规则中所允许的程度。

(10) 不允许蓄电池放电电流超过制造厂家规定的最大限度。

(11) 电解液温度不得超过说明书的规定值,一般为 45℃。

(12) 充电电流不得超过制造厂的规定。

(13) 按照说明书定期进行均衡充电。

(14) 如果蓄电池长期搁置,为了避免过度的自放电和严重的硫酸盐化,应每月进行一次补充电。

75. 蓄电池安装定额工程量计算应遵循哪些规则?

(1) 铅酸蓄电池和碱性蓄电池安装,分别按容量大小以单体蓄电池"个"为计量单位,按施工图设计的数量计算工程量。定额内已包括了电解液的材料消耗,执行时不得调整。

(2) 免维护蓄电池安装以"组件"为计量单位。其具体计算示例如下。某项工程设计一组蓄电池为 220V/500A·h,由 12V 的组件 18 个组成,那么就应该套用 12V/500A·h 的定额 18 组件。

(3) 蓄电池充放电按不同容量以"组"为计量单位。

76. 蓄电池安装工程清单工程量计算应遵循哪些规则?

蓄电池安装工程清单工程量按设计图示数量计算。

77. 什么是轻型滑触线?其安装主要分哪几种?

轻型滑触线是指在滑触线安装中的一种能自动控制的引线。直接对补偿器的安全工作起作用。轻型滑触线安装主要分三类:铜质工型、铜钢组合和沟型。

78. 什么是挂式滑触线?

挂式滑触线是一种悬吊式滑触线。挂式滑触线支持器一般是铁制构件,用角钢或其他钢材制作而成,用双头螺栓固定。

79. 什么是滑触线拉紧装置?

滑触线拉紧装置指的是可用来调节圆形滑触线伸缩的装置。一般要求长 25m 以内的滑触线,调节距离不应小于 100mm;超过 25m 时,调节距离不应小于 200mm。

80. 如何进行滑触线支架的设计与制作？

滑触线支架一般是根据设计要求或现场实际需要，选用现行国家标准图集中的某一种支架或自行加工，其形式很多。制作时应该认真地核对加工尺寸，必要时可到施工现场测量建筑物的实际尺寸，并绘制草图，按图加工。E形支架是角钢滑触线最常用的一种托架，用角钢焊接而成。支架的固定采用双头螺栓。

81. 什么是滑触线伸缩器？其有何特点？

滑触线伸缩器是一种温度补偿装置，当滑触线跨越建筑物伸缩缝或长度超过50m时，应设伸缩器，以适应建筑物的沉降和温度的变化。在伸缩器的两根角钢滑触线之间，应留有10~20mm的间隙，间隙两侧的滑触线应加工圆滑，接触面安装在同一水平面上，其两端间高低差不应大于1mm。

82. 滑触线装置安装工程量清单项目设置应注意哪些问题？

滑触线装置安装工程量清单项目设置应注意以下几点：

(1)滑触线的清单项目特征均为名称、型号、规格、材质。而特征中的名称既为实体名称，亦为项目名称，直观、简单。但是规格却不然。如节能型滑触线的规格是用电流(A)来表述。

角钢滑触线的规格是角钢的边长×厚度。

扁钢滑触线的规格是扁钢截面长×宽。

圆钢滑触线的规格是圆钢的直径。

工字钢、轻轨滑触线的规格是以"每米重量(kg/m)"表述。

(2)清单项目应描述支架的基础铁件及螺栓是否由承包商浇筑。

(3)沿轨道敷设软电缆清单项目，要说明是否包括轨道安装和滑轮制作的内容，以便报价。

(4)滑触线安装的预留长度不作为实物量计量，按设计要求或规范规定长度，在综合单价中考虑。

83. 全统定额滑触线装置安装包括哪些工作内容？

全统定额滑触线装置共分为7个分项工程，具体工作内容如下：

(1)轻型滑触线安装。工作内容包括平直、除锈、刷油、支架、滑触线、补偿器安装。

(2)安全节能型滑触线安装。工作内容包括开箱、检查、测位划线、组装、调直、固定、安装导电器及滑触线。

(3)角钢、扁钢滑触线安装。工作内容包括平直、下料、除锈、刷漆、安装、连接伸缩器、装拉紧装置。

(4)圆钢、工字钢滑触线安装。工作内容包括平直、下斜、除锈、刷漆、安装、连接伸缩器、装拉紧装置。

(5)滑触线支架安装。工作内容包括测位、放线、支架及支持器安装、底板钻眼、指示灯安装。

(6)滑触线拉紧装置及挂式支持器制作、安装。工作内容包括划线、下料、钻孔、刷油、绝缘子灌注螺栓、组装、固定、拉紧装置组装成套、安装。

(7)移动软电缆安装。工作内容包括配钢索、装拉紧装置、吊挂、滑轮及托架、电缆敷设、接线。

84. 什么是扁钢、圆钢？如何确定其规格？

扁钢的外形呈扁条形，按其截面大小来划分其规格：截面$\geqslant 101 mm^2$ 为大型；截面在 $60 \sim 100 mm^2$ 间为中型；截面$\leqslant 59 mm^2$ 为小型。

圆钢即圆条形的钢材，圆钢是按其直径来确定规格的。

85. 吊车滑触线可分为哪几种类型？

吊车滑触线可分为裸装滑触线和安全滑触线。

86. 裸滑触线安装可分为哪几个步骤？

(1)支架的制作安装。滑触线的支架一般由角钢制成。

1)角钢滑触线支架可固定在钢筋混凝土吊车梁上，也可以和钢梁的加强板焊接在一起。

2)电动葫芦及悬挂梁式吊车滑触线支架的固定：一般情况下，固定在吊车轨道上。另外，也可取消垫架直接焊在轨道上，是否取消垫架根据现场情况决定。

3)圆钢滑触线的安装。首先用角钢做立杆，再与钢板制成的固定板进行焊接，做成支架。安装时用终端拉紧装置拉紧滑触线。中间的滑触线用支架来支撑，滑触线自由放置在支架的托棒上。吊车移动时可将滑触线托起，依靠滑触线的自身重力使滑触线与滚轮充分接触，电源便会接通。

(2)滑触线绝缘子的加工与安装。绝缘子的安装应在两个孔中胶合螺栓。把托棒的一头端部打成扁状或者开尾后埋入绝缘子的内孔中,与绝缘子胶合在一起。托棒的另一端应微翘起20mm,防止在托棒上的滑触线掉落。另外,在用螺栓固定螺母时,应在绝缘子和支架之间垫一块纸垫,一般用红钢纸垫,防止在拧紧螺母时,损坏绝缘子。

(3)滑触线安装。通常,用来做滑触线的角钢、扁钢或圆钢都是成盘供应的。在安装前,应先把它们在地面上平直,与所需长度相比,需要截断的要截断。将滑触线平直后,若其表面有锈蚀现象,应该进行除锈处理,除锈后在其表面涂上凡士林油,以防止再次生锈。安装时,用绳子将滑触线吊到支架上,然后固定在绝缘子上。

(4)滑触线补偿装置和检修段:

滑触线在跨越建筑物伸缩缝的长度太长(如超过50m时),应该装设补偿装置,以适应建筑物的温度变化、沉降、伸缩的影响。补偿装置安装在离建筑物伸缩缝最近的支架上。

如果在同一条滑触线上有两台或两台以上吊车,检修应该按吊车数量设置检修段(如果有两台吊车,应该在两端设置检修段),检修段的长度应该比吊车的实际宽度宽2m左右。

(5)吊车滑触线信号灯和限位开关的安装:

滑触线信号灯是用作电源的指示灯,安装位置应让吊车司机容易看见,一般安装在滑触线的终端附近。

吊车限位开关是用来防止吊车终端越位的紧急停车装置。

87. 安全滑触线的安装分为哪几个步骤?

(1)安全滑触线支架制作和安装。根据设计图纸或现场需要,按电气装置标准图集90SX371《塑料防护式安全滑触线安装》的有关内容,选择合适的形式,现场制作。根据滑触线安装的地点的不相同其支架的安装形式也不相同。如果是把支架安装在新建钢筋混凝土的吊车梁上,在施工时,可以利用吊车梁支架安装预留孔或预埋板的要求配合施工。另外,在预留孔处固定时,要用长度大于吊车梁厚度(100mm)的双头螺栓加平垫圈、弹簧垫圈和螺母紧固。

(2)安全滑触线安装。安装滑触线时,可按工程要求,将三线或四线单线滑触线平行安装,线间距离为 80mm。

88. 滑触线安装工程定额工程量计算应遵循哪些规则?

滑触线安装工程定额工程量以"m/单相"为计量单位,其附加和预留长度按表 7-13 的规定计算。

表 7-13　　　　　滑触线安装附加和预留长度

序号	项目	预留长度	说明
1	圆钢、铜母线与设备连接	0.2	从设备接线端子接口起算
2	圆钢、铜滑触线终端	0.5	从最后一个固定点起算
3	角钢滑触线终端	1.0	从最后一个支持点起算
4	扁钢滑触线终端	1.3	从最后一个固定点起算
5	扁钢母线分支	0.5	分支线预留
6	扁钢母线与设备连接	0.5	从设备接线端子接口起算
7	轻轨滑触线终端	0.8	从最后一个支持点起算
8	安全节能及其他滑触线终端	0.5	从最后一个固定点起算

89. 滑触线装置安装工程清单工程量计算应遵循哪些规则?

滑触线装置安装工程清单工程量按设计图示单相长度计算。

【例 7-1】 某单层厂房如图 7-1 所示。柱间距为 3.0m,共 6 跨,在柱高 7.5m 处安装滑触线支架(60mm×60mm×6mm,每米重 4.12kg),如图 7-2 采用螺栓固定,滑触线(50mm×50mm×5mm,每米重 2.63kg)两端设置指示灯,试计算其清单工程量。

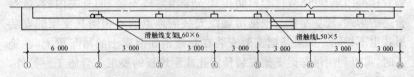

图 7-1 某单层厂房滑触线平面布置图
说明:室内外地坪标高相同(±0.01),图中尺寸标注均以 mm 计

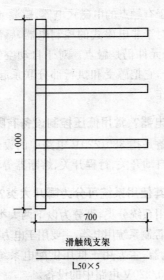

图 7-2 滑触线支架安装

【解】 滑触线安装工程量

[3×6+(1+1)]×4=80m

滑触线支架制作工程量

4.12×(1.0+0.7×4)×6=93.94kg

清单工程量计算见表 7-14。

表 7-14　　　　　　清单工程量计算表

序号	项目编码	项目名称	项目特征描述	计量单位	工程量
1	030207001001	滑触线	滑触线安装L50×50×5　滑触线支架6副	m	80

90. 什么是电气控制设备？

电气控制设备就是能对电能进行分配、控制和调节的控制系统。

91. 控制电器由哪些部分组成？

控制电器一般都具有感测和执行两个基本组成部分，共有感测和执行两个基本功能。感测部分接受外界输入的信号并通过转换、放大、比较（判断），作出有规律的反应，使执行部分动作，输出相应的通、断指令，从而实现控制目的。对于有触点的电磁式电器,感测元件大都是电磁机构,执行元件则是触点。对于非电磁式的控制电器,感测元件因其工作原理的不同而不同,但执行元件仍是触点。对于自动空气断路器一类的配电电器,还具有中间部分,它把感受和执行部分联系起来,使它们协调一致按一定的控制规律动作。

92. 什么是低压电器?常用低压控制设备有哪些?

一般低压电器设备是指380/220V电路中的设备。常用低压控制设备有接触器、继电器、自动开关、行程开关、熔断器等。

93. 低压电器按其使用系统可分为哪几大类?

低压电器按其使用系统分类,可分为以下两大类:
(1)电力拖动自动控制系统用电器,主要用于电力拖动自动控制系统。
(2)电力系统用电器,主要用于低压供配电系统。在日常生活中,一般低压电器设备指380/220V电路中的设备。

94. 选择低压电器的原则是什么?

选择低压电器设备的原则是满足安全用电的要求,保证其可靠地运行,并且在通过最大可能的短路电流时不致受到损坏,有时还需要按短路电流产生的电动力即热效应对电器设备进行校验。因此,按正常运行情况选择、按短路条件进行校验是选择电器设备的一般原则。

95. 控制设备及低压电器安装工程工程量清单包括哪些项目?

控制及低压电器安装工程清单项目包括:控制屏,继电、信号屏,模拟屏,低压开关框,配电(电源)屏,弱电控制返回屏,箱式配电室,硅整流柜,可控硅柜,低压电容器柜,自动调节励磁屏,励磁灭磁屏,蓄电池屏(框),直流馈电屏,事故照明切换屏,控制台,控制箱,配电箱,控制开关,低压熔断器,限位开关,控制器,接触器,磁力启动器,Y—△自耦减压启动器,电磁铁(电磁制动器),快速自动开关,电阻器,油浸频敏变阻器,分流器,小电器。

96. 控制设备及低压电器安装工程清单项目设置应注意哪些问题?

控制设备及低压电器安装工程清单项目设置应注意:
(1)清单项目描述时,对各种铁构件如需镀锌、镀锡、喷塑等,需予以描述,以便计价。

(2) 凡导线进出屏、柜、箱、低压电器的,该清单项目描述时均应描述是否要焊、(压)接线端子。而电缆进出屏、柜、箱、低压电器的,可不描述焊、(压)接线端子,因为已综合在电缆敷设的清单项目中。

(3) 凡需做盘(屏、柜)配线的清单项目必须予以描述。

(4) 小电器包括按钮、照明用开关、插座、电笛、电铃、电风扇、水位电气信号装置、测量表计、继电器、电磁锁、屏上辅助设备、辅助电压互感器、小型安全变压器等。

97. 什么是控制屏？其作用是什么？

控制屏是装有控制和显示变电站运行或系统运行所需设备的屏,是建筑电气设备安装工程中不可缺少的重要设备。它里面装有控制设备、保护设备、测量仪表和漏电保安器等。它在电气系统中起的作用是分配和控制各支路的电能,并保障电气系统安全运行。因此,控制屏是必不可少的。

PK-1、PTK-1 型中央控制屏、台外形尺寸见表 7-15。

表 7-15　　PK-1、PTK-1 型中央控制屏、台外形尺寸

型号	外形尺寸/mm			总重/kg
	宽	深	高	
PK-1	600 800	550	2360	220~250
PTK-1	R=12000 R=8000	1395	2360	300~350

98. 控制屏可分为哪些种类？

控制屏的分类见表 7-16。

表 7-16　　　　　　　　控制屏分类

序号	类别	作用及特点
1	双屏台	一般作发电机控制用。将操作、发布命令及指示系统的设备(如控制按钮、信号灯、模拟系统等)安装在台上,测量与指示系统的仪表(如各种指示仪表、故障与指示器等),安装于前屏。将保护系统的设备(如各种保护器、试验端子等)安装于后屏。前后屏间必须留有适当宽度的过道,以便检修

续表

序号	类别	作用及特点
2	双屏	一般用于遥控配电装置。其操作系统、测量与指示系统的设备安装在前屏上,保护系统的设备安装在后屏上,前后屏间需有适当宽度的过道,以便检修
3	单屏台	使用场合同双屏台,通常是由于场地限制不能用双屏台时才采用,但应与单屏(作为继电器屏)联合使用
4	单屏	一般用于遥控配电装置,其测量、指示、操作和保护系统的设备均安装在同一屏上

99. 什么是小母线?

小母线是指用作支线上的电气节点,所以它也就是一个小汇流排。

100. 什么是端子箱?

端子箱指用来连接导线的断头金属导体,它可以使导线更好地与其他构件连接。端子箱是指用于保护诸多接线端子而设置的电气箱。

101. 什么是端子板?

端子板指接线端子的安装板面。端子板的安装要注意安全绝缘、结实牢固。箱子板上的接线要正确、整齐,不能过于杂乱。

102. 什么是继电、信号屏?

继电、信号屏是控制和保护各支路的电能及运行安全的工作台面。继电、信号屏中装设有控制设备、保护设备、测量仪表和漏电保安器等。

信号屏分事故信号和预告信号两种。具有灯光、音响报警功能,有事故信号、预告信号的试验按钮和解除按钮。信号屏有带冲击继电器和不带冲击继电器两种。

103. 什么是模拟屏? 其使用时对场所有什么要求?

模拟屏是利用高科技技术来模拟控制电路电能及有效保护电路安全正常运行的模拟电气控制设备。

模拟屏对使用场所的要求:

(1)使用场所不允许有超过产品标准规定的振动和冲击。

(2)使用场所不得有爆炸危险的介质,周围介质中不应含有腐蚀性和破坏电气绝缘的气体及导电介质,不允许充满水蒸气及有较严重的霉菌。

(3)使用场所不允许有较强的外磁场感应强度,其任一方向不超过0.5mT。

104. 什么是低压开关柜？其分类有哪些？

低压开关柜是一种低压开关配电控制屏,内配低压开关组、电路保护系统等。低压开关柜适用于发电厂、石油、化工、冶金、纺织、高层建筑等行业,作为输电、配电及电能转换之用。

从结构形式上,低压开关柜可分为固定式和抽出式两类;从连接方式上,低压开关柜可分为焊接式和坚固件连接两类。

(1)固定式:能满足各电器元件可靠地固定于柜体中确定的位置。柜体外形一般为立方体,如屏式、箱式等,也有棱台体如台式等。

(2)抽出式:抽出式是由固定的柜体和装有开关等主要电器元件的可移装置部分组成,可移部分移换时要轻便,移入后定位要可靠,并且相同类型和规格的抽屉能可靠互换。

(3)焊接式:它的优点是加工方便、坚固可靠;缺点是误差大、易变形、难调整、欠美观,而且工件一般不能预镀。

(4)坚固件连接:它的优点是适于工件预镀,易变化调节,易美化处理,零部件可标准化设计,并可预生产库存,构架外形尺寸误差小。缺点是不如焊接坚固,要求零部件的精度高,加工成本相对上升。

105. 配电屏可分为哪些类别？

配电屏按其结构可分为柜式、台式、箱式和板式等。按其功能分有动力配电屏、照明配电屏、插座屏、电话组线屏、电视天线前端设备屏、广播分线箱等。控制电屏的材质分有铁制、木制和塑料制品,现在以铁制配电屏为多。按产品生产方式分有定型产品、非定型产品和现场组装配电屏。

106. 高压配电屏和低压配电屏各适用于哪些场所？

(1)高压配电屏是用来安装高压断路器以及保护装置、测量装置的,可用于高压用电设备的停送电操作以及保护装置、测量装置的安装和检查。

(2)低压配电屏适用于发电厂、变电站、厂矿企业中作为交流50Hz,额定工作电压不超过交流380V的低压配电系统中动力、配电、照明之用。

107. 什么是弱电？建筑弱电系统主要有哪些？

建筑弱电工程是建筑电气工程的重要组成部分。所谓弱电是针对建筑物的动力、照明用电而言的。一般把动力、照明这样输送能量的电力称为强电，而把以传播信号、进行信息交换的电能称为弱电。

建筑弱电系统主要包括：火灾自动报警和自动灭火系统、共用天线电视系统、闭路电视系统、电话通信系统、广播音响系统等。

108. 弱电控制返回屏具有什么特点？

弱电控制返回屏具有设备小型化的优点，控制屏面积较少监视面集中，便于操作。

109. 什么是配电室？

配电室是交换电能的场所，它装备有各种受、配电设备，但不装备变压器等变电设备。

110. 箱式配电室对使用环境有哪些要求？

箱式配电室的使用环境应符合下列要求：

(1)周围空气温度不高于+40℃,不低于-25℃,24h平均温度不高于+35℃。

(2)户外安装使用，使用地点的海拔高度不超过2000m。

(3)周围空气相对温度在最高温度为+50℃时不超过50%,在较低温度时允许有较大的相对湿度(例如+20℃时为90%),但应考虑到温度的变化可能会偶然产生凝露影响。

(4)配电室安装时与垂直面的倾斜度不超过10°。

(5)配电室应安装在无剧烈震动和冲击的地方。

111. 什么是硅整流柜？其有哪些特征？

硅整流柜是一种将交流电转化为直流电的装置。硅整流柜指柜内的硅整流器已由厂家安装好了，柜的安装为整体吊装，柜的名字由其内装设备而得名。整流装置的种类很多，现在较为先进的是硅整流装置和晶闸管整流装置。

硅整流器的体积小、寿命长、整流效率高、整流性能好。

112. 硅整流柜对使用环境有什么要求？

硅整流柜的使用环境应符合下列要求：

(1) 海拔高度不超过 2000m。

(2) 环境温度户内不低于 +5℃、不高于 +45℃；户外不低于 -30℃、不高于 +45℃。

(3) 冷却水温度：主冷却水进口水温不低于 +5℃，不高于 +35℃。

(4) 周围空气最大相对湿度不超过 90%。

(5) 无剧烈振动冲击以及安装垂直斜度不超过 5°的场所。

113. 什么是可控硅整流柜？其有哪些特点？

可控硅柜指柜内的可控硅整流器已由厂家安装好了，柜的安装为整体吊装，柜的名字由其内装设备而得名。

可控硅整流柜是一种大功率直流输出装置，可以用于给发电机的转子提供励磁电压和电流，其输出的直流电压和直流电流是可以调节的。其内部基本原理是将输入的交流电源经过由可控硅组成的全波桥式整流电路，通过移相触发改变可控硅导通角大小的方式控制输出的直流电的大小。

114. 电容器屏的结构如何？怎样表示其型号？

电容器屏用薄钢板和角钢制作而成，保护式外形尺寸与开启式相同，其屏体加有顶盖、侧壁及后门，侧壁及后门上冲有通风孔，顶盖上有敲落孔，供进线用，并列柜间无侧板。

型号含义如下：

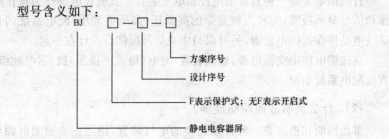

115. 励磁系统由哪几部分组成？

励磁系统是电站设备中不可缺少的部分。励磁系统包括励磁电源和励磁装置，其中励磁电源的主体是励磁机或励磁变压器；励磁装置则根据不同的规格、型号和使用要求，分别由调节屏、控制屏、灭磁屏和整流屏几部分组合而成。

116. 什么是励磁装置？

励磁装置是指同步发电机的励磁系统中除励磁电源以外的对励磁电流能起控制和调节作用的电气调控装置。

117. 自动调节励磁屏的作用是什么？

自动调节励磁屏是一种励磁装置，其可以进行自动调节。

自动调节励磁屏主要用于励磁机励磁回路中，用于对励磁调节器的控制。励磁调节器其实就是一个滑动变阻器，用来改变回路中电阻的大小从而改变回路的电流大小。

118. 励磁灭磁屏的作用是什么？

励磁灭磁屏是一种灭磁装置，励磁灭磁屏作用主要是灭磁。

119. 蓄电池屏（柜）具有哪些特点？

蓄电池屏（柜）采用反电势充电法实现其整流充电功能。蓄电池屏（柜）的主要特性为：额定容量 50kVA，输入三相交流，输出脉动直流，最大充电电流 100A，充电电压 250～350V、可调，具有缺相保护、输出短路保护、蓄电池充满转浮充限流等保护功能。

120. 什么是直流馈电屏？其由哪几部分组成？

直流馈电屏是一种直流馈电控制电气装置。直流馈电屏作为操作电源和信号显示报警，为较大较复杂的高低压（高压更常用）配电系统的自动或电动操作提供电能源，另可以与中央信号屏综合设计在一起。

直流馈电屏由交流电源、整流装置、充电（稳流＋稳压）机、蓄电池组、直流配电系统组成。

121. 什么是事故照明切换屏？

事故照明切换屏是一种自动切换的电气装置，指当正常照明电源出现故障时,由事故照明电源来继续供电,以保证发电厂、变电所和配电室等重要部门的照明,因正常照明电源转换为事故照明电源的切换装置安装在一个屏内,故该屏叫事故照明切换屏。

122. 什么是控制台?其有哪些特征?

控制台是指自调光器输出控制信号,进行调光控制的工作台。

JT_1~JT_9 控制台的特征见表 7-17。

表 7-17　　　　　JT_1~JT_9 系列控制台的特征

结构代号	结构特征	可安装的电气设备
JT_1 JT_2	台面可打开,台前有门	台面可装测量仪表,控制开关和信号指示元件如信号灯、按钮、转换开关等
JT_3	台面固定,下部可打开	同上,台内可装变阻器、调压器,手柄装在固定台面上
JT_5	台面可打开,台前有门	台面可装主令控制器,还可装少量操作开关和信号指示元件
JT_6	台面可打开,台前有门	台面和固定板上均可装主令控制器,还可装少量元件
JT_7	台面可打开,台后有门	台面可装电器同 JT_1,台内可装变阻器、调压器等
JT_8	台面可打开,面板固定,台后有门,台内有安装板	台面上可装操作开关和信号指示元件,面板上装温度计毫伏计等仪表,台内可装启动器、熔断器、继电器等
JT_9	同上	同上,面板上还可装蒸汽压力表

123. 什么是集中控制台?

集中控制台是将各种控制设备集中安装一起,进行集中控制管理的电气装置。集中控制台也主要由各种控制器组成。控制器是一种多位置的转换电器,可改变电动机的绕组接法或改变外加电阻使电动机调速等。

124. 同期小屏控制箱的作用是什么?

同期小屏控制箱主要由控制器组成,用来控制用电设备,可以起调速、反转、反接、停止等操作。

125. 什么是控制箱?

控制箱是指包含电源开关、保险装置、继电器(或者接触器)等装置,可以用于指定的设备控制的装置。

126. 什么是配电箱?其包括哪些设备元件?

专为供电用的箱称为配电箱,内装断路器、隔离开关、空气开关或刀开关、保险器以及检测仪表等设备元件。

127. 配电箱可分为哪几类?

(1)按其结构分为柜式、台式、箱式和板式等。

(2)按功能分有动力配电箱、照明配电箱、插座箱、电话组线箱、电视天线前端设备箱、广播分线箱等。

(3)按材质分有木制、铁制、塑料制品。

(4)按产品生产方式分有定型产品、非定型产品和现场组装配电箱。在建筑工程中应尽可能用定型产品,如高、低压配电柜,控制屏、台、箱。如果设计采用非标准配电箱,则要用设计的配电系统图和二次接线图到工厂加工订制。

128. 电力配电箱的型号如何表示?

电力配电箱过去被称为动力配电箱,由于后一种名称不太确切,所以在新编制的各种国家标准和规范中,统一称为电力配电箱。

电力配电箱型号很多,XL-3 型、XL-4 型、XL-10 型、XL-11 型、XL-12 型、XL-14 型和 XL-15 型均属于老产品,目前仍在继续生产和使用,其型号含义如下:

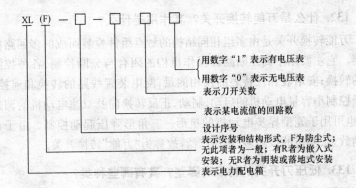

129. 照明配电箱适用于哪些场合？

照明配电箱适用于工业及民用建筑在交流 50Hz，额定电压 500V 以下的照明和小动力控制回路中，作线路的过载、短路保护以及线路的正常转换之用。

130. 什么是控制开关？可分为哪些类型？

控制电路闭合和断开的开关称为控制开关。控制开关包括：自动空气开关、刀型开关、铁壳开关、胶盖刀闸开关、组合控制开关、万能转换开关、漏电保护开关等。

131. 封闭式负荷开关的构造是怎样的？其特性是什么？

封闭式负荷开关也叫铁壳开关，主要由闸刀、夹座、熔断器、速断弹簧、转轴及手柄等组成，装在一个钢板外壳或铸铁外壳内。

壳内的速断弹簧用钩子钩在手柄转轴和底座间，闸刀为 U 形双刀片，可以分流；当手柄轴转到一定位置时，速断弹簧的拉力增大，使 U 形双刀片快速地从静插座拉开，电弧被迅速拉长而熄灭。为了保证安全用电，铁壳上装有机械联锁装置，当开关通电工作时，壳盖打不开；而壳盖打开时，开关无法接通，因而确保了安全运行。铁壳开关用于工矿企业、农村电力排灌和照明等各种配电装置，供手动不频繁接通和分断负荷电路用。由于有熔断器，故铁壳开关在线路中起短路保护作用。铁壳开关一般还可用于 15kW 以下电动机不频繁的直接启动。

132. 什么是万能转换开关？其作用是什么？

万能转换开关是由多组相同结构的触点组件叠装而成的多回路控制电器。它主要用于高压断路器操作机构的闭合与分断控制、各种控制线路的转换；安培表和伏特表的换相测量；配电装置线路的转换和遥控；或用于控制小容量电动机的启动、制动、正反转换向及双速电动机的调速控制；也可用于笼型异步电动机的星形—三角形降压起动控制。由于它触点档数多、换接的线路多、用途广泛，故称为"万能"转换开关。

133. 低压刀开关的特点有哪些？其有哪些种类？

低压刀开关是一种简单的低压开关，只能手动接通或切断电路。通常用来作低压线路的隔离开关，因为它有明显可见的断路点。根据闸刀的构造，可分为开启式负荷开关（习称胶盖刀开关）和封闭式负荷开关（习称铁壳刀开关）两种。如果按极数分有单极、双极、三极三种，每种又有单投和双投之分。

134. 开启式负荷开关有哪些特点？

开启式负荷开关也叫胶盖刀开关，其主要特点是容量小，常用的有15A、30A，最大为60A，没有灭弧能力，容易损伤刀片，只用于不频繁操作。

135. 半封闭式负荷开关有哪些特点？

半封闭式负荷开关也称铁壳刀开关，其主要特点是灭弧能力强、有铁壳保护和联锁装置（即带电时不能开门），有短路保护能力，只能用于不频繁操作的场合。

136. 什么是刀开关？其分类有哪些？

刀开关是最简单的手动控制电器，可用于非频繁接通和切断容量不大的低压供电线路，并兼作电源隔离开关。

按工作原理和结构形式，刀开关可分为胶盖闸刀开关、刀形转换开关、铁壳开关、熔断式刀开关、组合开关五类。

137. 什么是自动空气开关？其分类有哪些？

自动空气开关属于一种能自动切断电路故障的控制兼保护电器。自

动开关用 D 表示,其型号含义为:

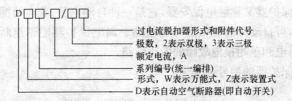

目前常用的自动空气开关型号主要有:DW10、DW5、DZ5、DZ10、DZ12、DZ6 等系列。

自动空气开关按其用途可分为配电用空气开关、电动机保护用空气开关、照明用自动空气开关;按其结构可分为塑料外壳式、框架式、快速式、限流式等;但基本形式主要有万能式和装置式两种,分别用 W 和 Z 表示。

138. 什么是低压熔断器?其分类有哪些?

低压熔断器指当电流超过一定限度时,熔断器中的熔丝(又名保险丝)就会熔化甚至烧断,将电路切断以保护电器装置安全的设置。

熔断器大致可分为插入式熔断器、螺旋式熔断器、封闭式熔断器、快速熔断器、管式熔断器、高分断力熔断器和限流线等。

139. 熔断器有哪些技术参数?

(1)额定电压:熔断器的额定电压取决于线路的额定电压,其值一般等于或大于电气设备的额定电压。

(2)额定电流:熔断器的额定电流等级比较少,而熔体的额定电流等级比较多,即在一个额定电流等级的熔断管内可以分装不同额定电流等级的熔体。

(3)安秒特性:安秒特性也称保护特性,它表征了流过熔体的电流大小与熔断时间关系。熔断器安秒特性数值关系,见表 7-18。

表 7-18　　　　熔断器安秒特性数值关系

熔断电流	$(1.25\sim1.30)I_N$	$1.6I_N$	$2I_N$	$2.5I_N$	$3I_N$	$4I_N$
熔断时间	∞	1h	40s	8s	4.5s	2.5s

140. 什么是漏电保护器？其型号如何表示？

漏电保护器又称触电保安器，它是一种自动电器，装有检漏元件联动执行元件，可自动分断发生故障的线路。漏电保护器能迅速断开发生人身触电、漏电和单相接地故障的低压线路。

漏电保护器的型号含义为：

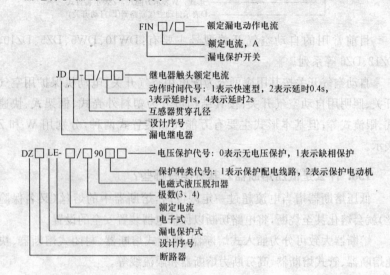

141. 什么是限位开关？由哪几部分组成？

限位开关又称行程开关，它通过开关机械可动部分的动作，将机械信号变换为电信号，借此实现对机械的电气控制。行程开关有多种结构型式，它通常由操作头、触点系统和外壳组成。操作头感测机械设备的动作信号，并传递到触点系统。触点系统由一组动合触点和一组动断触点组成，将操作头传来的机械信号，变换为电信号，输出到有关控制电路，使之作出相应的反应动作。习惯上把尺寸甚小的行程开关称为微动开关。

142. 限位开关的分类有哪些？其特点是什么？

按结构分类，限位开关大致可分为按钮式、滚轮式、微动式和组合式等，具体特点如表7-19所列。

表 7-19　　　　　限位开关的分类及特点

序号	类别	特点	序号	类别	特点
1	按钮式	结构与按钮相仿 优点:结构简单价格便宜 缺点:通断速度受操作速度影响	3	微动式	由微动开关组成 优点:体积小,重量轻,动作灵敏 缺点:寿命较短
2	滚轮式	挡块撞击滚轮,常动触点瞬时动作 优点:开断电流大,动作可靠 缺点:体积大,结构复杂,价格高	4	组合式	几个行程开关组装在一起 优点:结构紧凑,接线集中,安装方便 缺点:专用性强

143. 如何选择限位开关?

选择限位开关时首先要考虑使用场合,才能确定限位开关的型式,然后再根据外界环境选择防护型式。选择触头数量的时候,如果触头数量不够,可采用中间断电器加以扩展,切忌对负荷使用。使用时,安装应该牢固,位置要准确,最好安装位置可以调节,以免活动部分锈死。应该指出的是,在设计时应该注意,平时限位开关不可处于受外力作用的动作状态,而应处于释放状态。

144. 什么是控制器? 目前常用的控制器有哪些?

控制器是一种具有多种切换线路的控制元件,目前应用最普遍的有主令控制器和凸轮控制器。

(1)主令控制器。主令控制器型号意义为:

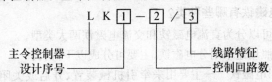

(2)凸轮控制器。凸轮控制器是一种大型手动控制器。主要用于起重设备中直接控制中小型绕线式异步电动机的起动、停止、调速、换向和制动,也适用于有相同要求的其他电力拖动场合。凸轮控制器主要由触头、转轴、凸轮、杠杆、手柄、灭弧罩及定位机构等组成。凸轮控制器中有多组触点,并由多个凸轮分别控制,以实现对一个较复杂电路中的多个触点进行同时控制。由于凸轮控制器可直接控制电动机工作,所以其触头容量大并有灭弧装置。凸轮控制器的优点为控制线路简单、开关元件少、维修方便等,缺点为体积较大、操作笨重,不能实现远距离控制。

145. 什么是接触器?其特点是什么?

接触器是指工业电中利用线圈流过电流产生磁场,使触头闭合,以达到控制负载的电器。

接触器具有操作频率高、使用寿命长、工作可靠、性能稳定、成本低廉、维修简便等优点,主要用于控制电动机、电热设备、电焊机、电容器组等,是电力拖动自动控制线路中应用广泛的控制电器之一。

接触器按其触头通过电流的种类可分为交流接触器和直流接触器。

146. 什么是磁力启动器?

开关电动机的力由电磁力产生的启动装置称为磁力启动器。

147. Y-△自耦减压启动器由哪几部分组成?

Y-△自耦减压启动器是一种电器开关,一般由变压器,开关的静、动触头,热继电器、欠压继电器及启动按钮构成。

148. 什么是电磁铁?其特点是什么?

接通电源能产生电磁力的装置称为电磁铁。

电磁铁通常制成条形或蹄形。电磁铁有许多优点:电磁铁磁性的有无可以用通、断电流控制;磁性的大小可以用电流的强弱或线圈的匝数来控制;也可改变电阻控制电流大小来控制磁性大小。

149. 电磁铁有哪些种类?

电磁铁可以分为直流电磁铁和交流电磁铁两大类型。

如果按照用途来划分电磁铁,主要可分成以下五种:

(1)牵引电磁铁——主要用来牵引机械装置、开启或关闭各种阀门,以执行自动控制任务。

(2)起重电磁铁——用作起重装置来吊运钢锭、钢材、铁砂等铁磁性材料。

(3)制动电磁铁——主要用于对电动机进行制动以达到准确停车的目的。

(4)自动电器的电磁系统——如电磁继电器和接触器的电磁系统、自动开关的电磁脱扣器及操作电磁铁等。

(5)其他用途的电磁铁——如磨床的电磁吸盘以及电磁振动器等。

150. 快速自动开关的特点是什么？

快速自动开关也是自动开关的一种，其特点是：切断电流的容量大，其规格为 1000~4000A，带有分项隔离的消弧罩。切断电流的速度比一般自动开关快，故称快速自动开关。

151. 自动开关有哪些种类？其用途是什么？

自动空气开关的分类及用途见表 7-20。

表 7-20 自动空气开关的分类及用途

序号	分类方法	种　类	主　要　用　途
1	按用途分	保护配电线路自动开关	做电源点开关和各支路开关
		保护电动机自动开关	可装在近电源端,保护电动机
		保护照明线路自动开关	用于生活建筑内电气设备和信号二次线路
		漏电保护自动开关	防止因漏电造成的火灾和人身伤害
2	按结构分	框架式自动开关	开断电流大,保护种类齐全
		塑料外壳自动开关	开断电流相对较小,结构简单
3	按极数分	单极自动开关	用于照明回路
		两极自动开关	用于照明回路或直流回路
		三极自动开关	用于电动机控制保护
		四极自动开关	用于三相四线制线路控制
4	按限流性能分	一般型不限流自动开关	用于一般场合
		快速型限流自动开关	用于需要限流的场合
5	按操作方式分	直接手柄操作自动开关	用于一般场合
		杠杆操作自动开关	用于大电流分断
		电磁铁操作自动开关	用于自动化程度较高的电路控制
		电动机操作自动开关	用于自动化程度较高的电路控制

152. 电阻器的特点是什么？

电阻器是一个限流元件，将电阻接在电路中后，它可限制通过它所连支路的电流大小。如果一个电阻器的电阻值接近零欧姆（例如，两个点之间的大截面导线），则该电阻器对电流没有阻碍作用，串接这种电阻器的回路被短路，电流无限大。如果一个电阻器具有无限大的或很大的电阻，则串接该电阻器的回路可看作开路，电流为零。工业中常用的电阻器介于两种极端情况之间，它具有一定的电阻，可通过一定的电流，但电流不像短路时那样大。电阻器的限流作用类似于接在两根大直径管子之间的小直径管子限制水流量的作用。

153. 什么是油浸频敏变阻器？其由哪些装置构成？

油浸频敏变阻器是可以调节电阻大小的装置，接在电路中能调整电流的大小。一般的油浸频敏变阻器用电阻较大的导线和可以改变接触点以调节电阻线有效长度的装置构成。

154. 什么是分流器？有哪些种类？

分流器是根据直流电流通过电阻时在电阻两端产生电压的原理制成的装置。

分流器广泛用于扩大仪表测量电流范围，有固定式定值分流器和精密合金电阻器，均可用于通信系统、电子整机、自动化控制的电源等回路作限流，均流取样检测。

用于直流电流测量的分流器有插槽式和非插槽式。分流器有锰镍铜合金电阻棒和铜带，并镀有镍层。其额定压降是 60mV，但也可被用作 75、100、120、150 及 300（mV）。

插槽式分流器额定电流有以下几种：5A、10A、15A、20A 和 25A。

非插槽式分流器的额定电流从 30A～15kA 标准间隔均有。

155. 什么是小电器？

在工程量清单计价工作中，把按钮、照明用开关、插座、电笛、电铃、电风扇、水位电气信号装置、测量表计、继电器、电磁锁、屏上辅助设备、辅助电压互感器、小型安全变压器等统称为小电器。

156. 什么是按钮？其有哪些优点？

按钮是电力拖动中一种发送指令的电器，用按钮与接触器相配合来控制电动机启动和停止有以下优点：

(1) 能对电动机实行远距离和自动控制。

(2) 以小电流控制大电流，操作安全。

(3) 减轻劳动强度。

157. 按钮有哪些种类？

按钮根据触点的结构不同，分为启动按钮(常开按钮)、停止按钮(常闭按钮)和复合按钮(常开和常闭组合的按钮)三种。

按钮根据结构形式不同分为：开启式、防水式、紧急式、旋钮式、保护式、钥匙式、防腐式、带灯按钮等。

158. 按钮如何发挥作用？

按钮在控制电路中发出"指令"，去控制电磁启动器、接触器、继电器等电器，再由它们去控制主电路，也可用于电气联锁等电路中。

按钮用于交流电压 500V 或直流电压 440V，电流在 5A 以下的电路中。一般情况下，它不直接操纵主电路的通断，而被用来接通和断开控制电路。

159. 什么是灯开关？其有哪些种类？

灯开关是一种可闭合或断开，以接通或切断电路或用电设备的装置。

灯开关按其安装方式可分为明装开关和暗装开关两种；按其开关操作方式又有拉线开关、跷板开关、床头开关等；按其控制方式有单控开关和双控开关。

160. 什么是明装开关？

首先将木台固定在墙上，再在木台上安装开关，这种开关称明装开关。

161. 什么是暗装开关？

先将开关盒埋设在墙内，用水泥砂浆填充，使开关盒的铁盒口与粉刷层平面齐平。在开关盒内穿好导线后，再将开关装设在开关盒内，盖上板盖。这种形式的开关称为暗装开关。

162. 什么是电笛？其有哪些特点？

电笛是一种声信号装置，其作用是在通电后发出声信号以起到提示或警告作用。电笛有普通型和防爆型之分，防爆型电笛主要用在有爆炸危险的场所。

163. 什么是电铃？其作用是什么？

电铃是一种声信号装置，只是其声响不如电笛。电铃的作用主要是起提示之用。

164. 什么是插座？

插座实质是一种接线盒，可用于连接各种带插头的用电设备。插座有三孔插座和两孔插座两种类型，也可制成两孔和三孔的混合型。

插座是各种移动电器如台灯、电视机、洗衣机和壁扇等的电源接取口。

165. 常用的电风扇有哪些？

常用的风扇，有吊扇和壁扇两种，吊扇有三叶吊扇、三叶带指示灯吊扇和四叶带指示灯吊扇等。

166. 控制设备及低压电器定额工作内容包括哪些？

控制设备及低压电器定额工作内容包括：

(1)控制、继电、模拟及配电屏安装。工作内容包括开箱、检查，安装，电器、表计及继电器等附件的拆装、送交实验、盘内整理及一次校线、接线。

(2)硅整流柜安装。工作内容包括开箱、检查、安装、一次接线、接地。

(3)可控硅柜安装。工作内容包括开箱、检查、安装、一次接线、接地。

(4)直流屏及其他电气屏（柜）安装。工作内容包括开箱、检查，安装，电器、表计及继电器等附件的拆装、送交实验、盘内整理及一次接线。

(5)控制台、控制箱安装。工作内容包括开箱、检查，安装，电器、表计等附件的拆装、送交实验，盘内整理，一次接线。

(6)成套配电箱安装。工作内容包括开箱、检查、安装、查校线、接地。

(7)控制开关安装。工作内容包括开箱、检查、安装、接线、接地。

(8)熔断器、限位联安装。工作内容包括开箱、检查、安装、接线、接地。

(9)控制器、接触器、启动器、电磁铁、快速自动开关安装。工作内容包括开箱、检查、安装、触头调整、注油、接线、接地。

(10)电阻器、变阻器安装。工作内容包括开箱、检查、安装、触头调整、注油、接线、接地。

(11)按钮、电笛、电铃安装。工作内容包括开箱、检查、安装、接线、接地。

(12)水位电气信号装置。工作内容包括测位、划线、安装、配管、穿线、接线、刷油。

(13)仪表、电器、小母线安装。工作内容包括开箱、检查、盘上划线、钻眼、安装固定、写字编号、下料布线、上卡子。

(14)分流器安装。工作内容包括接触面加工、钻眼、连接、固定。

(15)盘柜配线。工作内容包括放线、下料、包绝缘带、排线、卡线、校线、接线。

(16)端子箱、端子板安装及端子板外部接线。工作内容包括开箱、检查、安装、表计拆装、试验、校线、套绝缘管、压焊端子、接线。

(17)焊铜接线端子。工作内容包括削线头、套绝缘管、焊接头、包缠绝缘带。

(18)压铜接线端子。工作内容包括削线头、套绝缘管、压接头、包缠绝缘带。

(19)压铝接线端子。工作内容包括削线头、套绝缘管、压线头、包缠绝缘带。

(20)穿通板制作、安装。工作内容包括平直、下料、制作、焊接、打洞、安装、接地、油漆。

(21)基础槽钢、角钢安装。工作内容包括平直、下料、钻孔、安装、接地、油漆。

(22)铁构件制作、安装及箱盒制作。工作内容包括制作、平直、划线、下料、钻孔、组对、焊接、刷油(喷漆)、安装、补刷油。

(23)木配电箱制作。工作内容包括选料、下料、制榫、净面、拼缝、拼装、砂光、油漆。

(24)配电板制作、安装。工作内容包括制作、下料、制榫、拼缝、钻孔、拼装、砂光、油漆、包钉铁皮、安装、接线、接地。

167. 什么是接地？其作用是什么？

电气装置的某一部分与地做良好的连接，称为接地。

电气设备接地是为了保证电气设备在正常或事故情况下能可靠地运行，或者是为了保证人身安全而采取的措施。

168. 什么是接地体？

埋入大地并直接与大地接触的导体称为接地体。

169. 铜接线端子的装接方法有哪些？

铜接线端子的装接，有焊接与压接两种方法。压铜接线端子即是采用压接方法，将线芯插入端子孔内，用压接钳进行压接。这种接线方法操作简单，而且可节省有色金属和燃料，质量也比较好。

170. 控制设备及低压电器定额工程量计算应遵循哪些规则？

控制设备及低压电器安装定额工程量计算规则如下：

(1)控制设备及低压电器安装均以"台"为计量单位。以上设备安装均未包括基础槽钢、角钢的制作安装，其工程量应按相应定额另行计算。

(2)铁构件制作安装均按施工图设计尺寸，以成品质量"kg"为计量单位。

(3)网门、保护网制作安装，按网门或保护网设计图示的框外围尺寸，以"m^2"为计量单位。

(4)盘柜配线分不同规格，以"m"为计量单位。

(5)盘、箱、柜的外部进出线预留长度按表7-21计算。

(6)配电板制作安装及包铁皮，按配电板图示外形尺寸，以"m^2"为计量单位。

(7)焊(压)接线端子定额只适用于导线。电缆终端头制作安装定额中已包括压接线端子，不得重复计算。

(8)端子板外部接线按设备盘、箱、柜、台的外部接线图计算，以"10个"为计量单位。

(9)盘、柜配线定额只适用于盘上小设备元件的少量现场配线，不适用于工厂的设备修、配、改工程。

表 7-21　　　　盘、箱、柜的外部进出线预留长度　　　　m/根

序号	项目	预留长度	说明
1	各种箱、柜、盘、板、盒	高+宽	盘面尺寸
2	单独安装的铁壳开关、自动开关、刀开关、启动器、箱式电阻器、变阻器	0.5	从安装对象中心算起
3	继电器、控制开关、信号灯、按钮、熔断器等小电器	0.3	从安装对象中心算起
4	分支接头	0.2	分支线预留

171. 如何计算基础型钢定额工程量?

基础型钢以 m 为单位计算。单个柜盘的基础型钢长度 $L=2(A+B)$；n 个同规格型号柜、盘相连,安装在共用的基础上的型钢长度为:

$$L=2(nA+B)$$

式中,n——表示柜、屏台数；

A——表示柜、屏宽度(m);

B——表示柜、屏深度(m)。

基础型钢安装不包括型钢制作,型钢制作应另列项目,执行"铁构件制作"定额。

【例 7-2】　某变电所高压配电室内有高压开关柜 XGN2-10,外形尺寸为 1300mm×2680mm×1350mm(宽×高×深),共 28 台,预留 8 台,且安装在同一电缆沟上,基础型钢选用 Ⅰ10 槽钢,试计算其工程量。

【解】　Ⅰ10 基础槽钢的长度为

$$L=2(nA+B)$$
$$=2\times[(28+8)\times1.3+1.35]$$
$$=96.3m$$

Ⅰ10 槽钢单位长度质量为 10kg/m,则

$$G=96.3\times10$$
$$=963kg$$

【例 7-3】　设有高压开关柜 GFC-10A 计 20 台,预留 3 台,安装在同一型钢基础上,柜宽 800mm,深 1250mm,求基础型钢工程量。

【解】　基础型钢工程量 $L=(20+3)\times2\times0.8+2\times1.25=39.3m$

附件:电机及低压电器安装工程工程量清单项目设置

附件1:电机检查接线及调试工程量清单项目设置

电机检查接线及调试工程量清单项目编码、项目名称、项目特征、计量单位及工程内容见表 7-22。

表 7-22　　　　电机检查接线及调试(编码:030206)

项目编码	项目名称	项目特征	计量单位	工程内容
030206001	发电机	1. 型号。 2. 容量(kW)	台	1. 检查接线(包括接地)。 2. 干燥。 3. 调试
030206002	调相机			
030206003	普通小型直流电动机	1. 名称、型号。 2. 容量(kW)。 3. 类型	台	1. 检查接线(包括接地)。 2. 干燥。 3. 系统调试
030206004	可控硅调速直流电动机			
030206005	普通交流同步电动机	1. 名称、型号。 2. 容量(kW)。 3. 启动方式	台	1. 检查接线(包括接地)。 2. 干燥。 3. 系统调试
030206006	低压交流异步电动机	1. 名称、型号、类别。 2. 控制保护方式		
030206007	高压交流异步电动机	1. 名称、型号。 2. 容量(kW)。 3. 保护类别		
030206008	交流变频调速电动机	1. 名称、型号。 2. 容量(kW)		
030206009	微型电机、电加热器	1. 名称、型号。 2. 规格		

续表

项目编码	项目名称	项目特征	计量单位	工程内容
030206010	电动机组	1. 名称、型号。 2. 电动机台数。 3. 联锁台数	组	1. 检查接线(包括接地)。 2. 干燥。 3. 系统调试
030206011	备用励磁机组	名称、型号		
030206012	励磁电阻器	1. 安装。 2. 检查接线。 3. 干燥		

附件2：滑触线装置安装工程量清单项目设置

滑触线设置安装工程量清单项目编码、项目名称、项目特征、计量单位及工程内容见表7-23。

表7-23　　　　　滑触线装置安装(编码：030207)

项目编码	项目名称	项目特征	计量单位	工程内容
030207001	滑触线	1. 名称。 2. 型号。 3. 规格。 4. 材质	m	1. 滑触线支架制作、安装、刷油。 2. 滑触线安装。 3. 拉紧装置及挂式支持器制作、安装

附件3：蓄电池安装工程量清单项目设置

蓄电池安装工程量清单项目编码、项目名称、项目特征、计量单位及工程内容见表7-24。

表7-24　　　　　蓄电池安装(编码：030205)

项目编码	项目名称	项目特征	计量单位	工程内容
030205001	蓄电池	1. 名称、型号。 2. 容量	个	1. 防震支架安装。 2. 本体安装。 3. 充放电

附件4:控制设备及低压电器安装工程量清单项目设置

控制设备及低压电器安装工程量清单项目编码、项目名称、项目特征、计量单位及工程内容见表7-25。

表7-25　　　　控制设备及低压电器安装(编码:030204)

项目编码	项目名称	项目特征	计量单位	工程内容
030204001	控制屏	1. 名称、型号。 2. 规格	台	1. 基础槽钢制作、安装。 2. 屏安装。 3. 端子板安装。 4. 焊、压接线端子。 5. 盘柜配线。 6. 小母线安装。 7. 屏边安装
030204002	继电、信号屏			
030204003	模拟屏			
030204004	低压开关柜			1. 基础槽钢制作、安装。 2. 柜安装。 3. 端子板安装。 4. 焊、压接线端子。 5. 盘柜配线。 6. 屏边安装
030204005	配电(电源)屏			
030204006	弱电控制返回屏		台	1. 基础槽钢制作、安装。 2. 屏安装。 3. 端子板安装。 4. 焊、压接线端子。 5. 盘柜配线。 6. 小母线安装。 7. 屏边安装

续表

项目编码	项目名称	项目特征	计量单位	工程内容
030204007	箱式配电室	1. 名称、型号。 2. 规格。 3. 质量	套	1. 基础槽钢制作、安装。 2. 本体安装
030204008	硅整流柜	1. 名称、型号。 2. 容量(A)	台	1. 基础槽钢制作、安装。 2. 盘柜安装
030204009	可控硅柜	1. 名称、型号。 2. 容量(kW)		
030204010	低压电容器柜	1. 名称、型号。 2. 规格	台	1. 基础槽钢制作、安装。 2. 屏(柜)安装。 3. 端子板安装。 4. 焊、压接线端子。 5. 盘柜配线。 6. 小母线安装。 7. 屏边安装
030204011	自动调节励磁屏			
030204012	励磁灭磁屏			
030204013	蓄电池屏(柜)			
030204014	直流馈电屏			
030204015	事故照明切换屏			
030204016	控制台			1. 基础槽钢制作、安装。 2. 台(箱)安装。 3. 端子板安装。 4. 焊、压接线端子。 5. 盘柜配线。 6. 小母线安装
030204017	控制箱			1. 基础型钢制作、安装。 2. 箱体安装
030204018	配电箱			

续表

项目编码	项目名称	项目特征	计量单位	工程内容
030204019	控制开关	1. 名称。 2. 型号。 3. 规格	个	1. 安装。 2. 焊压端子
030204020	低压熔断器	1. 名称、型号。 2. 规格	台	
030204021	限位开关			
030204022	控制器			
030204023	接触器			
030204024	磁力启动器			
030204025	Y-△自耦减压启动器			
030204026	电磁铁(电磁制动器)			
030204027	快速自动开关			
030204028	电阻器			
030204029	油浸频敏变阻器			
030204030	分流器	1. 名称、型号。 2. 容量(A)		
030204031	小电器	1. 名称。 2. 型号。 3. 规格	个(套)	

第八章
·室内外配线工程计量与计价·

1. 室内导线敷设的方式有哪些?

室内导线敷设的方式有瓷夹板、瓷珠配线、瓷瓶配线、钢索吊线、大瓷瓶配线、管内穿线等,应用最多的是管内穿线。

2. 室内配电线路常用的管材有哪些?

室内配电线路常用的管材包括:阻燃 PVC 管、钢管(代号 SC)、电线管(代号 TC)、硬塑料管(代号 PC)、阻燃型半硬塑料管(代号 PVC)、阻燃型可能塑料管(代号 KPC)、线槽配线、封闭式母线槽。

3. 配电线路中常用的绝缘导线有哪些?其型号怎样表示?

配电线路中常用的绝缘导线包括:

(1)铝芯橡皮绝缘线:型号 BLX—□。

(2)铜芯橡皮绝缘线:型号 BX—□。

(3)铝芯塑料绝缘线:型号 BLV—□。

(4)铜芯塑料绝缘线:型号 BV—□。

(5)铝芯氯丁橡皮绝缘线:型号 BLXF—□。

注:□中的数字表示导线的公称截面,单位为 mm^2。

例如电气平面图中有:BV($3\times50+1\times35$)SC50—FC,这表示铜芯塑料绝缘线,3 根 $50mm^2$,1 根 $35mm^2$ 导线,穿 $50mm$ 钢管,沿地暗敷设。

铜芯绝缘线的截面有 $1.0mm^2$、$1.5mm^2$、$2.5mm^2$、$4mm^2$、$6mm^2$、$10mm^2$、$16mm^2$、$25mm^2$、$35mm^2$、$50mm^2$、$70mm^2$、$95mm^2$、$120mm^2$、$150mm^2$、$185mm^2$、$240mm^2$ 等。铝芯线最小 $2.5mm^2$。铝绞线的最小截面是 $10mm^2$。

4. 配管、配线工程工程量清单包括哪些项目?

配管、配线工程工程量清单项目包括电气配管、线槽、电气配线。

5. 配管、配线工程工程量清单项目设置应注意哪些问题?

(1)在配管清单项目中,名称和材质有时是一体的,如钢管敷设,"钢管"既是名称,又代表了材质,规格指管的直径,如 DN25。配置形式表示明配或暗配。部位表示敷设位置:①砖、混凝土结构上;②钢结构支架上;③钢索上;④钢模板内;⑤吊棚内;⑥埋地敷设。

(2)在配线工程中,清单项目名称要紧紧与配线形式连在一起,因为配线的形式会决定选用什么样的导线,因此对配线形式的表达非常重要。

配线形式有:①管内穿线;②瓷夹板或塑料夹板配线;③鼓型、针式、蝶式绝缘子配线;④木槽板或塑料槽板配线;⑤塑料护套线明敷设;⑥线槽配线。

电气配线项目特征中的"敷设部位或线制"也很重要。敷设部位一般指:①木结构上;②砖、混凝土结构上;③顶棚内;④支架或钢索上;⑤沿屋架、梁、柱;⑥跨层架、梁、柱。"敷设线制"主要指二线制或三线制,在夹板和槽板配线中,对于同样长度的线路,两线制与三线制所用主材导线的量差别很大,且辅材也不一样,因此要描述线制。

(3)金属软管敷设不单独设清单项目,在相关设备安装或电机检查接线清单项目的综合单价中考虑。

(4)根据配管工艺的需要和计量的连续性,规范的接线箱(盒)、拉线盒、灯位盒综合在配管工程中,关于接线盒、拉线盒的设置按施工及验收规范的规定执行。

配电线保护管遇到下列情况之一时,中间应增设接线盒和拉线盒,且接线盒或拉线盒的位置应便于穿线:①管长度每超过 30m,无弯曲;②管长度每超过 20m 有 1 个弯曲;③管长度每超过 15m 有 2 个弯曲;④管长度每超过 8m 有 3 个弯曲。

垂直敷设的电线保护管遇下列情况之一时应增设固定导线用的拉线盒:①管内导线截面为 $50mm^2$ 及以下,长度每超过 30m;②管内导线截面为 $70\sim95mm^2$,长度每超过 20m;③管内导线截面为 $120\sim240mm^2$,长度每超过 18m。

(5)在配线工程中,所有的预留量(指与设备连接)均应依据设计要求或施工及验收规范规定的长度考虑在综合单价中,而不作为实物量计算。

6. 什么是配管?有哪些方式?

配管即线管敷设。配管工作一般从配电箱开始,逐段配至用电设备处,有时也可以从用电设备端开始,逐段配至配电箱处。

配管分为明配管和暗配管。

7. 什么是明配管？应符合哪些要求？

明配管指将线管显露地敷设在建筑物表面。明配管应排列整齐、固定点间距均匀，一般管路是沿着建筑物水平或垂直敷设，其允许偏差在 2m 以内均为 3mm，全长不应超过管子内径的 1/2，当管子是沿墙、柱或屋架处敷设时，应用管卡固定。

8. 什么是暗配管？应符合哪些要求？

暗配管指将线管敷设在现浇混凝土构件内，可用铁线将管子绑扎在钢筋上，也可以用钉子钉在模板上，但应将管子用垫块垫起，用铁线绑牢。

9. 什么是接线盒？其作用是什么？

接线箱（盒）是一种箱（盒）体，其内集中有各种类型的电路线接头。接线箱（盒）用于集中管理线路连接的接头，方便检修，也可起到维护线路安全的作用。

10. 什么是灯头盒？

灯头盒用于连接灯泡或灯管，其内有电路进线和接触滑头，当接上灯泡或灯管时，滑头与灯泡或灯管的灯头接线接通，使灯泡或灯管通电发亮。

11. 什么是开关盒？其作用是什么？

开关盒指集中放置开关的盒子，可以方便开关的管理和检修，也可以起到维护安全的作用。

12. 什么是拉紧装置？

拉紧装置指当车间硬母线跨柱、跨梁或跨屋架敷设，且线路较长，支架间距也较大时，分别设置在母线终端及中间，将母线拉紧的装置。

13. 硬塑料管适用于哪些场所？

硬塑料管适用于室内或有酸、碱等腐蚀介质场所的明敷。明配的硬塑料管在穿过楼板等易受机械损伤的地方，应用钢管保护；埋于地面内的硬塑料管，露出地面易受机械损伤段落，也应用钢管保护；硬塑料管不准用在高温、高热的场所（如锅炉房），也不应在易受机械损伤的场所敷设。

14. 半硬塑料管适用于哪些场所？

半硬塑料管只适用于六层及六层以下的一般民用建筑的照明工程。应敷设在预制混凝土楼板间的缝隙中，从上到下垂直敷设时，应暗敷在预留的砖缝中，并用水泥砂浆抹平，砂浆厚度不小于 15mm。半硬塑料管不得敷设在楼板平面上，也不得在吊顶及护墙夹层内及板条墙内敷设。

15. 薄壁管适用于哪些场所？

薄壁管通常用于干燥场所进行明敷。薄壁管也可安装于吊顶、夹板墙内，也可暗敷于墙体及混凝土层内。

16. 厚壁管适用于哪些场所？

厚壁管用于防爆场所明敷，或在机械载重场所进行暗敷，也可经防腐处理后直接埋入泥地。镀锌管通常使用在室外，或在有腐蚀性的土层中暗敷。

17. 阻燃 PVC 管有哪些优点？

近年来，阻燃 PVC 管有取代其他管材之势，这种管材有以下优点：

(1) 施工裁剪最方便，用一种专用管刀，很容易裁断，用一种专用粘合剂容易把 PVC 粘接起来，国产 PVC 胶亦很好用，加工作弯容易。

(2) 耐腐蚀，抗酸碱能力强，耐高温，符合防火规范的要求。

(3) 质量轻，只有钢管质量的六分之一，便于运输，施工省力。

(4) 价格便宜，比钢管价廉。

(5) 可提高安装工作效率，有许多连接头配件，如三通、四通、接线盒等。加工示意见图 8-1。

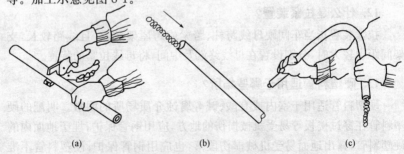

图 8-1　PVC 管加工示意图
(a) 专用剪刀；(b) 穿入弹簧防扁；(c) 弯之即成

18. 什么是线槽配线？

线槽配线是将绝缘导线敷设在线槽内的一种配线方式。当导线的数量较多时用线槽配线（穿管线最多8根）。

19. 电气工程中常用的线槽有哪些？

电气工程中，常用的线槽有塑料线槽、金属线槽、封闭式母线槽及插接式母线槽。

20. 塑料线槽具有哪些特点？适用于哪些场所？

塑料线槽由槽底、槽盖及附件组成，是由难燃型硬质聚氯乙烯工程塑料挤压成型的，规格较多，外形美观，可起到装饰建筑物的作用。用PVC材料制成的线槽的编号、规格和参考单价见表8-1。

表8-1 PVC线槽编号规格及参考单价

产品编号	规格(宽×高)/mm	单位价格/(元/m)
SA1001	15×10	2.57
SA1002	25×14	3.48
SA1003	40×18	4.75
SA1004	60×22	7.17
SA1005	100×27	9.96
SA1006	100×40	13.45
SA1007	40×18(双坑)	5.70
SA1008	40×18(三坑)	6.18

塑料线槽一般适用于正常环境的室内场所明敷设，也用于科研实验室或预制板结构而无法暗敷设的工程；还适用于旧工程改造更换线路；同时也用于弱电线路吊顶内暗敷设场所；在高温和易受机械损伤的场所不宜采用塑料线槽布线。

21. 金属线槽的适用范围是怎样的？使用金属线槽应符合哪些要求？

金属线槽配线一般适用于正常环境的室内场所明敷，由于金属线槽多由厚度为 0.4～1.5mm 的钢板制成,其构造特点决定了在对金属线槽有严重腐蚀的场所不应采用金属线槽配线。具有槽盖的封闭式金属线槽,有与金属导管相当的耐火性能,可用在建筑物顶棚内敷设。

为适应现代化建筑物电气线路复杂多变的需要,金属线槽也可采取地面内暗装的布线方式。它是将电线或电缆穿在经过特制的壁厚为 2mm 的封闭式矩形金属线槽内,直接敷设在混凝土地面、现浇钢筋混凝土楼板或预制混凝土楼板的垫层内。

22. 封闭式母线槽适用于哪些情况?

为了输送很大的安全载流量,用普通的导线就显得容量不够了,常常采用母线槽的形式输送大电流。例如:FCM-A 型密集型插接式母线槽,其特点是:不仅输送电流大而且安全可靠、体积小、安装灵活;施工中与其他土建互不干扰、安装条件适应性强、效益较好、绝缘电阻一般不小于 $10M\Omega$。

23. 常用的插接式母线槽有哪些? 各有什么特点?

插接式母线槽的种类很多,常用的有 MC-1 型插接式母线槽和 C2L-3 系列插接式母线槽。

(1)MC-1 型插接式母线槽广泛用于工厂企业、车间,作为电压 500V 以下、额定电流 1000A 以下、用电设备较密集的场所配电用。MC-1 型插接式母线槽每段长 3m,前后各有 4 个插孔,其孔距为 700mm。金属外壳用 1mm 厚的钢板压成槽后,再合成封闭型,具有防尘、散热等优点。绝缘瓷盒采用烧结瓷。每段母线装 10 个瓷抽盒,其中两端各一个,作固定母线用,中间 8 个,作插接用。金属母线根据容量大小,分别采用钢材或铜材。350A 以下容量的为单排线,800～1000A 的为双排线。当进线盒与插接式母线槽配合使用时,进线盒装于插接式母线的首端,380V 以下电源通过进线盒加到母线上。当分线盒与插接式母线槽配套使用时,分线盒装于插接式母线槽上,把电源引至照明或动力设备。分线盒内装 RTO 系列熔断器,可分 60A、100A、200A 三种,作电力线路短路保护用。

(2)CZL-3 系列插接式母线槽的额定电流为 250～2500A,电压 380V,额定绝缘电压 500V 按电流等级分有 250A、400A、800A、1000A、1600A、2000A、2500A 等。用母线槽的配线系统见图 8-2。

第八章 室内外配线工程计量与计价

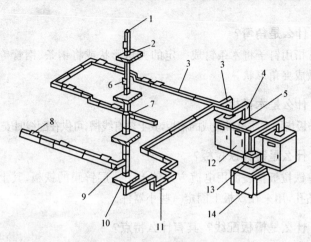

图 8-2 密封式母线槽配线系统示意图
1—终端盖；2—弹性支架；3—分线口水平 L 形；4—分线口垂直 L 形；
5—进线节；6—分线箱；7—变容节；8—分线箱；9—分线口垂直 T 形；
10—楼面；11—分线口垂直 Z 形；12—配电柜；13—进线箱；14—变压器

24. FCM 系列母线槽的型号代表什么含义？

FCM 系列母线槽的型号含义如下：

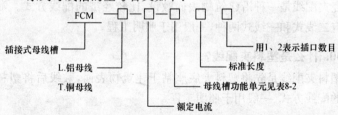

表 8-2		母线槽功能单元代号表		
A		母线槽	BY	变容量接头
S		始端母线槽	BX	变向接头
Z		终端盖	SC	十字形垂直接头
LS		L 形水平接头	ZS	Z 形水平接头
LC		L 形垂直接头	ZC	Z 形垂直接头
P		膨胀接头	GH	始端进线盒

25. 什么是角弯？

角弯指用钉子将木条钉成一定的夹角形状或将钢条、钢管等用一定的机械做成夹角形状。

26. 什么是木槽板？

木槽板指用木质材料做成的槽板，其上刻有线槽，可供在配线时安放导线。

27. 什么是镀锌铁拉板？

镀锌铁拉板指表面用电镀方式镀上了一层锌膜的铁板，其上有各种型号的钻孔，用来在铁板上固定一些小器件。

28. 什么是槽板配线？其有什么特点？

槽板配线就是把绝缘导线敷设在槽板的线槽内，上部用盖板把导线盖住。槽板配线整齐美观，造价低，但木槽板容易吸收水分变形或裂开，塑料槽板处在高温下也容易变形，所以此种配线方式只适用于办公室、生活间等干燥房屋的照明线路。

29. 什么是瓷夹配线？

瓷夹配线是一种沿建筑物表面敷设、比较经济的配线方式。常用的瓷夹有二线式和三线式两种，一般用于照明工程。

30. 什么是塑料夹配线？

塑料夹配线是先将塑料夹底座粘于建筑物表面，敷线后将塑料夹盖拧入的配线方式，一般用于照明工程。

31. 木槽板配线有什么特点？其配线方法是怎样的？

木槽板配线比瓷夹、塑料夹配线整齐美观，但由于木槽板吸收水分后易于变形，不宜用于潮湿场所。其配线方法是将导线放于线槽内，每槽内只允许敷设一根导线，最大截面为 $6mm^2$，外加盖板把导线盖住。木槽板有两线式和三线式。一般用于照明工程。

32. 塑料槽配线的特点有哪些？

塑料槽板配线具有体积小、可防潮的优点。其配线方法与木槽板配线相同。一般用于照明工程中。

33. 什么是钢索配线？其适用于哪些场合？

钢索配线就是在钢索上吊瓷瓶配线、吊钢管配线或吊塑料护套线配线；同时灯具也吊装在钢索上，钢索两端用穿墙螺栓固定，并用双螺母紧固，钢索用花篮螺栓拉紧。

钢索配线一般适用于屋架较高、跨距较大、灯具安装高度要求较低的工业厂房内。特别是纺织工业用得较多，因为厂房内没有起重设备，生产所要求的亮度大，标高又限制在一定的高度。

34. 什么是钢索？有什么作用？

钢索是用两股及两股以上的钢丝绞成的钢绞线，在配线工程中用以吊挂导线和其他器具，如绝缘子、灯等。

35. 钢索配线所使用的钢索应符合哪些要求？

钢索配线所使用的钢索一般应符合下列要求：
(1) 宜使用镀锌钢索，不得使用含油芯的钢索。
(2) 敷设在潮湿或有腐蚀性的场所应使用塑料护套钢索。
(3) 钢索的单根钢丝直径应小于 0.5mm。
(4) 选用圆钢作钢索时，在安装前应调直预伸和涂防腐漆。
(5) 钢索的单根钢丝不应有扭曲和断胶现象。

36. 绝缘电线有哪些种类？

绝缘电线种类丰富，根据不同的分类标准可分为不同类型。按绝缘材料的不同，分为橡胶绝缘电线和塑料绝缘电线；按导体材料分为铝芯电线和铜芯电线，铝芯电线比铜芯电线电阻率大、机械强度低，但质轻、价廉；按制造工艺分为单股电线和多股电线。截面在 10mm^2 以下的电线通常为单股。

37. 绝缘电线的型号表示什么含义？常用的绝缘电线有哪些？

绝缘电线型号含义如下：

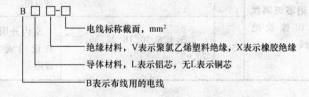

电气照明工程常用的绝缘电线见表 8-3。

表 8-3　　　　　电气照明工程常用的绝缘电线

型号	名称	电压/V	线芯标称截面/mm²	用途
BV	铜芯塑料绝缘线	500	0.75、1.0、1.5、2.5、4、6、10、16、25、35、50、70、95	室内明装固定敷设或穿管敷设用
BLV	铝芯塑料绝缘线	500	2.5、4、6、10、16、25、35、50、70、95	
BVV	铜芯塑料绝缘及护套线	500	0.75、1.0、1.5、2.5、4、6、10 2×0.75、2×1.0、2×1.5、2×2.25、2×4、2×6、2×10 3×0.75、3×1.0、3×1.5、3×2.5、3×4、3×6、3×10	室内明装固定敷设或穿管敷设用,可采用铝卡片敷设
BLV	铝芯塑料绝缘及护套线	500	2.5、4、6、10、2×2.5、2×4、2×6、2×10、3×2.5、3×4、3×6、3×10	
BXF	铜芯氯丁橡胶绝缘线	500	0.75、1.0、1.5、2.5、4、6、10、16、25、35、50、70、95	室内外明装固定敷设用
BLXF	铝芯氯丁橡胶绝缘线	500	2.5、4、6、10、16、25、35、50、70、95	
BBX	铜芯玻璃丝编织橡胶绝缘线	250	0.75、1.0、1.5、2.5、4	室内外明装固定敷设用
		500	0.75、1.0、1.5、2.5、4、6、10、16、25、35、50、70、95	室内外明装固定敷设用或穿管敷设用
BBLX	铝芯玻璃丝编织橡胶绝缘线	250	2.5、4	室内外明装固定敷设用
		500	2.5、4、6、10、16、25、35、50、70、95	室内外明装固定敷设用或穿管敷设用

38. 配管、配线工程定额工作内容有哪些？

配管、配线工程定额工作内容包括：

(1) 电线管敷设：

1) 砖、混凝土结构明、暗配。工作内容包括测位、划线、打眼、埋螺栓、锯管、套丝、煨弯、配管、接地、刷漆。

2) 钢结构支架、钢索配管。工作内容包括测位、划线、打眼、上卡子、安装支架、锯管、套丝、煨弯、配管、接地、刷漆。

(2) 钢管敷设：

1) 砖、混凝土结构明配。工作内容包括测位、划线、打眼、埋螺栓、锯管、套丝、煨弯、配管、接地、刷漆。

2) 砖、混凝土结构暗配。工作内容包括测位、划线、锯管、套丝、煨弯、刨沟、配管、接地、刷漆。

3) 钢模板暗配。工作内容包括测位、划线、钻孔、锯管、套丝、煨弯、配管、接地、刷漆。

4) 钢结构支架配管。工作内容包括测位、划线、打眼、上卡子、锯管、套丝、煨弯、配管、接地、刷漆。

5) 钢索配管。工作内容包括测位、划线、锯管、套丝、煨弯、上卡子、配管、接地、刷漆。

(3) 防爆钢管敷设：

1) 砖、混凝土结构明配。工作内容包括测位、划线、打眼、埋螺栓、锯管、套丝、煨弯、配管、接地、气密性试验、刷漆。

2) 砖、混凝土结构暗配。工作内容包括测位、划线、锯管、套丝、煨弯、配管、接地、气密性实验、刷漆。

3) 钢结构支架配管。工作内容包括测位、划线、打眼、安装支架、锯管、套丝、煨弯、配管、接地、试压、刷漆。

4) 塔器照明配管。工作内容包括测位、划线、锯管、套丝、煨弯、配管、支架制作安装、试压、补焊口漆。

(4) 可挠金属套管敷设：

1) 砖、混凝土结构暗配。工作内容包括测位、划线、刨沟、断管、配管、固定、接地、清理、填补。

2) 吊棚内暗敷设。工作内容包括测位、划线、断管、配管、固定、接地。

(5)塑料管敷设:塑料管包括硬质聚氯乙烯管、刚性阻燃管、半硬质阻燃管。

1)硬质聚氯乙烯管敷设:

①砖、混凝土结构明配。工作内容包括测位、划线、打眼、埋螺栓、锯管、煨弯、接管、配管。

②砖、混凝土结构暗配。工作内容包括测位、划线、打眼、埋螺栓、锯管、煨弯、接管、配管。

③钢索配管。工作内容包括测位、划线、锯管、煨弯、接管、配管。

2)刚性阻燃管敷设:

①砖、混凝土结构明配。工作内容包括测位、划线、打眼、下胀管、连接管件、配管、安螺钉、切割空心墙体、刨沟、抹砂浆保护层。

②吊棚内敷设。工作内容包括测位、划线、打眼、下胀管、接管、配管。

3)半硬质阻燃管暗敷设。工作内容包括测位、划线、打眼、刨沟、敷设、抹砂浆保护层。

4)半硬质阻燃管理地敷设。工作内容包括测位、划线、挖土敷设、填实土方。

(6)金属软管敷设。工作内容包括量尺寸、断管、连接接头、钻眼、攻丝、固定。

(7)管内穿线。工作内容包括穿引线、扫管、涂滑石粉、穿线、编号、接焊包头。

(8)瓷夹板配线。

1)木结构。工作内容包括测位、划线、打眼、下过墙管、上瓷夹、配线、焊接包头。

2)砖、混凝土结构。工作内容包括:测位、划线、打眼、埋螺栓、下过墙管、上瓷夹、配线、焊接包头。

(9)塑料夹板配线。工作内容包括测位、划线、打眼、下过墙管、配料、固定线夹、配线、焊接包头。

(10)鼓形绝缘子配线:

1)在木结构、顶棚内及砖混结构敷设工作内容包括测位划线、打眼、埋螺钉、钉木楞、下过墙管、上绝缘子、配线、焊接包头。

2)沿钢支架及钢索敷设工作内容包括测位划线、打眼、下过墙管、安装支架、吊架、上绝缘子、配线、焊接包头。

(11)针式绝缘子配线(分沿屋架、梁、柱、墙敷设和跨屋架、梁、柱敷设)工作内容包括测位划线、打眼、安装支架、下过墙管、上绝缘子、配线、焊接包头。

(12)蝶式绝缘子配线(分沿屋架、梁、柱敷设和跨屋架、梁、柱敷设)工作内容包括测位划线、打眼、安装支架、下过墙管、上绝缘子、配线、焊接包头。

(13)木槽板配线(分在木结构和砖混结构敷设两种情况)工作内容包括测位划线、打眼、下过墙管、断料、做角弯、装盒子、配线、焊接包头。

(14)塑料槽板配线工作内容包括测位划线、打眼、埋螺钉、下过墙管、断料、做角弯、装盒子、配线、焊接包头。

(15)塑料护套线明敷设(分在木结构、砖混结构、沿钢索敷设)工作内容包括测位划线、打眼、埋螺钉(配料粘底板)、下过墙管、上卡子、装盒子、配线、焊接包头。

(16)线槽配线工作内容包括清扫线槽、放线、编号、对号、接焊包头。

(17)钢索架设工作内容包括测位、断料、调直、架设、绑扎、拉紧、刷漆。

(18)母线拉紧装置及钢索拉紧装置制作、安装、工作内容包括下料、钻眼、煨弯、组装、测位、打眼、埋螺栓、连接固定、刷漆防腐。

(19)车间带形母线安装(分沿屋架、梁、柱、墙敷设和跨屋架、梁、柱敷设)工作内容包括打眼,支架安装、绝缘子灌注、安装、母线平直、煨弯、钻孔、连接架设、拉紧装置、夹具、木夹板的制作安装,刷分相漆。

(20)动力配管混凝土地面刨沟工作内容包括测位、划线、刨沟、清埋、填补。

(21)接线箱安装工作内容包括测位打眼、埋螺栓、箱子开孔、刷漆、固定。

(22)接线盒安装工作内容包括测定、固定、修孔。

39. 槽板配线一般分哪几个程序?

槽板配线一般分为定位划线、槽板固定、导线敷设和盖板固定四个程序:

(1)定位划线。按照施工图纸,首先确定灯具、开关、插座和配电箱等设备的安装位置,然后再确定导线的敷设方向、导线穿过墙壁和楼板的位置,以及起始、转角、终端的位置。

(2)槽板固定。现场的槽板不一定都平直,安装时应将平直的用于棚顶及明显处,弯曲的用于较隐蔽的地方。底板拼接时,线槽要对准,拼接应紧密。槽板在转角处连接,应把两根槽板端部各锯成 45°斜角,并把转角处的线槽内侧削成圆形,以免碰伤导线绝缘。底板固定时,根据所确定的固定位置,用钉子或平头螺钉固定,三线底板的固定,应用双钉左右交错固定。

(3)导线敷设。固定好槽板底板后,就可敷设导线。为了使导线在接头时能便于辨认,接线正确,一条槽板内应敷设用一回路的导线,同一槽内可敷设同一相位的导线。但槽板内导线不得有接头、受挤压。

(4)盖板固定。盖板固定应与敷设导线同时进行,应边敷设导线,边将盖板固定在底板上,钉子直接钉在底板中线上,应防止钉斜,以免损伤导线。

40. 室内钢管敷设时应怎样选择钢管?

室内配管使用的钢管有厚壁钢管和薄壁钢管两类。厚壁钢管又称焊接钢管或低压流体输送钢管(水煤气管),通常壁厚大于 2mm;薄壁钢管又称电线管,其壁厚小于或等于 2mm。按其表面质量,钢管又可分为镀锌钢管和非镀锌钢管。使用时,如选用不当,易缩短使用年限或造成浪费。

(1)暗配于干燥场所的宜采用薄壁钢管;潮湿场所和直埋于地下的电线保护管应采用厚壁钢管。

(2)建筑物顶棚内,宜采用钢管配线。

(3)暗敷设管路,当利用钢管管壁兼做接地线时,管壁厚度不应小于 2.5mm。

(4)为了便于穿线,配管前应选择线管的规格:

1)当两根绝缘导线穿于同一根管时,管内径应不小于两根导线外径之和的 1.35 倍(对立管可取 1.25 倍);

2)当三根及以上绝缘导线穿于同一根管时,导线截面积(包括外护层)的总和应不超过管内径截面积的 40%。

(5)在严重腐蚀性场所(如酸、碱和具有腐蚀性的化学气体)不宜采用钢管配线,应使用硬质塑料管配线。

41. 钢管明敷设分为哪几个步骤？

钢管明敷设时，其施工步骤如下：
(1) 确定电气设备的安装位置。
(2) 划出管路中心线和管路交叉位置。
(3) 埋设木砖。
(4) 量管线长度。
(5) 把钢管按建筑结构形状弯曲。
(6) 根据测得管线长度锯切钢管（先弯管再锯管容易掌握尺寸）。
(7) 铰制管端螺纹。
(8) 将管子、接线盒、开关盒等装配连接成一整体进行安装。
(9) 做接地。

42. 钢管暗敷设分为哪几个步骤？

钢管暗敷设时，其施工步骤如下：
(1) 确定设备（灯头盒、接线盒和配管引上引下）的位置。
(2) 测量敷设线路长度。
(3) 配管加工（弯曲、锯割、套螺纹）。
(4) 将管与盒按已确定的安装位置连接起来。
(5) 管口塞上木塞或废纸，盒内填满废纸或木屑，防止进入水泥砂浆或杂物。
(6) 检查是否有管、盒遗漏或设位错误。
(7) 管、盒连成整体固定于模板上（最好在未绑扎钢筋前进行）。
(8) 管与管和管与箱、盒连接处，焊上跨接地线，使金属外壳连成一体。

43. 配管、配线工程定额工程量计算应遵守哪些规则？

(1) 各种配管应区别不同敷设方式、敷设位置、管材材质、规格，以"延长米"为计量单位，不扣除管路中间的接线箱(盒)、灯头盒、开关盒所占长度。
(2) 定额中未包括钢索架设及拉紧装置、接线箱(盒)、支架的制作安装，其工程量应另行计算。
(3) 管内穿线的工程量，应区别线路性质、导线材质、导线截面，以单线"延长米"为计量单位计算。线路分支接头线的长度已综合考虑在定额中，不得另行计算。

照明线路中的导线截面大于或等于 $6mm^2$ 以上时，应执行动力线路穿线相应项目。

(4)线夹配线工程量，应区别线夹材质（塑料、瓷质）、线式（两线、三线）、敷设位置（在木、砖、混凝土）以及导线规格，以线路"延长米"为计量单位计算。

(5)绝缘子配线工程量，应区别绝缘子形式（针式、鼓形、蝶式）、绝缘子配线位置（沿屋架、梁、柱、墙，跨屋架、梁、柱、木结构，顶棚内、砖、混凝土结构，沿钢支架及钢索）、导线截面积，以线路"延长米"为计量单位计算。

绝缘子暗配，引下线按线路支持点至天棚下缘距离的长度计算。

(6)槽板配线工程量，应区别槽板材质（木质、塑料）、配线位置（在木结构、砖、混凝土）、导线截面、线式（二线、三线），以线路"延长米"为计量单位计算。

(7)塑料护套线明敷工程量，应区别导线截面、导线芯数（二芯、三芯）、敷设位置（在木结构、砖混凝土结构，沿钢索），以单根线路"延长米"为计量单位计算。

(8)线槽配线工程量，应区别导线截面，以单根线路"延长米"为计量单位计算。

(9)钢索架设工程量，应区别圆钢、钢索直径（$\phi6,\phi9$），按图示墙（柱）内缘距离，以"延长米"为计量单位计算，不扣除拉紧装置所占长度。

(10)母线拉紧装置及钢索拉紧装置制作安装工程量，应区别母线截面、花篮螺栓直径（12mm，16mm，18mm），以"套"为计量单位计算。

(11)车间带形母线安装工程量，应区别母线材质（铝、铜）、母线截面、安装位置（沿屋架、梁、柱、墙，跨屋架、梁、柱），以"延长米"为计量单位计算。

(12)动力配管混凝土地面刨沟工程量，应区别管子直径，以"延长米"为计量单位计算。

(13)接线箱安装工程量，应区别安装形式（明装、暗装）、接线箱半周长，以"个"为计量单位计算。

(14)接线盒安装工程量,应区别安装形式(明装、暗装、钢索上)以及接线盒类型,以"个"为计量单位计算。

(15)灯具,明、暗开关,插座、按钮等的预留线,已分别综合在相应定额内,不另行计算。配线进入开关箱、柜、板的预留线,按表8-4规定的长度,分别计入相应的工程量。

表8-4　　　　　连接设备导线预留长度(每一根线)

序号	项　　　目	预留长度	说　　明
1	各种开关箱、柜、板	高+宽	盘面尺寸
2	单独安装(无箱、盘)的铁壳开关、闸刀开关、起动器、母线槽进出线盒等	0.3m	以安装对象中心算
3	由地面管子出口引至动力接线箱	1.0m	以管口计算
4	电源与管内导线连接(管内穿线与软、硬母线接头)	1.5m	以管口计算
5	出户线	1.5m	以管口计算

44. 配管配线定额使用时应注意哪些问题?

(1)电缆穿管引入建筑物有密封保护管时,室内钢管的工程量从墙内皮算至配电箱为止。架空引入线时,室内干管应从墙外15cm算起。利用计算机计算工程量时,一般是以轴线间的距离为准计算。

(2)塑料线槽型号为:VXC-30(60,80,100,120等)系列,数字表示槽的宽度。定额是按两侧无孔的定型产品编制的,以线槽宽度划分子目。

45. 配管、配线工程清单工程量计算应遵循哪些原则?

(1)电气配管清单工程量按设计图示尺寸以"延长米"计算,不扣除管路中间的接线箱(盒)。

(2)线槽清单工程量按设计图示尺寸以"延长米"计算。

(3)电气配线清单工程量按设计图示尺寸以单项"延长米"计算。

【例8-1】　某小区塔楼21层,层高3.2m,配电箱高0.8m,均为暗装在平面同一位置。立管用SC32,求立管清单工程量。

【解】　SC32工程量:$(21-1) \times 3.2 = 64$m

清单工程量计算见表 8-5。

表 8-5　　　　　　清单工程量计算表

项目编码	项目名称	项目特征描述	计量单位	工程量
030212001001	电气配管	SC32,暗装	m	64

【例 8-2】 某车间总动力配电箱引出三路管线至三个分动力箱,各动力箱尺寸(高×宽×深)为:总箱 1800mm×800mm×700mm;①、②号箱 900mm×700mm×500mm;③号箱 800mm×600mm×500mm。总动力配电箱至①号动力箱的供电干线为(3×40+2×20)G50,管长 7.00m;至②号动力箱供电干线为(2×28+1×18)G40,管长 7.30m;至③号箱为(3×18+1×12)G32,管长 8.00m。计算各种截面的管内穿线数量,并列出清单工程量。

【解】　(1)配电箱

总箱　1800mm×800mm×700mm　　　　　　1 台

①、②号箱　900mm×700mm×500mm　　　　2 台

③号箱　800mm×600mm×500mm　　　　　　1 台

(2)电气配线

钢管 G50　　7.00m

钢管 G40　　7.30m

钢管 G32　　8.00m

$40mm^2$ 导线:7.0×3=21.00m

$20mm^2$ 导线:7.0×2=14.00m

$28mm^2$ 导线:7.3×2=14.60m

$18mm^2$ 导线:7.3×1+8.0×3=31.30m

$12mm^2$ 导线:8.0×1=8.00m

清单工程量计算见表 8-6。

表 8-6　　　　　　清单工程量计算表

序号	项目编码	项目名称	项目特征描述	计量单位	工程量
1	030204018001	配电箱	配电箱悬挂嵌入式, 1800mm×800mm×700mm	台	1

续表

序号	项目编码	项目名称	项目特征描述	计量单位	工程量
2	030204018002	配电箱	配电箱悬挂嵌入式，900mm×700mm×500mm	台	2
3	030204018003	配电箱	配电箱悬挂嵌入式，800mm×600mm×500mm	台	1
4	030212001001	电气配管	砖、混凝土结构暗配，钢管 G50	m	7.00
5	030212001002	电气配管	砖、混凝土结构暗配，钢管 G40	m	7.30
6	030212001003	电气配管	砖、混凝土结构暗配，钢管 G32	m	8.00
7	030212003001	电气配线	管内穿线，铜芯 $35mm^2$，动力线路	m	21.00
8	030212003002	电气配线	管内穿线，铜芯 $18mm^2$，动力线路	m	14.00
9	030212003003	电气配线	管内穿线，铜芯 $25mm^2$，动力线路	m	14.60
10	030212003004	电气配线	管内穿线，铜芯 $16mm^2$，动力线路	m	31.30
11	030212003005	电气配线	管内穿线，铜芯 $10mm^2$，动力线路	m	8.00

46. 架空线路由哪些部分组成？其有哪些特点？

架空线路主要由电杆、导线、横担、瓷瓶、拉线、金具等部分组成。

架空线路的特点如下：

(1)设备材料简单，成本低。

(2)容易发现故障，维修方便。

(3)容易受外界环境的影响，如气温、风速、雨雪、覆冰等机械损伤，供电可靠性较差。

(4)需要占用地表面积，而且影响市容美观。

47. 架空线路的常用材料有哪些？

(1)导线材料：

1)铝绞线型号为 LJ-□。

2)钢芯铝绞线型号为 LGJ-□。

3)玻璃丝编织铝芯橡皮绝缘线的型号为 BBLX-□。

4)玻璃丝编织铜芯橡皮绝缘线的型号为 BBX-□。

5) 玻璃丝编织铝芯塑料绝缘线的型号为 BBLV-□。

6) 玻璃丝编织铜芯塑料绝缘线的型号为 BBV-□。

(2) 绝缘子：低压针式绝缘子的型号有 PD-1(或 2、3)，数字是绝缘子的代号，1 号相对最大，按导线的截面选定，可参考表 8-7。

绝缘子代号还有：Q——加强绝缘子；W——弯脚；X——悬式绝缘子；J——拉紧绝缘子；T——铁横担直脚；E——蝶式等。

低压蝶式绝缘子的型号为 ED，高压蝶式绝缘子的型号为 E10，10 表示 10kV。

表 8-7   导线截面与绝缘子型号

导线截面/mm²	70～120	25～50	16 以下
针式绝缘子型号	PD-1	PD-2	PD-3

悬式绝缘子串的数量和电压的关系见表 8-8。

表 8-8   绝缘子串与电压的关系

绝缘子串	1 个	3 个	5 个	7 个	13 个
电压/kV	6～10	35	60	110	220

(3) 横担：横担按材质分有木质、铁质、陶瓷三种，建筑工程中常用铁横担长度见表 8-9。

表 8-9   高、低压对应的铁横担长度

	低 压			高 压		
	二线	四线	六线	二线	四线	陶瓷、顶铁
铁横担	0.7m	1.5m	2.3m	1.5m	2.24m	0.8m

(4) 电杆：电杆按电压分为高压电杆和低压电杆。按材质分为木杆、钢筋混凝土杆、金属塔杆。按其功能可分为直线杆、转角杆、终点杆、跨越杆、耐张杆、分支杆和戗杆等。

(5) 电杆拉线：拉线坑一般深 1～1.5m，常按 1.2m 计算。电气定额中把拉线分为普通拉线、水平拉线、V 和 Y 型拉线、弓形拉线等。

48. 10kV 以下架空配电线路清单工程量包括哪些项目？

10kV 以下架空配电线路清单项目包括：电杆组立、导线架设。

49. 10kV 以下架空配电线路清单项目设置应注意哪些问题？

10kV 以下架空配电线路清单项目设置应注意以下几方面：

(1) 在电杆组立的项目特征中，材质指电杆的材质，即木电杆还是混凝土杆；规格指杆长，类型指单杆、接腿杆、撑杆。

(2) 导线架设的项目特征为：型号（即有材质）、规格，导线的型号表示了材质，是铝线还是铜导线。规格是指导线的截面。

(3) 导线架设的工程内容描述为：导线架设；导线跨越：跨越间距；进户线架设应包括进户横担安装。

(4) 在导线架设的项目特征中，导线的型号表示了材质，是铝导线还是铜导线；规格是指导线的截面。

(5) 杆坑挖填土清单项目按《建设工程工程量清单计价规范》(GB 50500—2008) 附录 A 规定设置、编码。

(6) 在需要时，对杆坑的土质情况、沿途地形予以描述。

(7) 在设置清单项目时，对同一型号、同一材质，但规格不同的架空线路要分别设置项目，分别编码（最后三位码）。

50. 什么是电杆？其应符合哪些要求？

电杆架空配电线路的重要组成部分，是用来安装横担、绝缘子和架设导线的。因此，电杆应具有足够的机械强度，同时也应具备造价低、寿命长的特点。用于架空配电线路的电杆通常有木杆、钢筋混凝土杆和金属杆。金属杆一般使用在线路的特殊位置，木杆由于木材供应紧张、且易腐烂，除部分地区个别线路外，新建线路均已不再使用，所以普遍使用的是钢筋混凝土电杆。

51. 电杆组立有哪几种形式？

电杆组立是电力线路架设中的关键环节，电杆组立的形式有两种，一种是整体起立，另一种是分解起立。

(1) 整体起立：整体起立是大部分组装工作可在地面进行，高空作业量相对较少。

(2)分解起立:分解起立一般先立杆,再登杆进行铁件等的组装。

52. 钢筋混凝土电杆有什么特点?

钢筋混凝土电杆能节约大量木材和钢材,坚实耐久,使用时间长,一般可使用50年左右,维护工作量少,运行费用低。但钢筋混凝土电杆易产生裂纹、笨重,给运输和施工带来不便,特别是山区地区尤为显著。

架空配电线路所用钢筋混凝土电杆多为锥形杆,分为普通型和预应力型。预应力杆与普通杆相比,可节约大量钢材,而且由于使用了小截面钢筋,杆身的壁厚也相应减少,杆身质量也相应减轻,同时抗裂性能也比普通杆好。因此,预应力杆在架空线路中得到广泛应用。

53. 什么是钢管杆?

钢管杆指用钢管作为材料的电杆。

54. 什么是直线杆? 其应符合哪些要求?

直线杆也称中间杆(即两个耐张杆之间的电杆),位于线路的直线段上,仅作支持导线、绝缘子及金具用。在正常情况下,电杆只承受导线的垂直荷重和风吹导线的水平荷重,而不承受顺线路方向的导线的拉力。因此,对直线杆的机械强度要求不高,杆顶结构也较简单,造价较低。在架空配电线路中,大多数为直线杆,一般约占全部电杆数的80%左右。

55. 什么是耐张杆?

架空配电线路在运行时有可能发生断线事故,会造成电杆两侧所受导线拉力不平衡,导致倒杆事故的发生。为了防止事故范围的扩大,减少倒杆数量,应每隔一定距离装设一机械强度比较大,能够承受导线不平衡拉力的电杆,这种电杆俗称耐张杆。

56. 什么是转角杆? 其有什么特性?

架空配电线路所经路径,由于种种实际情况的限制,不可避免的会有一些改变方向的地点,即转角。设在转角处的电杆我们通常称为转角杆。转角杆杆顶结构型式要视转角大小、挡距长短、导线截面等具体情况决定,可以是直线型的,也可以是耐张型的。

57. 什么是终端杆？其有什么特性？

设在线路的起点和终点的电杆统称为终端杆。由于终端杆上只在一侧有导线（接户线只有很短的一段，或用电缆接户），所以在正常情况下，电杆要承受线路方向全部导线的拉力。其杆顶结构和耐张杆相似，只是拉线有所不同。

58. 分支杆处于什么部位？有哪些种类？

分支杆位于分支线路与干线相连接处，有直线分支杆和转角分支杆。在主干线上多为直线型和耐张型，尽量避免在转角杆上分支；在分支线路上，相当终端杆，能承受分支线路导线的全部拉力。

59. 什么是跨越杆？

当配电线路与公路、铁路、河流、架空管道、电力线路、通讯线路交叉时，必须满足规范规定的交叉跨越要求。一般直线杆的导线悬挂较低，大多不能满足要求，这就要适当增加电杆的高度，同时适当加强导线的机械强度，这种电杆就称为跨越杆。

60. 工程中常用立杆方法有哪几种？各有什么特点？

工程中常用的立杆方法有撑杆立杆、汽车吊立杆和抱杆立杆三种。

(1)撑杆立杆：对10m以下的钢筋混凝土电杆可用3副架杆，轮换着将电杆顶起，使杆根滑入坑内，此立杆方法劳动强度较大。

(2)汽车吊立杆：此种方法可减轻劳动强度，加快施工进度，但在使用上有一定的局限性。

(3)抱杆立杆：分固定式抱杆和倒落式抱杆，这是最常用的方法。

61. 什么是底盘、卡盘？

底盘是在电杆底部用以固定电杆的抱铁。

卡盘是用U型抱箍固定在电杆上埋于地下，其上口距地面不应小于500mm，允许偏差±50mm。一般是电杆立起之后，四周分层回填土夯实。卡盘安装在线路上时，应与线路平行，并应在线路电杆两侧交替埋设。承力杆上的卡盘应安装在承力侧。

62. 什么是电杆基础？有何特点？

所谓电杆基础是指电杆地下部分的总体，它由底盘、卡盘和拉线盘组成。其作用主要是防止电杆因承受垂直荷重、水平荷重及事故荷重等所产生的上拔、下压、甚至倾倒。

63. 什么是电杆坑？

电杆坑是用以浇注基础并固定电杆而挖的坑。挖坑工作是劳动强度很大的工作。使用的工具一般是锹、镐、长勺等，用人力挖坑取土。

64. 横担的类型有哪些？

横担的类型见表 8-10。

表 8-10　　　　　　　横担的类型

横担类型	杆　型	承受荷载
单横担	直线杆,15℃以下转角杆	导线的垂直荷载
双横担	15°～45°转角杆,耐张杆(两侧导线拉力差为零)	导线的垂直荷载
双横担	45°以上转角杆,终端杆,分岐杆	(1)一侧导线最大允许拉力的水平荷载; (2)导线的垂直荷载
双横担	耐张杆(两侧导线有拉力差,大跨越杆)	(1)两侧导线拉力差的水平荷载; (2)导线的垂直荷载
带斜撑的双横担	终端杆,分岐杆,终端型转角杆	(1)一侧导线最大允许拉力的水平荷载; (2)导线的垂直荷载
带斜撑的双横担	大跨越杆	(1)两侧导线的拉力差的水平荷载; (2)导线的垂直荷载

65. 什么是导线架设？

导线架设就是将金属导线按设计要求,敷设在已组立好的线路杆塔上。

66. 拉线可分为哪几类？各有什么特点？

拉线可分为普通拉线、两侧拉线、四方拉线、水平拉线和共同拉线。

(1) 普通拉线。用在线路的终端杆、转角杆、分支杆及耐张杆等处，主要起平衡拉力的作用。

(2) 两侧拉线。横线路方向装设在直线杆的两侧，由两组普通拉线组成，用以增强电杆的抗风能力。也称为抗风拉线。

(3) 四方拉线。一般装设在耐张杆或处于土质松软地点的电杆上，用以增强电杆的稳定性，由四组普通拉线组成。因这四组拉线分别装设于电杆前后左右四方，所以称为四方拉线。

(4) 水平拉线。当电杆距离道路太近，不能就地安装拉线或需跨越其他障碍物时，采用水平拉线。即在道路的另一侧立一根拉线杆，在此杆上做一条过道拉线和一条普通拉线。过道拉线应保持一定高度，以免妨碍行人和车辆的通行。

(5) 共同拉线。在直线路电杆上产生不平衡拉力（如在同一电杆上，两侧导线规格不同，造成两侧荷载不等，产生不平衡张力），又因地形限制没有地方装设拉线时，可采用共同拉线。即把拉线固定在相邻的一根电杆上，用以平衡拉力。

67. 什么是进户线？如何分类？

进户线是指从架空线路电杆上引到电源进户点前第一支持点的一段架空导线，按其电压等级可分为低压进户线和高压进户线。

68. 什么是接户线？

接户线是指从架空线路电杆上引到建筑物上第一个支持点之间的一段电源架空导线。

69. 10kV 以下架空配电线安装定额工作内容有哪些？

10kV 以下架空配电线安装定额工作内容包括：

(1) 工地运输。工作内容包括：线路器材外观检查、绑扎及抬运，卸至指定地点，返回；装车、支垫、绑扎、运至指定地点，人工卸车，返回。

(2) 土石方工程。工作内容包括：复测、分坑、挖方、修整、操平、排水、装卸挡土板、岩石打眼、爆破、回填。

（3）底盘、拉盘、卡盘安装及电杆防腐。工作内容包括：基坑整理、移运、盘安装、操平、找正、卡盘螺栓紧固、工器具转移、木杆根部烧焦涂。

（4）电杆组立：

1）单杆。工作内容包括：立杆、找正、绑地横木、根部刷油、工器具转移。

2）接腿杆。工作内容包括：木杆加工、接腿、立杆、找正、绑地横木、根部刷油、工器具转移。

3）撑杆及钢圈焊接。工作内容包括：木杆加工、根部刷油、立杆、装包箍、焊缝间隙轻微调整、挖焊接操作坑、焊接及焊口清理、钢圈防腐处理、工器具转移。

（5）横杆安装：

1）10kV以下横担。工作内容包括：量尺寸、定位、上抱箍、装横担、支撑及杆顶支座，安装绝缘子。

2）1kV以下横担。工作内容包括：量尺寸，定位，上抱箍、装支架、横担、支撑及杆顶支座，安装瓷瓶。

3）进户线横担。工作内容包括：测位、划线、打眼、钻孔、横担安装、装瓷瓶及防水弯头。

（6）拉线制作安装。工作内容包括：拉线长度实测、放线、丈量与截割、装金具、拉线安装、紧线、调节、工器具转移。

（7）导线架设。工作内容包括：线材外观检查、架线盘、放线、直线接头连接、紧线、弛度观测、耐张终端头制作、绑扎、跳线安装。

（8）导线跨越及进户线架设：

1）导线跨越。工作内容包括：跨越架搭拆、架线中的监护转移。

2）进户线架设。工作内容包括：放线、紧线、瓷瓶绑扎、压接包头。

（9）杆上变配电设备安装。工作内容包括：支架、横担、撑铁安装，设备安装固定、检查、调整、油开关注油、配线、接线、接地。

70. 什么是工地运输？怎样计算运输质量？

工地运输是指定额内未计价材料从集中材料堆放点或工地仓库运至

杆位上的工程运输,分人力运输和汽车运输。

运输质量可按表 8-11 的规定进行计算。

表 8-11　　　　　　　　　运输质量表

材料名称		单位	运输质量/kg	备注
混凝土制品	人工浇制	m³	2600	包括钢筋
	离心浇制	m³	2860	包括钢筋
线材	导线	kg	W×1.15	有线盘
	钢绞线	kg	W×1.07	无线盘
木杆材料			500	包括木横担
金属、绝缘子		kg	W×1.07	
螺栓		kg	W×1.01	

注:1. W 为理论质量;
　　2. 未列入者均按净重计算。

71. 怎样进行横担安装?

将电杆顺线路方向放在杆坑旁准备起立的位置处,杆身下两端各垫道木一块,从杆顶向下量取最上层横担至杆顶的距离,划出最上层横担安装位置。先把 U 形抱箍套在电杆上,放在横担固定位置;在横担上合好 M 形抱铁,使 U 形抱箍穿入横担和抱铁的螺栓孔,用螺母固定。先不要拧紧,只要立杆时不往下滑动即可。待电杆立起后,再将横担调整至规定位置,将螺母逐个拧紧。

72. 怎样进行导线架设?

导线架设主要有放线前的准备工作、放线、连接、紧线等工序。

(1)放线前准备工作内容包括:

1)根据现场调查制定放、紧线措施。

2)修好放线通道和放置线盘的场地,并进行合理布线。

3)对重要的交叉跨越,应与有关部门联系,取得支持,并搭好跨越架等相关安全措施。

4)需要拆迁的房屋及其他障碍物,应全部拆除完毕。

5)需要装临时拉线的杆塔,必须做好临时拉线,并安装就位。

6) 将悬垂绝缘子串及放线滑轮,提前做好准备,包括数量充足,留有备品,质量全部合乎标准要求。

(2) 放线。放线即沿着线路方向把导线、避雷线从线盘上放开。常用的方法有拖放法、展放法和张力放线法。

(3) 连接。连接即将各个分段导线可靠、牢固地连接起来。一般有线夹连接、钳压连接、液压连接和爆炸压接等。

(4) 紧线。紧线一般有单线、双线和三线紧线三种。

73. 10kV 以下架空配电线路安装定额工程量计算应遵循哪些规则?

(1) 工地运输,是指定额内未计价材料从集中材料堆放点或工地仓库运至杆位上的工程运输,分人力运输和汽车运输,以"t·km"为计量单位,运输量计算公式如下:

$$工程运输量 = 施工图用量 \times (1 + 损耗率)$$
$$预算运输质量 = 工程运输量 + 包装物质量$$

(不需要包装的可不计算包装物质量)

运输质量可按表 8-11 的规定进行计算。

(2) 无底盘、卡盘的电杆坑,其挖方体积为

$$V = 0.8 \times 0.8h$$

式中 h——坑深(m)。

(3) 电杆坑的马道土、石方量按每坑 $0.2m^3$ 计算。

(4) 施工操作裕度按底拉盘底宽每边增加 0.1m。

(5) 各类土质的放坡系数按表 8-12 计算。

(6) 冻土厚度大于 300mm 时,冻土层的挖方量按挖坚土定额乘以系数 2.5。其他土层仍按土质性质执行定额。

(7) 土方量计算公式

$$V = \frac{h}{6} \times [ab + (a+a_1)(b+b_1) + a_1 b_1]$$

式中 V——土(石)方体积(m^3)。

h——坑深(m)。

$a(b)$——坑底宽(m),$a(b)$=底拉盘底宽+2×每边操作裕度。

$a_1(b_1)$——坑口宽(m),$a_1(b_1)$=$a(b)$+2h×边坡系数。

(8)杆坑土质按一个坑的主要土质而定。如一个坑大部分为普通土,少量为坚土,则该坑应全部按普通土计算。

(9)带卡盘的电杆坑,如原计算的尺寸不能满足卡盘安装时,因卡盘超长而增加的土(石)方量另计。

(10)底盘、卡盘、拉线盘按设计用量以"块"为计量单位。

(11)杆塔组立,分别杆塔形式和高度,按设计数量以"根"为计量单位。

(12)拉线制作安装按施工图设计规定,分别不同形式,以"根"为计量单位。

(13)横担安装按施工图设计规定,分不同形式和截面,以"根"为计量单位,定额按单根拉线考虑。若安装V形、Y形或双拼形拉线时,按两根计算。拉线长度按设计全根长度计算,设计无规定时可按表8-13计算。

(14)导线架设,分别导线类型和不同截面以"km/单线"为计量单位计算。导线预留长度按表8-14的规定计算。

导线长度按线路总长度和预留长度之和计算。计算主材费时应另增加规定的损耗率。

(15)导线跨越架设,包括越线架的搭拆和运输,以及因跨越(障碍)施工难度增加而增加的工作量,以"处"为计量单位。每个跨越间距按50m以内考虑,大于50m而小于100m时按两处计算,以此类推。在计算架线工程量时,不扣除跨越档的长度。

(16)杆上变配电设备安装以"台"或"组"为计量单位,定额内包括杆和钢支架及设备的安装工作。但钢支架主材、连引线、线夹、金具等应按设计规定另行计算,设备的接地安装和调试应按相应定额另行计算。

表8-12　　　　　　　　各类土质的放坡系数

土　　质	普通土、水坑	坚　土	松砂石	泥水、流砂、岩石
放坡系数	1∶0.3	1∶0.25	1∶0.2	不放坡

表 8-13　　　　　　　　　　　拉线长度　　　　　　　　　　　m/根

项目		普通拉线	V(Y)形拉线	弓形拉线
杆高/m	8	11.47	22.94	9.33
	9	12.61	25.22	10.10
	10	13.74	27.48	10.92
	11	15.10	30.20	11.82
	12	16.14	32.28	12.62
	13	18.69	37.38	13.42
	14	19.68	39.36	15.12
水平拉线		26.47	—	—

表 8-14　　　　　　　　　　导线预留长度　　　　　　　　　　m/根

项目名称		长度
高压	转角	2.5
	分支、终端	2.0
低压	分支、终端	0.5
	交叉跳线转角	1.5
与设备连线		0.5
进户线		2.5

【例 8-3】 如图 8-3 所示,已知某架空线路直线电杆 15 根,电杆高 10m,土质为普通土,按土质设计要求设计电杆坑深为 1.8m,选用 900mm× 900mm 的水泥底盘,试计算开挖土方量。

【解】 由于水泥底盘的规格为 900mm×900mm,则电杆坑底宽度和长度均为

$$a = b = A + 2c = 0.9 + 2 \times 0.1 = 1.1 \text{m}$$

土质为普通土,则查表 8-12 可知放坡系数 $k = 0.3$,电杆坑口宽度和长度均为

$$a_1 = b_1 = a + 2kh = 1.1 + 2 \times 1.8 \times 0.3 = 2.18 \text{m}$$

假设为人工挖杆坑,则根据公式求得每个杆坑的土方量为

第八章 室内外配线工程计量与计价

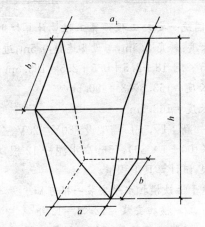

图 8-3 平截倒长方尖柱体电杆坑示意图

$$V_1 = \frac{h}{6} \times [ab + (a+a_1) \times (b+b_1) + a_1 b_1]$$

$$= \frac{1.8}{6} \times [1.1 \times 1.1 + (1.1+2.18) \times (1.1+2.18) + 2.18 \times 2.18]$$

$$= 5.02 \text{m}^3$$

由于电杆坑的马道土、石方量按每坑 0.2m^3 计算,所以 15 根直线杆的杆坑总方量为

$$V = 15 \times (5.02 + 0.2) = 78.3 \text{m}^3$$

【例 8-4】 如图 8-4 所示,某工程采用架空线路,混凝土电线杆高 12m,间距为 35m,选用 B24－(3×85+1×50),室外杆上干式变压器容量为 315kV·A,变后杆高 18m。试求各项工程量。

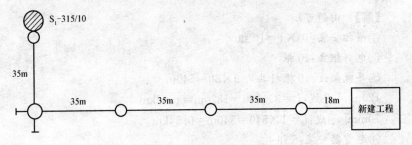

图 8-4 某外线工程平面图

【解】 由《全国统一安装工程预算工程量计算规则》可知,导线长度计算时须加预留长度:转角2.5m,与设备连接0.5m,进户线2.5m,则

导线长度＝35×4＋18＋2.5＋0.5＋2.5＝163.5m

85mm² 导线长度＝163.5×3＝490.5m

50mm² 导线长度＝163.5m

【例8-5】 有一新工厂,工厂需架设380V/220V三相四线线路,导线使用裸铝绞线(3×100＋1×80),15m高水泥杆12根,杆距30m,杆上铁横担水平安装一根,试计算其工程量。

【解】 ①由题干上铁横担水平安装一根可知

横担安装＝12×1＝12组

②由《全国统一安装工程预算工程工程量计算规则》可知,导线预留长度为每根0.5m。则

100mm² 导线＝3×330＋3×0.5＝991.5m

80mm² 导线＝1×330＋1×0.5＝330.5m

③电杆组立:12根

74. 10kV以下架空配电线路清单工程量计算应遵循哪些规则?

(1)电杆组立清单工程量按设计图示数量计算。

(2)导线架设清单工程量按设计图示尺寸以长度计算。

【例8-6】 有一新建工厂,工厂需架设300/500V三相四线线路,导线使用裸铜绞线(4×120＋2×70),10m高水泥杆10根,杆距为60m,杆上铁横担水平安装一根,末根杆上有阀型避雷器5组,试计算其清单工程量。

【解】 由题可知

①横担安装:10×1＝10组

②电杆组立:10根

③导线架设:10根杆共为9×60＝540m

120mm² 导线:L＝3×540＝1620m＝1.62km

70mm² 导线:L＝1×540＝540m＝0.54km

④避雷器安装:5组

清单工程量计算见表8-15。

第八章 室内外配线工程计量与计价 ·289·

表 8-15 清单工程量计算表

序号	项目编码	项目名称	项目特征描述	计量单位	工程量
1	030210001001	电杆组立	混凝土,10m	根	10
2	030210002001	导线架设	380V/220V,裸铜绞线,120mm^2	km	1.62
3	030210002002	导线架设	380V/220V,裸铜绞线,70mm^2	km	0.54
4	030202010001	避雷器	阀型避雷器	组	5

75. 什么是电缆?有哪些类别?

电缆是一种导线,它是把一根或者数根绝缘导线合成一个类似相应绝缘层线芯,再在外面包上密封的包布(铝、塑料和橡胶)。电缆按用途可分为电力电缆、控制电缆和通讯电缆;按电压可分为 500V、1000V、6000V、10000V 等数种,最高电压可达到 110kV、220kV、330kV 多种;按线芯材料分,有铝芯电力电缆、铜芯电力电缆。

76. 我国电缆产品的型号和名称有哪些?

我国电缆产品的型号均采用汉语拼音字母组成,有外护层时则在字母后加上两个数字。型号中汉语拼音字母的含义及排列次序见表 8-16。

表 8-16 电缆型号中字母含义及排列次序

类别	绝缘种类	线芯材料	内护层	其他特征	外护层
电力电缆(不表示)	Z—纸绝缘	T—铜(一般不表示)	Q—铅包	D—不滴流	2个数字
K—控制电缆	X—橡皮绝缘		L—铝包	F—分相护套	
P—信号电缆	V—聚氯乙烯	L—铝	H—橡套	P—屏蔽	
Y—移动式软电缆	Y—聚乙烯		V—聚氯乙烯套	C—重型	
H—市内电话电缆	YJ—交联聚乙烯		Y—聚乙烯套		

表示电缆外护层的两个数字,前一个数字表示铠装结构,后一个数字表示外被层结构。数字代号的含义见表 8-17。

表 8-17 电缆外护层代号的含义

第一个数字		第二个数字	
代号	铠装层类型	代号	外被层类型
0	无	0	无

续表

第一个数字		第二个数字	
1	—	1	纤维绕包
2	双钢带	2	聚氯乙烯护套
3	细圆钢丝	3	聚乙烯护套
4	粗圆钢丝	4	—

77. 电缆线路分为哪几种类型？各对路径有何要求？

电缆线路的类型可归纳为以下三类。

(1)硬管型(如钢管电缆)。多数硬管型电缆线路的安装方式，是先将管道埋设在地下，其后将电缆线芯拉进管道内。为了减少电缆接头数量，要求尽可能增长拉入长度，而拉入长度又决定于线路弯曲度，因此路径应尽可能为直线。必须弯曲时，其弯曲半径约在100m左右。这些条件制约了路径的选择。硬管型电缆通常适用于公路或成直线的道路。

(2)软管型(如油浸纸绝缘电缆、固体挤压聚合电缆)。其路径不如硬管型要求高，即使弯曲较多的道路，由于装盘长度短(约200～300m)，也便于安装。此外遇其他地下管线时便于交叉。因此软管型电缆线路的路径选择比较灵活。

(3)悬挂型(如架空电缆)。架空电缆或电缆架空敷设都可以不受道路方向的制约，能充分利用空间，按最短直线距离安装。因此悬挂型电缆线路的路径选择比软管型更灵活，尤其适宜用于临时性工程。

78. 电缆的敷设方式有哪些？各适用于哪些范围？

电缆敷设方式有以下四种：

(1)直埋敷设。适用于市区人行道、公园绿地及公共建筑间的边缘地带，是最经济简便的敷设方式，应优先采用。

(2)电缆沟敷设。适用于不能直接埋入地下且无机动车负载的通道，如人行道、变电所内、工厂厂区内等处所。

(3)排管敷设。适用于电缆条数较多，且有机动车等重载的地段，如市区街道穿越小型建筑物等。

(4)隧道敷设。适用于变电所出线及重要街道，电缆条数多或多种电压等级平行的地段。

79. 电缆的运输应注意哪些问题？

电缆运输分为长距离运输电缆和短距离搬运电缆盘。

(1)长距离运输电缆,应预先估算每盘电缆的重量,以便考虑车辆的运载能力。在整个运输过程中,电缆应用吊车装卸,禁止将电缆盘直接由车上推下,避免使电缆及电缆盘受到损伤。在运输中电缆盘应立放,为防止电缆盘滚动,可用铁丝或道木将其固定;要求车速应均匀,尤其是拐弯或上下坡时,更应注意放慢车速。起吊电缆盘时所使用的钢丝绳、钢轴等工具应经试验合格。在整个起吊过程中,应有专人统一指挥,并采取相应的安全措施。

(2)短距离搬运电缆盘,可采用滚动。但电缆盘必须牢固、保护板完好;没有保护板的电缆盘,其挡板必须高出电缆外圈100mm,滚动方向必须顺着电缆盘上箭头指示的方向,且道路应平整、坚实、无砖石硬块。在滚动过程中不应损伤电缆。对于短节电缆严禁在地面上拖拉,可按不小于电缆最小弯曲半径将电缆卷成圈,并至少在四处进行捆扎后再进行搬运。

应特别注意的是,为避免出现二次搬运,电缆在搬运前应根据变电所的布局、电缆走向及施工任务的划分等情况,合理确定电缆盘的放置位置。

80. 电缆的保管应注意哪些问题？

电缆及其附件如不立即安装,应集中分类存放。应注意下列问题:

(1)电缆存放场地要求地基干燥、坚实、道路畅通、易于排水。电缆盘下应有衬垫,盘上应标明型号、电压、规格、长度。

(2)盘间应有通道。电缆封端应严密。

(3)橡塑护套电缆应有防日晒措施。

(4)电缆在保管期间,应每三个月检查一次,木盘应完整、标志应齐全、封端应严密、铠装应无锈蚀。如有缺陷应及时处理。

(5)电缆附件与绝缘材料应置于干燥的室内保管,且应有密封良好的防潮包装。

81. 电缆安装工程清单工程量包括哪些项目？

电缆安装工程清单项目包括:电力电缆、控制电缆、电缆保护管、电缆桥架、电缆支架。

82. 电缆安装工程清单项目设置应注意哪些问题？

电缆安装工程清单项目设置应注意以下几个方面：

(1) 电缆敷设项目的规格指电缆截面；电缆保护管敷设项目的规格指管径；电缆桥架项目的规格指宽+高的尺寸，同时要表述材质（钢制、玻璃钢制或铝合金制）和类型（槽式、梯式、托盘式、组合式等）；电缆阻燃盒项目的特征是型号、规格（尺寸）。

(2) 电缆沟土方工程量清单按《建设工程工程量清单计价规范》(GB 50500—2008) 附录 A 设置编码。项目表述时，要表明沟的平均深度、土质和铺砂盖砖的要求。

(3) 电缆敷设中所有预留量，应按设计要求或规范规定的长度，考虑在综合单价中，而不作为实物量。

(4) 电缆敷设需要综合的项目很多，一定要描述清楚。如工程内容一栏所示：揭（盖）盖板；电缆敷设；电缆终端头、中间头制作、安装；过路、过基础的保护管；防火墙堵洞、防水隔板安装、电缆防火涂料；电缆防护、防腐、缠石棉绳、刷漆。

83. 电力电缆由哪几部分组成？各组成部分的特点和作用是什么？

电力电缆都是由导电线芯、绝缘层及保护层三个主要部分组成。

(1) 导电线芯是用来传导电流的。线芯材料通常是铜或铝。线芯截面形状有圆形、半圆形、扇形和椭圆形等。线芯数量有单芯、双芯、三芯、四芯、五芯。

(2) 绝缘层是用来保护线芯之间、线芯与外界的绝缘，使电流沿线芯传输。绝缘层包括分相绝缘和统包绝缘，统包绝缘在分相绝缘层之外。绝缘层所用材料有油浸纸、橡皮、聚氯乙烯、聚乙烯和交联聚乙烯等。

(3) 保护层分内护层和外护层两部分。内护层主要是保护电缆统包绝缘不受潮湿和防止电缆浸渍剂外流以及轻度机械损伤；所用材料有铅包、铝包、橡套、聚氯乙烯套和聚乙烯套等。外护层是用来保护内护层的，防止内护层受机械损伤或化学腐蚀等，包括铠装层和外被层两部分。所用材料，一般铠装层为钢带或钢丝，外被层有纤维绕包、聚氯乙烯护套和聚乙烯护套。

84. 电力电缆可分为哪几类？各有什么特点？

电力电缆一般包括油浸纸绝缘电力电缆、聚氯乙烯绝缘及护套电力电缆、橡胶绝缘电力电缆和交联聚乙烯绝缘聚氯乙烯护套电力电缆，见表8-18。

表 8-18　　　　　　　　　　电力电缆分类及特点

序号	项目	特点
1	油浸纸绝缘电力电缆	油浸纸绝缘电力电缆耐热能力强，允许运行温度较高，介质损耗低，耐电压强度高，使用寿命长，但绝缘材料弯曲性能较差，不能在低温时敷设，否则易损伤绝缘。由于绝缘层内油的流淌，电缆两端水平高差不宜过大。 油浸纸绝缘电力电缆有铅、铝两种护套。铅护套质软、韧性好，不影响电缆的弯曲性能，化学性能稳定，熔点低，便于加工制造。但它价贵质重，且膨胀系数小于浸渍纸，线芯发热时，电缆内部产生的应力可能使铅包变形。 铝包护套重量轻，成本低，但加工困难，我国试以铝代铅制造护套，但至今尚不能完全取代
2	聚氯乙烯绝缘及护套电力电缆	聚氯乙烯绝缘及护套电力电缆制造工艺简便，没有敷设高差限制，可以在很大范围内代替油浸纸绝缘电缆、滴干绝缘和不滴流浸渍纸绝缘电缆。主要优点是重量轻，弯曲性能好，接头制作简便，耐油，耐酸碱腐蚀，不延燃，具有内铠装结构，使钢带或钢丝免受腐蚀，价格便宜。 缺点是绝缘电阻较油浸纸绝缘电缆低，介质损失大，特别是6kV级的介质损耗比油浸纸绝缘电缆大好多倍，耐腐蚀性能尚不完善，在含有三氯乙烯、三氯甲烷、四氯化碳、二硫化碳、醋酸酐、冰醋酸的场合不宜采用，在含有苯、苯胺、丙酮、吡啶的场所也不适用
3	橡胶绝缘电力电缆	橡胶绝缘电力电缆弯曲性能较好，能够在严寒气候下敷设，特别适用于水平高差大和垂直敷设的场合。它不仅适用于固定敷设的线路，也可用于定期移动的固定敷设线路。橡胶绝缘橡胶护套软电缆(简称橡套软电缆)还可用于连接移动式电气设备。但橡胶耐热性能差，允许运行温度较低，普通橡胶遇到油类及其化合物时很快就被损坏

序号	项　目	特　　　点
4	交联聚乙烯绝缘聚氯乙烯护套电力电缆	交联聚乙烯绝缘聚氯乙烯护套电力电缆性能优良，结构简单，制造方便，外径小，重量轻，载流量大，敷设水平高差不受限制，但它有延燃的缺点，且价格也较贵

85. 什么是电缆头？其作用是什么？

电缆敷设好后，为了使其成为一个连续的线路，各段线必须连接为一个整体，这些连接点称为电缆接头，简称电缆头。电缆线路两末端的接头称为终端头，中间部位的接头则称为中间接头。

电缆头的作用是使电缆保持密封，使线路畅通，并保证电缆接头处的绝缘等级，使其安全可靠地运行。电缆头按其线芯材料可分为铝芯电力电缆头和铜芯电力电缆头。

86. 户内浇注式电缆终端头的特点有哪些？

户内浇注式电缆终端头是采用弹性树脂浇注成型，与干包式电缆终端头的不同之处在于，户内干包式电缆终端头是在剥除保护层及绝缘层后，用软手套包缠内护层，而浇注式电缆终端头制作时是在压接管后再配料浇注的。

87. 户外浇注式电缆终端头的特点有哪些？

户外浇注式电力电缆终端头与户内浇注式电缆终端头制作方法的不同在于户外终端头制作时应加装防雨罩，先套入三孔防雨罩（三相共用），自由就位后加热收缩，然后每相再套两个单孔防雨罩，加热收缩，收缩完毕后，再安装顶端密封套。户外浇注式电缆终端头采用由环氧树脂、硬化剂、增韧剂和填料混合而成的环氧树脂剂。其中硬化剂的作用是使环氧树脂固化成型。固化后的环氧树脂复合物，其性能在很大程度上取决于硬化剂的正确选择。硬化剂的特点是：可浇注期长，热反应最高温度较低，即便在高温下亦要经过较长时间才能使环氧树脂固化。使用填充剂的目的主要是减少环氧树脂的用量，降低成本。

88. 热缩式电缆终端头的特点有哪些？

热缩式电缆终端头是近几年推出的一种新型电缆终端头。所用电缆

第八章 室内外配线工程计量与计价

附件均为辐射交联热收缩电缆附件,它以橡塑共混的高分子材料加工成型,然后在高能射线(α或β射线)的作用下,使原来的线性分子结构交联成网状结构。生产时将具有网状的高分子材料加热到结晶熔点以上,使分子呈橡胶态,然后加外力使之变形成大尺寸产品后迅速冷却,使分子链"冻结"成定型产品。施工时,对热缩型产品加热(110~130℃),"冻结"的分子链突然松弛,从而自然收缩,如有被裹的物体,它就紧紧包覆在物体的外面。

89. 什么是控制电缆?

控制电缆是在配电装置中传输操作电流、连接电气仪表、继电保护和自动控制等回路用的,它属于低压电缆,运行电压一般在交流500V或直流1000V以下。电流不大,而且是间断性负荷,所以导线线芯横截面积小,一般为1.5~10mm²,均为多芯电缆,芯数为4~37芯。

控制电缆是自控仪表工程中应用较多的一种电缆,常用于液位开关信号、报警回路和控制电磁阀信号联锁系统回路中。

90. 控制电缆的型号表示什么含义?

控制电缆型号说明如下:

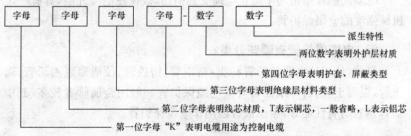

表8-19为控制电缆型号的表示方法。

表8-19　　　控制电缆型号的表示方法

线芯材质	绝缘材料	护套屏蔽类型	外护层材质	派生特性
T:铜芯	Y:聚乙烯	Y:聚乙烯	02:聚氯乙烯护套	80:耐热80℃
L:铝芯	V:聚氯乙烯	V:聚氯乙烯	03:聚乙烯护套	105:耐热105℃
	X:橡胶	F:氯丁胶	20:裸钢带铠装	
	YJ:交联聚乙烯	Q:铅套	22:钢带铠装聚氯乙烯护套	

续表

线芯材质	绝缘材料	护套屏蔽类型	外护层材质	派生特性
		P:编织屏蔽	23:钢带铠装聚乙烯护套	
			30:裸细钢丝铠装	
			32:细圆钢丝铠装聚氯乙烯护套	1:铜丝缠绕屏蔽
			33:细圆钢丝铠装聚乙烯护套	2:铜带绕包屏蔽

91. 常用的控制电缆有哪些?

常用控制电缆型号规格如下:

(1)聚乙烯绝缘控制电缆:KYV、KLYV、KYY、KY_{22}、KY_{23}、KY_{32}等。

(2)聚氯乙烯绝缘控制电缆:KVV、KVVR、KV_{22}、KVV_{22}、ZR-KVV、ZR-KVVR 等。

(3)橡皮绝缘控制电缆:KXV、KXF、KX_{22}等。

(4)船用控制电缆:CV、CF、CY 等。

(5)电压等级主要有:AC220V、DC24V、DC36V 等,以 AC220V 居多。

92. 什么是电缆保护管?

电缆保护管是指为了防止电缆受到损伤,敷设在电缆外层,具有一定机械强度的金属保护管。

93. 电缆保护管有哪些分类?

目前,使用的电缆保护管种类有:钢管、铸铁管、硬质聚氯乙烯管、陶土管、混凝土管、石棉水泥管等。电缆保护管一般用金属管者较多,其中镀锌钢管防腐性能好,因而被普遍用作电缆保护管。

94. 电缆保护管适用于哪些范围?

在建筑电气工程中,电缆保护管的使用范围如下:

(1)电缆进入建筑物、隧道,穿过楼板或墙壁的地方及电缆埋设在室内地下时需穿保护管;

(2)电缆从沟道引至电杆、设备,或者室内行人容易接近的地方、距地面高度 2m 以下的一段的电缆需装设保护管;

(3)电缆敷设于道路下面或横穿道路时需穿管敷设;

(4)从桥架上引出的电缆,或者装设桥架有困难及电缆比较分散的地方,均采用在保护管内敷设电缆。

95. 电缆桥架由哪几部分组成?

电缆桥架敷设是现代化工业企业配电线路敷设方式的新发展。专业化生产电缆桥架工厂的诞生,为改造传统的线路敷设方式创造了条件。工厂生产的桥架具有标准化、系列化和通用化的特点,可根据现场施工条件很方便地改变电缆走向、间距或增减层数,提高现场安装工艺水平,加快施工进度,而且敷设整齐美观。随着工业生产自动化水平的不断提高,电缆数量也越来越多,走线也越来越复杂,采用电缆桥架配线的优点就更加明显了,电缆桥架的应用就日趋广泛。使用较多的电缆桥架有梯形和槽形两大类。

电缆桥架一般是由直线段、弯通、桥架附件和支、吊架四部分组成的。

(1)直线段:是指一段不能改变方向或尺寸的用于直接承托电缆的刚性直线部件。

(2)弯通:是指一段能改变电缆桥架方向或尺寸的一种装置,是用于直接承托电缆的刚性非直线部件,也是由冷轧(或热轧)钢板制成的。

(3)桥架附件是用于直线段之间、直线段与弯通之间的连接,以构成连续性刚性的桥架系统所必需的连接固定或补充直线段、弯通功能的部件,既包括各种连接板,又包括盖板、隔板、引下装置等部件。

(4)桥架支、吊架是直接支承托盘、梯架的主要部件。按部件功能分包括托臂、立柱、吊架及其固定支架。其中,立柱是支承电缆桥架及电缆全部负载的主要部件。底座是立柱的连接支承部件,主要用于悬挂式和直立式安装。横臂主要同立柱配套使用,并固定在立柱上,支承梯架或槽形钢板桥,梯架或槽形钢板桥用连接螺栓固定在横臂上。盖板盖在梯形桥或槽形钢板桥上起屏蔽作用,能防尘、防雨、防晒或杂物落入。垂直或水平的各种弯头,可改变电缆走向或电缆引上引下。

96. 电缆桥架主要应用于哪些行业?

电缆桥架配线是新型的配线方式,广泛用于建筑工程、化工、石油、轻工、机械、冶金和医药等行业,例如电缆通过桥梁、涵洞时就常采用电缆桥架配线,对于室外电视、电信、广播等弱电电缆及控制线路也可以采用电缆桥架配线。

97. 按电缆桥架的结构型式可将其分成哪几类？各有什么特点？

按结构型式划分，电缆桥架有梯架式、托盘式和线槽式三种，其结构物特点如下：

(1) 梯架式桥架是用薄钢板冲压成槽板和横格架（横撑）后，再将其组装成由侧边与若干个横挡构成的梯形部件。

(2) 托盘式桥架是用薄钢板冲压成基板，再将基板作为底板和侧板组装成托盘。基板有带孔眼和不带孔眼等四种型式，不同的底板与侧板又可组装成不同的型式，如封闭式托盘和非封闭式托盘等。

1) 有孔托盘：是由带孔眼的底板和侧边所构成的槽形部件，或由整块钢板冲孔后弯制成的部件。

2) 无孔托盘：是由底板与侧边构成的或由整块钢板制成的槽形部件。

3) 组装式托盘：是由适于工程现场任意组合的有孔部件用螺栓或插接方式连接成托盘的部件，也称作组合式托盘。

(3) 线槽式桥架的线槽是用薄钢板直接冲压而成。

98. 钢制槽式桥架有什么特点？适用范围是怎样的？

钢制槽式桥架适用于敷设计算机电缆、通讯电缆、照明电缆及其他高灵敏度系统的控制电缆等，具有屏蔽、抗干扰性能，是比较理想的配线产品。钢制槽式桥架不仅可以敷设电缆和导线，还可以安装插座、熔断器、自动开关、吊装灯具等，使工程设计更为方便。

99. 什么是玻璃钢槽式桥架？

玻璃钢槽式桥架属于槽式桥架的一种，是以玻璃钢为材料制成的电缆桥架。

100. 电缆支架主要用于哪些部位？

电缆支架即电缆吊架，主要在厂房内及隧道、沟道内敷设电缆时使用。

101. 常用的电缆支架有哪些？

常用支架有角钢支架、水泥支架、装配式支架等。

102. 电缆分部工程定额工作内容有哪些？

电缆分部工程定额工作内容包括：

(1)电缆沟挖填、人工开挖路面。工作内容包括测位、划线、挖电缆沟、回填土、夯实、开挖路面、清理现场。

(2)电缆沟铺砂、盖砖及移动盖板。工作内容包括调整电缆间距、铺砂、盖砖(或保护板)、埋设标桩、揭(盖)盖板。

(3)电缆保护管敷设及顶管。工作内容包括保护管:测位、锯管、敷设、打喇叭口。顶管:测位、安装机具、顶管、接管、清理。

(4)桥架安装:

1)钢制桥架。工作内容包括组对、焊接或螺栓固定,弯头、三通或四通、盖板、隔板、附件的安装。

2)玻璃钢桥架。工作内容包括组对、螺栓固定、弯头、三通或四通、盖板、隔板、附件安装。

3)铝合金桥架。工作内容包括组对、螺栓固定、弯头、三通或四通、盖板、隔板、附件安装。

4)组合式桥架及桥架支撑架安装。工作内容包括桥架组对、螺栓连接、安装固定,立柱、托臂膨胀螺栓或焊接固定、螺栓固定在支架立柱上。

(5)塑料电缆槽、混凝土电缆槽安装。工作内容包括测位、划线、安装、接口。

(6)电缆防火涂料、堵洞、隔板及阻燃盒槽安装。工作内容包括清扫、堵洞、安装防火隔板(阻燃槽盒)、涂防火材料、清理。

(7)电缆防腐、缠石棉绳、刷漆、剥皮。工作内容包括配料、加垫、灌防腐材料、铺砖、缠石棉绳、管道(电缆)刷色漆、电缆剥皮。

(8)铝芯电力电缆敷设。工作内容包括开盘、检查、架盘、敷设、锯断、排列、整理、固定、收盘、临时封头、挂牌。

(9)铜芯电力电缆敷设。工作内容包括开盘、检查、架盘、敷设、锯断、排列、整理、固定、收盘、临时封头、挂牌。

(10)户内干包式电力电缆头制作、安装。工作内容包括定位、量尺寸、锯断、剥保护层及绝缘层、清洗、包缠绝缘、压连接管及接线端子、安装、接线。

(11)户内浇注式电力电缆终端头制作、安装。工作内容包括定位、量尺寸、锯断、剥切清洗、内屏蔽层处理、包缠绝缘、压扎锁管及接线端子、装终端盒、配料浇注、安装接线。

(12)户内热缩式电力电缆终端头制作、安装。工作内容包括定位、量尺寸、锯断、剥切清洗、内屏蔽层处理、焊接地线、压扎锁管及接线端子、装热缩管、加热成形、安装、接线。

(13)户外电力电缆终端头制作、安装。工作内容包括定位、量尺寸、锯断、剥切清洗、内屏蔽层处理、焊接地线、套热缩管、压接线端子、装终端盒、配料浇注、安装、接线。

(14)浇注式电力电缆中间头制作、安装。工作内容包括定位、量尺寸、锯断、剥切清洗、内屏蔽层处理、焊接地线、压接线端子、装中间盒、配料浇注、安装。

(15)热缩式电力电缆中间头制作、安装。工作内容包括定位、量尺寸、锯断、剥切清洗、内屏蔽层处理、焊接地线、套热缩管、压接线端子、加热成形、安装。

(16)控制电缆敷设。工作内容包括开盘、检查、架盘、敷设、切断、排列整理、固定、收盘、临时封头、挂牌。

(17)控制电缆头制作、安装。工作内容包括定位、量尺寸、锯断、剥切、包缠绝缘、安装、校接线。

103. 电缆支架的安装应符合哪些要求？

吊(支)架的安装一般采用标准的托臂和立柱进行安装,也有采用自制加工吊架或支架进行安装。通常,为了保证电缆桥架的工程质量,应优先采用标准附件。

(1)标准托臂与立柱的安装。当采用标准的托臂和立柱进行安装时,其要求如下:

1)成品托臂的安装。成品托臂的安装方式有沿顶板安装、沿墙安装和沿竖井安装等方式。成品托臂的固定方式多采用M10以上的膨胀螺栓进行固定。

2)立柱的安装。成品立柱是由底座和立柱组成,其中立柱有采用工字钢、角钢、槽型钢、异型钢、双异型钢构成,立柱和底座的连接可采用螺栓固定和焊接。其固定方式多采用M10以上的膨胀螺栓进行固定。

3)方形吊架安装。成品方形吊架由吊杆、方形框组成,其固定方式可采用焊接预埋铁固定或直接固定吊杆,然后组装框架。

(2)自制支(吊)架的安装。自制吊架和支架进行安装时,应根据电缆

第八章　室内外配线工程计量与计价

桥架及其组装图进行定位划线,并在固定点进行打孔和固定。固定间距和螺栓规格由工程设计确定。当设计无规定时,可根据桥架重量与承载情况选用。

自行制作吊架或支架时,应按以下规定进行:

1) 根据施工现场建筑物结构类型和电缆桥架造型尺寸与重量,决定选用工字钢、槽钢、角钢、圆钢或扁钢制作吊架或支架。

2) 吊架或支架制作尺寸和数量,根据电缆桥架布置图确定。

3) 确定选用钢材后,按尺寸进行断料制作,断料严禁气焊切割,加工尺寸允许最大误差为+5mm。

4) 型钢架的煨弯宜使用台钳用手锤打制,也可使用油压搣弯器用模具顶制。

5) 支架、吊架需钻孔处,孔径不得大于固定螺栓+2mm,严禁采用电焊或气焊割孔,以免产生应力集中。

104. 电缆安装工程定额工程量计算应遵循哪些规则?

(1) 直埋电缆的挖、填土(石)方,除特殊要求外,可按表8-20计算土方量。

(2) 电缆沟盖板揭、盖定额,按每揭或每盖一次以"延长米"计算,如又揭又盖,则按两次计算。

(3) 电缆保护管长度,除按设计规定长度计算外,遇有下列情况,应按以下规定增加保护管长度。

1) 横穿道路,按路基宽度两端各增加2m。

2) 垂直敷设时,管口距地面增加2m。

3) 穿过建筑物外墙时,按基础外缘以外增加1m。

4) 穿过排水沟时,按沟壁外缘以外增加1m。

(4) 电缆保护管埋地敷设,其土方量凡有施工图注明的,按施工图计算;无施工图的,一般按沟深0.9m、沟宽按最外边的保护管两侧边缘外各增加0.3m工作面计算。

(5) 电缆敷设按单根以"延长米"计算,一个沟内(或架上)敷设三根各长100m的电缆,应按300m计算,以此类推。

(6) 电缆敷设长度应根据敷设路径的水平和垂直敷设长度,按表8-21规定增加附加长度。

(7) 电缆终端头及中间头均以"个"为计量单位。电力电缆和控制电缆均按一根电缆有两个终端头考虑。中间电缆头设计有图示的,按设计确定;设计没有规定的,按实际情况计算(或按平均 250m 一个中间头考虑)。

(8) 桥架安装,以"10m"为计量单位。

(9) 吊电缆的钢索及拉紧装置,应按相应定额另行计算。

(10) 钢索的计算长度以两端固定点的距离为准,不扣除拉紧装置的长度。

(11) 电缆敷设及桥架安装,应按定额说明的综合内容范围计算。

表 8-20　　直埋电缆的挖、填土(石)方量

项 目	电 缆 根 数	
	1~2	每增一根
每米沟长挖方量/m³	0.45	0.153

注:1. 两根以内的电缆沟,系按上口宽度 600mm、下口宽度 400mm、深度 900mm 计算的常规土方量(深度按规范的最低标准)。

2. 每增加一根电缆,其宽度增加 170mm。

3. 以上土方量系按埋深从自然地坪起算,如设计埋深超过 900mm 时,多挖的土方量应另行计算。

表 8-21　　电缆敷设的附加长度

序号	项 目	预留长度(附加)	说 明
1	电缆敷设弛度、波形弯度、交叉	2.5%	按电缆全长计算
2	电缆进入建筑物	2.0m	规范规定最小值
3	电缆进入沟内或吊架时引上(下)预留	1.5m	规范规定最小值
4	变电所进线、出线	1.5m	规范规定最小值
5	电力电缆终端头	1.5m	检修余量最小值
6	电缆中间接头盒	两端各留 2.0m	检修余量最小值
7	电缆进控制、保护屏及模拟盘等	高+宽	按盘面尺寸

续表

序号	项 目	预留长度 (附加)	说 明
8	高压开关柜及低压配电盘、箱	2.0m	盘下进出线
9	电缆至电动机	0.5m	从电机接线盒起算
10	厂用变压器	3.0m	从地坪起算
11	电缆绕过梁柱等增加长度	按实计算	按被绕物的断面情况计算增加长度
12	电梯电缆与电缆架固定点	每处 0.5m	规范最小值

注:电缆附加及预留的长度是电缆敷设长度的组成部分,应计入电缆长度工程量之内。

【例 8-7】 某电力工程需要直埋电力电缆,全长 300m,单根埋设时下口宽 0.4m,深 1.5m。现若同沟并排埋设 6 根电缆。试计算挖填土方量。

【解】 按表 8-21,标准电缆沟下口宽 $a=0.4$m,上口宽 $b=0.6$m,沟深 $h=0.9$m,则电缆沟边坡系数为:$S=0.1/0.9=0.11$。

已知下口宽 $a=0.4$m,沟深 $h=1.5$m,则上口宽 b' 为
$$b'=a'+2Sh'=0.4+2\times0.11\times1.5=0.73\text{m}$$

根据表 8-21 注可知同沟并排 6 根电缆,其电缆上下口宽度均增加 $0.17\times4=0.68$m,则挖填土方量为
$$V=[(0.73+0.68+0.4+0.68)\times1.5/2)]\times300=560.25\text{m}^3$$

【例 8-8】 如图 8-5 所示某电缆敷设工程,采用电缆沟铺砂盖砖直埋并列敷设 8 根 $\text{VLV}_{29}(3\times35+1\times10)$ 电力电缆,变电所配电柜至室内部分电缆室 $\phi40$ 钢管保护,共 8m 长,室外电缆敷设共 120m 长,在配电间有 13m 穿 $\phi40$ 钢管保护,试计算其定额工程量。

【解】 该项电缆敷设工程分为电缆敷设、电缆沟铺砂盖砖工程、穿钢管敷设等项目。

①电缆敷设工程量。查表 8-21 知电缆在各处的预留长度分别为:进建筑物 2.0m,进配电柜 2.0m,终端头 1.5m,垂直至水平 0.5m。
$$L=(8+120+13+2.0\times2+2.0\times2+1.5\times2+0.5\times2)\times8$$
$$=1224\text{m}$$

②电缆沟铺砂盖砖工程量为 120m,每增加一根,另算其工程量,共 840m。

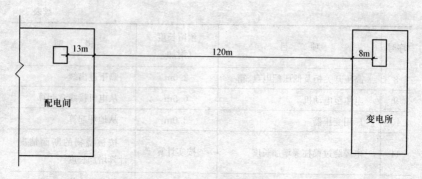

图 8-5　某电缆敷设工程

③密封保护管的工程量按实际的电缆根数统计,每条电缆有两根密封保护管,故共有 16 根。

【例 8-9】 某电力电缆工程采用电缆沟敷设,沟长 200m,共 20 把,分四层,单边、支架镀锌,试计算其定额工程量。

【解】 由题可知,电缆沟支架制作安装工程量为 200m。

由表 8-22 可知,电缆进入沟内 1.5m,电缆头两个 $1.5×2$,水平到垂直两次 $0.5×2$,低压柜 3m。

则电缆敷设工程量为:$(200+1.5+1.5×2+0.5×2+3)×20=4170m$。

105. 电缆安装工程清单工程量计算应遵循哪些规则?

(1)电力电缆、控制电缆、电缆保护管、电缆桥架安装工程清单工程量按设计图示尺寸以长度计算。

(2)电缆支架安装工程清单工程量按设计图示质量计算。

【例 8-10】 如图 8-6 所示,电缆自 N_1 电杆引下埋设至 Ⅱ 号厂房 N_1 动力箱,动力箱为 XL(F)-15-0042,高 1.7m,宽 0.7m,箱距地面高为 0.45m。试计算电缆埋设与电缆沿杆敷设清单工程量。

【解】 ①电缆埋设

$$10+50+80+100+0.45=240.45m$$

②电缆沿杆敷设

$$8+1(杆上预留)=9m$$

清单工程量计算见表 8-22。

第八章 室内外配线工程计量与计价 · 305 ·

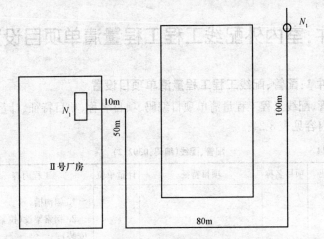

图 8-6 电缆敷设示意图

表 8-22　　　　　清单工程量计算表

序号	项目编码	项目名称	项目特征描述	计量单位	工程量
1	030208001001	电力电缆	电缆埋设	m	240.45
2	030208001002	电力电缆	电缆沿杆敷设	m	9

【例 8-11】 某电缆敷设工程如图 8-5 所示,采用电缆沟铺砂盖砖直埋并列敷设 8 根 $XV_{29}(3\times35+1\times10)$ 电力电缆,变电所配电柜至室内部分电缆穿 $\phi40$ 钢管保护,共 8m 长,室外电缆敷设共 120m 长,在配电间有 13m 穿 $\phi40$ 钢管保护,试计算其清单工程量。

【解】 ①电缆敷设工程量
$$(8+120+13)\times8=1128m$$
②电缆保护管工程量
$$8+13=21m$$
清单工程量计算见表 8-23。

表 8-23　　　　　清单工程量计算表

序号	项目编码	项目名称	项目特征描述	计量单位	工程量
1	030208001001	电力电缆	$XV_{29}(3\times35+1\times10)$	m	1128
2	030208003001	电缆保护管	$\phi40$ 钢管	m	21

附件：室内外配线工程工程量清单项目设置

附件1：配管、配线工程工程量清单项目设置

配管、配线工程工程量清单项目编码、项目名称、项目特征、计量单位及工程内容见表8-24。

表8-24　　　　　配管、配线（编码：030212）

项目编码	项目名称	项目特征	计量单位	工程内容
030212001	电气配管	1. 名称。 2. 材质。 3. 规格。 4. 配置形式及部位	m	1. 刨沟槽。 2. 钢索架设（拉紧装置安装）。 3. 支架制作、安装。 4. 电线管路敷设。 5. 接线盒（箱）、灯头盒、开关盒、插座盒安装。 6. 防腐油漆。 7. 接地
030212002	线槽	1. 材质。 2. 规格		1. 安装。 2. 油漆
030212003	电气配线	1. 配线形式。 2. 导线型号、材质、规格。 3. 敷设部位或线制		1. 支持体（夹板、绝缘子、槽板等）安装。 2. 支架制作、安装。 3. 钢索架设（拉紧装置安装）。 4. 配线。 5. 管内穿线

附件2：10kV以下架空配电线路工程工程量清单项目设置

10kV以下架空配电线路工程工程量清单项目编码、项目名称、项目特征、计量单位及工程内容见表8-25。

表8-25　　　　　10kV以下架空配电线路(编码:030210)

项目编码	项目名称	项目特征	计量单位	工程内容
030210001	电杆组立	1. 材质。 2. 规格。 3. 类型。 4. 地形	根	1. 工地运输。 2. 土(石)方挖填。 3. 底盘、拉盘、卡盘安装。 4. 木电杆防腐。 5. 电杆组立。 6. 横担安装。 7. 拉线制作、安装
030210002	导线架设	1. 型号(材质)。 2. 规格。 3. 地形	km	1. 导线架设。 2. 导线跨越及进户线架设。 3. 进户横担安装

附件3:电缆安装工程工程量清单项目设置

电缆安装工程工程量清单项目编码、项目名称、项目特征、计量单位及工程内容见表8-26。

表8-26　　　　　　电缆安装(编码:030208)

项目编码	项目名称	项目特征	计量单位	工程内容
030208001	电力电缆	1. 型号。 2. 规格。 3. 敷设方式	m	1. 揭(盖)盖板。 2. 电缆敷设。 3. 电缆头制作、安装。 4. 过路保护管敷设。 5. 防火堵洞。 6. 电缆防护。 7. 电缆防火隔板。 8. 电缆防火涂料
030208002	控制电缆			
030208003	电缆保护管	1. 材质。 2. 规格	m	保护管敷设
030208004	电缆桥架	1. 型号、规格。 2. 材质。 3. 类型	m	1. 制作、除锈、刷油。 2. 安装
030208005	电缆支架	1. 材质。 2. 规格	t	

第九章
·防雷与接地工程计量与计价·

1. 什么是防雷接地装置?

防雷接地装置指建筑物、构筑物、电气设备等为了防止雷击的危害,以及为了预防人体接触电压及跨步电压,保证电气装置可靠运行等所设的防雷及接地的设施。

2. 防雷接地装置由哪几部分构成?

防雷接地装置由接闪器、引下线、接地体三大部分组成,如图 9-1 所示。

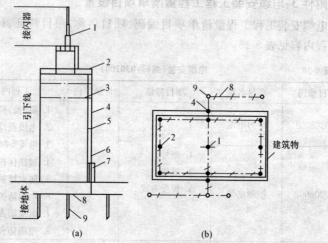

图 9-1 建筑物防雷与接地装置
1—避雷针;2—避雷网;3—避雷带;4—引下线;5—引下线卡子;
6—断接卡子;7—引下线保护管;8—接地母线;9—接地极

(1)接闪器部分有避雷针、避雷网、避雷带等。

(2)引下线部分有引下线、引下线支持卡子、断接卡子、引下线保护管等。

(3)接地部分有接地母线、接地极等。

3. 防雷与接地装置分部工程工程量清单包括哪些项目？

防雷与接地装置清单项目包括：接地装置、避雷装置、半导体少长针消雷装置。

4. 防雷与接地装置清单项目设置应注意哪些问题？

防雷与接地装置清单项目设置应注意以下几个方面：
(1)利用桩基础作接地极时，应描述桩台下桩的根数。
(2)利用桩筋作引下线的，一定要描述是几根柱筋焊接作为引下线。
(3)"项"的单价要包括特征和"工程内容"中所有的各项费用之和。

5. 电气接地可分成哪几类？有什么特点？

电气接地一般可分成工作接地、保护接地和重复接地三大类，如图9-2所示。

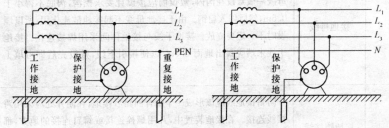

图9-2 工作接地、保护接地和重复接地

(1)工作接地是指为了保证电气设备在系统正常运行和发生事故情况下能可靠工作而进行的接地。如380/220V配电网络中的配电变压器中性点接地就是工作接地，这种配电变压器假如中性点不接地，当配电系统中一相导线断线，其他二相电压就会升高$\sqrt{3}$倍，即220V变为380V，这样就会损坏用电设备；还有像避雷针、避雷器的接地也是工作接地，假如避雷针、避雷器不接地或接地不好，则雷电流就不能向大地通畅泄放，这样避雷针、避雷器就不能起防雷保护作用。所以工作接地是指为了保证电气设备安全可靠的工作而必须使其接地。

(2)保护接地是指为了保证人身安全和设备安全，将电气在正常运行中不带电的金属部分可靠接地。这样可防止电气设备绝缘损坏或其他原因使外壳等金属部分带电时发生人身触电事故。

(3) 重复接地在中性线直接接地系统中，为确保保护线安全可靠，除在变压器或发电机中性点处进行工作接地外，还在保护线其他地方进行必要的接地，称为重复接地。

6. 接地装置由哪几个部分组成？

接地装置由接地线、接地电阻、接地母线、接地跨接线组成，见表 9-1。

表 9-1　　　　　　　　接地设置的组成

序号	项目	内容
1	接地线	连接接地体与设备接地部分的导线
2	接地电阻	接地装置的散流电阻称为接地电阻
3	接地母线	就是将引下线送来的雷电流分送到接地极的导体。户外接地母线一般敷设在沟内，敷设前应按设计要求挖沟，沟底不得小于 0.5m，然后埋入扁钢。由于接地母线不起接地散流作用，所以埋设时不一定要立放。接地干线与接地体间采用焊接连接。接地干线末端应露出地面 0.5m，以便接引下线，敷设完后即可填土夯实
4	接地跨接线	防雷接地线应该形成一个闭合回路后接地，在断开处应采用跨接线连接。在接地装置中，凡用螺栓连接或铆钉连接的地方，都应焊接接地跨接线。跨接线一般采用扁钢，其截面一般不小于 $100mm^2$

7. 接地系统分为哪几类？

接地系统一般分为变配电所接地系统和车间接地系统两个部分。

(1) 变配电所接地系统。变配电所内配电盘柜及其他盘柜一般都设有型钢基础，它的接地系统一般是将这些型钢基础用 25×4 扁钢相连，作为接地干线。然后将这些干线引向室外，与户外的接地装置相连，作为外壳保护接地，见图 9-3。

(2) 车间接地系统。接零母线进入车间以后，在有桥式或梁式行车的车间内，可利用行车钢轨，用 40×4 扁钢相连，作为接地回路，如车间没有钢轨可做接地，则应另设接地系统。

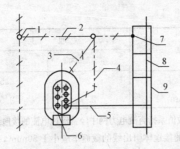

图 9-3　变配电所接地系统示意图

1—接地极；2—接地母线；3—TM 外壳保护接地线；
4—TM 工作零线 N 接地；5—TM 工作零母线；6—变压器 TM；
7—配电柜外壳接地；8—配电工作零母线；9—配电柜

8. 什么是人工接地极？其有什么特点？

人工接地极一般是将型钢或钢管打入地下，形成有效接地，常用的一般有钢管接地极和角钢接地极。

(1) 钢管接地极一般用 2.5m 长、$\phi 40 \sim \phi 50$、壁厚不小于 4mm 的钢管，顶部打入地下深度不小于 0.7m，形成接地极。

(2) 角钢接地极一般用 50×5 角钢，顶部打入地下不小于 0.7m，形成接地极。钢管、角钢接地极一般成组敷设。单根接地极间用 40×4 镀锌扁钢接地母线连结形成一组。具体根数由计算确定，每组中接地极间距应为 $2 \sim 3$ 倍的接地极长度，一般为 5m。

9. 接地装置的导体截面应符合哪些要求？

接地装置宜用钢材，在有腐蚀性较强的场所，应采用热镀锌的钢接地体或适当加大截面，接地装置的导体截面按符合热稳定和机械强度的要求，应不小于表 9-2 中所列数值。

表 9-2　　　　钢接地体和接地线的最小规格

种类规格及单位		地　上		地　下
		室　内	室　外	
圆钢直径/mm		5	6	8(10)
扁钢	截 面/mm²	24	48	48
	厚 度/mm	3	4	4(6)

种类规格及单位	地 上		地 下
	室　内	室　外	
角钢厚度/mm	2	2.5	4(6)
钢管管壁厚度/mm	2.5	2.5	3.5(4.5)

注：1. 表中括号内的数值系指直流电力网中经常流过电流的接地线和接地体的最小规格。
　　2. 电力线路杆塔的接地体引出线的截面不应小于$50mm^2$，引出线应热镀锌。

10. 哪些电气设备及相关件必须有接地装置？

为了保证电器设备的安全运行，下列电气设备及相关件的金属部分均应接地。

(1)变压器、电机、电器、携带式或移动式电器具等的金属底座和外壳。
(2)电力设备传动装置。
(3)互感器的二次绕组。
(4)配电盘和控制盘的金属框架。
(5)室外配电装置的金属构架和钢筋混凝土物架以及靠近带电部分的金属围栏和金属门等。
(6)交、直流电缆的接线盒、终端盒的外壳和电缆的外皮、穿线的钢管等。
(7)装在配电线路上的开关设备、电力电容器等电力设备。
(8)铠装控制电缆的外皮，非铠装或非金属护套电缆的1～2根屏蔽芯线。

11. 建筑物防雷是怎样分类的？

建筑物的防雷是根据其重要性、使用性质、发生雷电事故的可能性和后果，按防雷要求分为一、二、三级，见表9-3。

表9-3　　　　　建筑物防雷分类

序　号		内　　容
1	一级防雷建筑物	(1)具有特别重要用途的建筑物，如国家级的会堂、办公建筑、档案馆、大型博展建筑。 (2)特大型、大型铁路旅客站。 (3)国际性的航空港、通信枢纽、国宾馆、大型旅游建筑、国际港口客运站等。 (4)国家级重点文物保护的建筑物和构筑物。 (5)高度超过100m的建筑物

续表

序号		内容
2	二级防雷建筑物	(1)重要的或人员密集的大型建筑物,如部、省级办公楼。 (2)省级会堂、博展、体育、交通、通信、广播等建筑。 (3)大型商店、影剧院等。 (4)省级重点文物保护的建筑物和构筑物。 (5)19层及以上的住宅建筑和高度超过50m的其他民用建筑物。 (6)省级及以上大型计算中心和装有重要电子设备的建筑物
3	三级防雷建筑物	(1)当年计算雷击次数大于或等于0.05(即当地雷暴日)时或通过调查确认需要防雷的建筑物。 (2)建筑群中最高或位于建筑群边缘高度超过20m的建筑物。 (3)高度为15m及以上的烟囱、水塔等孤立的建筑物或构筑物。 (4)在雷电活动较弱地区(年平均雷暴日不超过15)其高度可为20m及以上。 (5)历史上雷害事故严重地区或雷害事故较多地区的较重要建筑物

12. 避雷装置可分为哪几类?

避雷装置的种类基本上分四大类型:
(1)接闪器,如避雷针、避雷带、避雷网等。
(2)电源避雷器(安装时主要是并联方式,也可是串联方式)。
(3)信号型避雷器,多数用于计算机网络、通信系统上,安装的方式是串联。
(4)天馈线避雷器,它适用于有发射机天线系统和接收无线电信号设备系统,连接方式也是串联。

13. 接闪器的选择和布置应符合哪些要求?

接闪器在选择和布置时应考虑以下因素。

(1)避雷针的适用范围。如独立避雷针适用于保护较低矮的库房和厂房,特别适用于那些要求防雷导线与建筑物内各种金属及管线隔离的场合。

(2)避雷针的保护范围。过去曾用保护角表示避雷针的保护范围,至今仍有设计人员采用这种办法。但是,用保护角的做法忽略了雷击距离对避雷针保护范围的影响。在一定的雷击距离 h_r 上避雷针的高度不同,其保护角是不同的。较低避雷针的保护角较大,高架避雷针的保护角较小。如果固定以保护角表示避雷针的范围,则高架避雷针的相对保护范围是减少的,用滚球法计算避雷针保护范围时,可以明显地发现这个问题。

(3)视觉效果。建筑物上设置长针不美观,消耗钢材较多,增加建筑物造价。装设避雷针和避雷网是民用建筑物防雷的主要形式,有些大屋顶结构的古建筑在房角设置短针防雷效果较好,也不影响美观。但是,有的古建筑只在屋脊正中竖立一根避雷针作为防雷装置,它违背了建筑物被雷击的规律,既不安全也不美观。

(4)其他因素。接闪器再好,如果不整体考虑其他因素是解决不了建筑物内部防雷问题的。在建筑物顶部及其边缘处装设明装避雷带、网是为了保护建筑物的表层不被击坏。屋顶上部的机电设备和出气管等可作为短针、避雷带或避雷网接闪器。

14. 如何计算单支避雷针的保护范围?

单支避雷针的保护范围如图 9-4 所示。

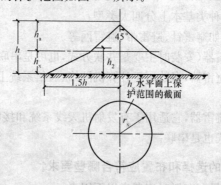

图 9-4 单支避雷针的保护范围

(1)避雷针在地面上的保护半径 r 按下式计算:
$$r = 1.5h$$
式中 h——避雷针的高度(m)。

(2)避雷针在被保护物高度 h_x 水平面上的保护半径 r_x 按下式确定:

当 $h_x \geqslant \dfrac{h}{2}$ 时, $\qquad r_x = (h - h_x)p = h_a p$

当 $h_x < \dfrac{h}{2}$ 时, $\qquad r_x = (1.5h - 2h_x)p$

式中 h_x——被保护物的高度(m);
h_a——避雷针的有效高度(m);
p——高度影响系数,$h \leqslant 30$m 时为 1,30m $< h \leqslant$ 120m 时为 $5.5/\sqrt{h}$,以下文中公式 p 值同此。

15. 如何计算两支等高避雷针的保护范围?

两支等高避雷针的保护范围如图 9-5 所示。

(1)两针外侧的保护范围按单支避雷针的计算方法确定。

(2)两针间的保护范围,特通过两针顶点及保护范围上部边缘最低点 o 的圆弧确定,圆弧的半径为 R_0。o 点为假想避雷针的顶点,其高度按下式计算:

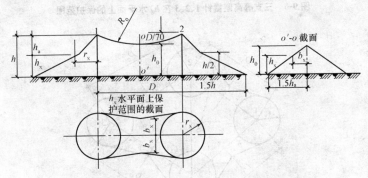

图 9-5 高度为 h 的两等高避雷针 1 及 2 的保护范围

$$h_0 = h - \dfrac{D}{7p}$$

式中 h_0——两针间保护范围上部边缘最低点的高度(m);
D——两针间的距离(m)。

两针间 h_x 水平面上保护范围的一侧最小宽度,按下式计算:

$$b_x = 1.5(h_0 - h_x)$$

式中 b_x——在 h_x 水平面上保护范围的一侧最小宽度(m),当 $D=7h_ap$ 时,$b_x=0$。

保护变电所用的避雷针,两针间距离与针高之比 D/h 不宜大于 5,但保护第一类工业建(构)筑物用的避雷针,D/h 不宜大于 4。

16. 如何计算多支等高避雷针的保护范围?

多支等高避雷针的保护范围如图 9-6 和图 9-7 所示。

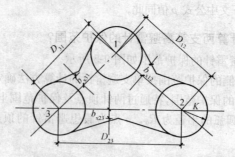

图 9-6 三支等高避雷针 1、2、3 在 h_x 水平面上的保护范围

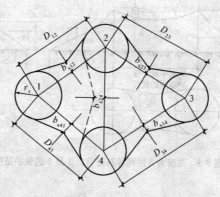

图 9-7 四支等高避雷针 1、2、3 及 4 在 h_x 水平面上的保护范围

(1)三支等高避雷针所形成的三角形1、2、3的外侧保护范围,应分别按两支等高避雷针的计算方法确定;如在三角形内被保护物最大高度 h_x 水平面上,各相邻避雷针间保护范围的一侧最小宽度 $b_x \geqslant 0$ 时,则全部面积即受到保护。

(2)四支及以上等高避雷针所形成的四角形或多角形,可先将其分成两个或几个三角形,然后分别按三支等高避雷针的方法计算,如各边保护范围的一侧最小宽度 $b_x \geqslant 0$,则全部面积即受到保护。

17. 如何计算不等高避雷针的保护范围?

不等高避雷针的保护范围如图9-8所示。

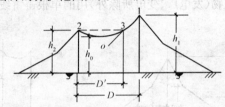

图 9-8 两支不等高避雷针 1 及 2 的保护范围

(1)两支不等高避雷针外侧的保护范围,应分别按单支避雷针的计算方法确定。

(2)两支不等高避雷针间的保护范围,应按单支避雷针的计算方法,先确定较高避雷针1的保护范围,然后由较低避雷针2的顶点,作水平线与避雷针1的保护范围相交于点3,取点3为等效避雷针的顶点,再按两支等高避雷针的计算方法确定避雷针2和3间的保护范围,即按通过避雷针2、3顶点及保护范围上部边缘最低点 o 的圆弧确定。o 点的高度应按下式计算:

$$h_0 = h_2 - \frac{D'}{7p}$$

式中 D'——避雷针2和等效避雷针3间的距离(m)。

(3)对多支不等高避雷针,各相邻两避雷针的外侧保护范围,按两支不等高避雷针的计算方法确定;如在多角形内被保护物高度 h_x 水平面上,各相邻避雷针间保护范围的一侧最小宽度 $b_x \geqslant 0$,则全部面积受到保护。

18. 如何计算单根避雷线的保护范围？

(1) 保护发电厂、变电所用的单根避雷线的保护范围如图 9-9(a) 所示。

在 h_x 水平面上避雷线每侧保护范围的宽度按下式确定：

当 $h_x \geqslant \dfrac{h}{2}$ 时， $r_x = 0.47(h - h_x)p$

当 $h_x < \dfrac{h}{2}$ 时， $r_x = (h - 1.53h_x)p$

在 h_x 水平面上避雷线端部的保护半径也应按以上两式确定。

(2) 保护建筑物（发电厂、变电所除外）用的单根避雷线的保护范围如图 9-9(b) 所示。

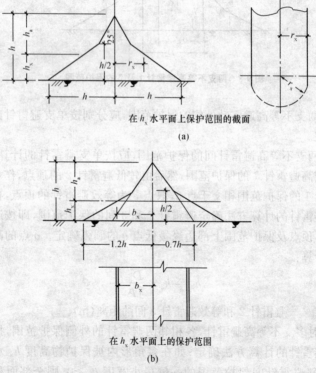

在 h_x 水平面上保护范围的截面

(a)

在 h_x 水平面上的保护范围

(b)

图 9-9 单根避雷线的保护范围
(a) 保护发电厂、变电所用的；(b) 保护建筑物用的

在 h_x 水平面上避雷线每侧保护范围的宽度按下式确定：

当 $h_x \geqslant \dfrac{h}{2}$ 时， $b_x = 0.7(h - h_x)p$

当 $h_x < \dfrac{h}{2}$ 时， $b_x = (1.2h - 1.7h_x)p$

式中 h——避雷线最大弧垂点的高度(m)。

19. 如何计算两根等高平行避雷线的保护范围？

两根等高平行避雷线的保护范围如图 9-10 所示。

(1)两避雷线外侧的保护范围，应按单根避雷线的计算方法确定。

(2)两避雷线间的各横截面的保护范围，应由通过两避雷线 1、2 点的保护范围上部边缘最低点 o 的圆弧确定。o 点的高度应按下式计算：

$$h_0 = h - \dfrac{D}{4p}$$

式中 h_0——两避雷线间的保护范围边缘最低点的高度(m)；

D——两避雷线间的距离(m)；

h——避雷线的高度(m)。

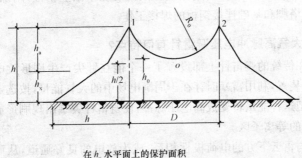

图 9-10 两根等高平行避雷线 1 和 2 的保护范围

(3)两避雷线端部的保护范围，可按两支等高避雷针的计算法确定，等效避雷针的高度可近似取避雷线悬点高度的 80%。

两根不等高避雷线各横截面的保护范围,应仿照两支不等高避雷针的方法计算。

(4)接地体。接地体埋于地下,与引下线入地端相连接,雷电流由此发散到大地。通常可用直径为 50mm 的钢管或 50×50×5 的等边角钢,将一端削尖,垂直打入地下,以满足接地电阻的要求。

20. 避雷针的作用是什么?

避雷针的作用是它能对雷电场产生一个附加电场,使雷电场畸变,因而将雷云的放电通路吸引到避雷针本身,由它及与它相连的引下线和接地体将雷电流安全导入地中,从而保护了附近的建筑物和设备免受雷击。

21. 避雷针塔有何特点? 如何制作?

避雷针塔为分段装配式,断面为等边三角形,针塔所用钢材均为 Q235 钢,一律采用电焊焊接,分无照明台和双照明台两种,具体做法一律按设计规定进行,首先将塔基坑挖好,浇灌钢筋混凝土基础,将地脚螺栓预埋在基础内,然后将针塔整体或分段吊装在基础上就位,用螺栓固定,随即进行塔脚和基础连接钢板的焊接工作。

22. 大气高脉冲电压避雷针有何特点?

(1)在传统的避雷针上部设置了一个能在针尖产生刷形放电的电压脉冲发生装置,利用雷暴时存在于周围电场中的大气能量,按选定的频率和振幅,把这种能量转变成高电压脉冲,使避雷针尖端出现刷形放电或高度离子化的等离子区。

(2)与雷云下方的电荷极性相反,成为放电的良好通道,从而强化了引雷作用。脉冲的频率是按照有助于消除空间电荷,保证离子化通道处于最优化状态进行选定的。所以这种新型避雷针拥有比传统避雷针大若干倍的保护范围,特别是扩大了在建筑物顶部的保护范围。

23. 什么是避雷带? 其特点是什么?

避雷带是沿建筑物易受雷击部位(如屋脊、屋檐、屋角等)装设的带形导体。

避雷带一般采用镀锌圆钢或镀锌扁钢制成,其尺寸不小于下列数值:

圆钢直径为 8mm；扁钢截面积 48mm²，厚度 4mm。装设在烟囱顶端的避雷环，一般采用镀锌圆钢或镀锌扁钢，圆钢直径不得小于 12mm；扁钢截面不得小于 100mm²，厚度不得小于 4mm。避雷带（网）距屋面一般 100～150mm，支持支架间隔距离一般为 1～1.5m。支架固定在墙上或现浇的混凝土支座上。引下线采用镀锌圆钢或镀锌扁钢。圆钢直径不小于 8mm；扁钢截面积不小于 48mm²，厚度不小于 4mm。引下线沿建（构）筑物的外墙明敷设，固定于埋设在墙里的支持卡子上。支持卡子的间距为 1.5m。也可以暗敷，但引下线截面积应加大。引下线一般不少于两根，对于第三类工业用及第二类民用建（构）筑物，引下线的间距一般不大于 30m。

24. 什么是氧化锌避雷器？其特点是什么？

氧化锌避雷器是以金属氧化锌微粒为基体，与精选过的能够产生非线性特性的金属氧化物添加剂高温烧结而成的非线性电阻。

氧化锌避雷器动作迅速，通流量大，伏安特性好，残压低，无续流，因此，使用很广。

25. 什么是半导体少长针消雷装置？其特点是什么？

半导体少长针消雷装置是半导体少针消雷针组、引下线、接地装置的总和。

有时安装了避雷针后，被保护设备遭受雷击的次数反而比未安装避雷针时显著增加。因此，近年来出现了以半导体少长针消雷装置取代避雷针的动向。该消雷器是利用金属针状电极的尖端放电原理，使雷云电荷被中和，从而不致发生雷击现象。当雷云出现在半导体少长针消雷装置及其保护设备的上方时，消雷器及其附近大地都要感应出与雷云电荷极性相反的地下的接地装置，通过"连接线"与高台上安有许多金属针状电极的"离子化装置"相连，使大地的大量正电荷在雷电场作用下，由针状电极发射出去，向雷云方向运动，使雷云电荷被中和，从而防止雷击的发生。

26. 半导体少长针消雷装置适用于哪些场所？

半导体少长针消雷装置适用于以下场所：

(1)可能有直雷直接侵入的电子设备(例如广播电视塔、微波通信塔以及信号接收塔等,受雷直击时,直击雷会沿天馈线直接侵入电子设备)。

(2)内部有重要的电气设备的建(构)筑物。

(3)易燃、易爆场所。

(4)多雷区或易击区的露天施工工地或作业区。

(5)避雷针的保护范围难以覆盖的设施。

(6)多雷区或易击区的35~500kV架空输电线路以及发电厂、变电所(站)。

27. 防雷与接地工程定额工作内容有哪些?

(1)接地极(板)制作、安装。工作内容包括尖端及加固帽加工、接地极打入地下及埋设、下料、加工、焊接。

(2)接地母线敷设。工作内容包括挖地沟、接地线平直、下料、测位、打眼、埋卡子、煨弯、敷设、焊接、回填土夯实、刷漆。

(3)接地跨接线安装。工作内容包括下料、钻孔、煨弯、挖填土、固定、刷漆。

(4)避雷针制作、安装:

1)避雷针制作。工作内容包括下料、针尖针体加工、挂锡、校正、组焊、刷漆等(不含底座加工)。

2)避雷针安装。工作内容包括预埋铁件、螺栓或支架、安装固定、补漆等。

3)独立避雷针安装。工作内容包括组装、焊接、吊装、找正、固定、补漆。

(5)半导体小长针消雷装置安装。工作内容包括组装、吊装、找正、固定、补漆。

(6)避雷引下线敷设。工作内容包括平直、下料、测位、打眼、埋卡子、焊接、固定、刷漆。

(7)避雷网安装。工作内容包括平直、下料、测位、打眼、埋卡子、焊接、固定、刷漆。

28. 如何在屋面安装避雷针?

在屋面安装避雷针,混凝土支座应与屋面同时浇灌。支座应设在墙或梁上,否则应进行校验。地脚螺栓应预埋在支座内,并且至少要有2根与屋面、墙体或梁内钢筋焊接。在屋面施工时,可由土建人员预先浇灌好,待混凝土强度满足施工要求后,再安装避雷针,连接引下线。

施工前,先组装好避雷针,在避雷针支座底板上相应的位置,焊上一块肋板,再将避雷针立起,找直、找正后进行点焊,最后加以校正,焊上其他三块肋板。

避雷针要求安装牢固,并与引下线焊接牢固,屋面上有避雷带(网)的还要与其焊成一个整体,如图 9-11 所示。

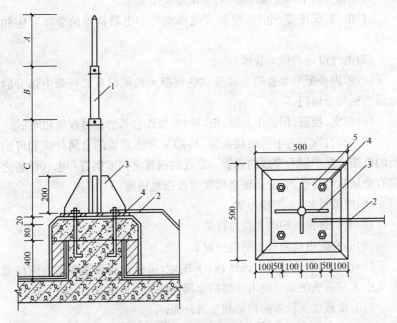

图 9-11 避雷针在屋面上安装

1—避雷针;2—引下线;3——$100×8,L=200$ 筋板;

4—$M25×350mm$ 地脚螺栓;5——$300×8,L=300mm$ 底板

29. 独立避雷针接地体应符合哪些要求?达不到要求的应怎样补救?

独立避雷针接地装置的接地体应离开人行道、出入口等经常有人通过停留的地方不得少于3m。达不到时可用下列方法补救：

(1)水平接地体局部区段埋深大于1m。

(2)接地带通过人行道时,可包敷绝缘物,使雷电流不从这段接地线流散入地,或者流散的电流大大减少。

(3)在接地体上面敷设一层50~80mm的沥青层或者采用沥青、碎石及其他电阻率高的地面。

30. 电气装置的哪些部分应接地或接零？

电气装置的下列金属部分,均应接地或接零：

(1)电机、变压器、电气、携带式或移动式用电器具等的金属底座和外壳。

(2)电气设备的传动装置。

(3)屋内外配电装置的金属或钢筋混凝土构架以及靠近带电部分的金属遮栏和金属门。

(4)配电、控制、保护用的屏(柜、箱)及操作台等的金属框架和底座。

(5)交、直流电力电缆的接头盒、终端头和膨胀器的金属外壳和可触及的电缆金属护层和穿线的钢管。穿线的钢管之间或钢管和电气设备之间有金属软管过渡的,应保证金属软管段接地畅通。

(6)电缆桥架、支架和井架。

(7)装有避雷线的电力线路杆塔。

(8)装在配电线路杆上的电力设备。

(9)在非沥青地面的居民区内,不接地、消弧线圈接地和高电阻接地系统中无避雷线的架空电力线路的金属杆塔和钢筋混凝土杆塔。

(10)承载电气设备的构架和金属外壳。

(11)发电机中性点柜外壳、发电机出线柜、封闭母线的外壳及其他裸露的金属部分。

(12)气体绝缘全封闭组合电器(GIS)的外壳接地端子和箱式变电站的金属箱体。

(13)电热设备的金属外壳。

(14)铠装控制电缆的金属护层。

(15)互感器的二次绕组。

31. 电气装置的哪些部分可不接地或不接零?

电气装置的下列金属部分可不接地或不接零:

(1)在木质、沥青等不良导电地面的干燥房间内,交流额定电压为400V及以下或直流额定电压为440V及以下的电气设备的外壳;但当有可能同时触及上述电气设备外壳和已接地的其他物体时,则仍应接地。

(2)在干燥场所,交流额定电压为127V及以下或直流额定电压为110V及以下的电气设备的外壳。

(3)安装在配电屏、控制屏和配电装置上的电气测量仪表、继电器和其他低压电器等的外壳,以及当发生绝缘损坏时,在支持物上不会引起危险电压的绝缘子的金属底座等。

(4)安装在已接地金属构架上的设备,如穿墙套管等。

(5)额定电压为220V及以下的蓄电池室内的金属支架。

(6)由发电厂、变电所和工业、企业区域内引出的铁路轨道。

(7)与已接地的机床、机座之间有可靠电气接触的电动机和电器的外壳。

32. 防雷与接地工程定额工程量计算应遵循哪些规则?

(1)接地极制作安装以"根"为计量单位,其长度按设计长度计算。设计无规定时,每根长度按2.5m计算。若设计有管帽时,管帽另按加工件计算。

(2)接地母线敷设,按设计长度以"m"为计量单位计算工程量。接地母线、避雷线敷设,均按延长米计算,其长度按施工图设计水平和垂直规定长度另加3.9%的附加长度(包括转弯、上下波动、避绕障碍物、搭接头所占长度)计算。计算主材费时应另增加规定的损耗率。

(3)接地跨接线以"处"为计量单位。按规程规定,凡需接地跨接线的工程内容,每跨接一次按一处计算。户外配电装置构架均需接地,每副构架按"一处"计算。

(4)避雷针的加工制作、安装,以"根"为计量单位,独立避雷针安装以"基"为计量单位。长度、高度、数量均按设计规定。独立避雷针的加工制作应执行"一般铁件"制作定额或按成品计算。

(5)半导体少长针消雷装置安装以"套"为计量单位,按设计安装高度分别执行相应定额。装置本身由设备制造厂成套供货。

(6)利用建筑物内主筋作接地引下线安装,以"10m"为计量单位,每一柱子内按焊接两根主筋考虑。如果焊接主筋数超过两根时,可按比例调整。

(7)断接卡子制作安装以"套"为计量单位,按设计规定装设的断接卡子数量计算。接地检查井内的断接卡子安装按每井一套计算。

(8)高层建筑物屋顶的防雷接地装置应执行"避雷网安装"定额,电缆支架的接地线安装应执行"户内接地母线敷设"定额。

(9)均压环敷设以"m"为单位计算,主要考虑利用圈梁内主筋作均压环接地连线,焊接按两根主筋考虑。超过两根时,可按比例调整。长度按设计需要作均压接地的圈梁中心线长度,以"延长米"计算。

(10)钢、铝窗接地以"处"为计量单位(高层建筑六层以上的金属窗设计一般要求接地),按设计规定接地的金属窗数进行计算。

(11)柱子主筋与圈梁连接以"处"为计量单位,每处按两根主筋与两根圈梁钢筋分别焊接连接考虑。如果焊接主筋和圈梁钢筋超过两根时,可按比例调整;需要连接的柱子主筋和圈梁钢筋"处"数按规定设计计算。

【例 9-1】 有一高层建筑物层高 3m,檐高 121m,外墙轴线总周长为 96m,求均压环焊接工程量和设在圈梁中的避雷带的定额工程量。

【解】 均压环焊接每 3 层焊一圈,即每 9m 焊一圈,因此 30m 以下可以设 3 圈,即

$$96 \times 3 = 288m$$

3 圈以上(即 27m 以上)每两层设 1 个避雷带工程量为

$$(121-27)/(3 \times 2) \approx 161 \text{ 圈}$$

$$96 \times 16 = 1536m$$

33. 防雷与接地工程清单工程量计算应遵循哪些规则?

(1)接地设置、避雷设置清单工程量按设计图示尺寸以长度计算。

(2)半导体少长针消雷设置清单工程量按设计图示数量计算。

附件：防雷与接地装置工程量清单项目设置

防雷与接地装置工程量清单项目编码、项目名称、项目特征、计量单位及工程内容见表 9-4。

表 9-4　　　　　　防雷及接地装置(编码：030209)

项目编码	项目名称	项目特征	计量单位	工程内容
030209001	接地装置	1. 接地母线材质、规格。 2. 接地极材质、规格	项	1. 接地极（板）制作、安装。 2. 接地母线敷设。 3. 换土或化学处理。 4. 接地跨接线。 5. 构架接地
030209002	避雷装置	1. 受雷体名称、材质、规格、技术要求（安装部位）。 2. 引下线材质、规格、技术要求（引下形式）。 3. 接地极材质、规格、技术要求。 4. 接地母线材质、规格、技术要求。 5. 均压环材质、规格、技术要求	项	1. 避雷针（网）制作、安装。 2. 引下线敷设、断接卡子制作、安装。 3. 拉线制作、安装。 4. 接地极（板、桩）制作、安装。 5. 极间连线。 6. 油漆（防腐）。 7. 换土或化学处理。 8. 钢铝窗接地。 9. 均压环敷设。 10. 柱主筋与圈梁焊接
030209003	半导体少长针消雷装置	1. 型号。 2. 高度	套	安装

第十章
电气调整试验工程计量与计价

1. 怎样对电气调试系统进行划分？如何对其费用进行计算？

(1)电气调试系统的划分以电气原理系统图为依据。电气设备元件的本体试验均包括在相应定额的系统调试之内，不得重复计算。绝缘子和电缆等单体试验，只在单独试验时使用。在系统调试定额中，各工序的调试费用如需单独计算时，可按表10-1所列比率计算。

表10-1　　　电气调试系统各工序的调试费用比率

项 目	发电机调相机系统	变压器系统	送配电设备系统	电动机系统
一次设备本体试验	30	30	40	30
附属高压二次设备试验	20	30	20	30
一次电流及二次回路检查	20	20	20	20
继电器及仪表试验	30	20	20	20

(2)电气调试所需的电力消耗已包括在定额内，一般不另计算。但10kW以上电机及发电机的启动调试用的蒸汽、电力和其他动力能源消耗及变压器空载试运转的电力消耗，另行计算。

(3)供电桥回路的断路器、母线分段断路器，均按独立的送配电设备系统计算调试费。

【例10-1】 某电气调试系统图如图10-1所示，结算时按6个电气调整系统进行计算，审查该项工程量是否正确。

【解】 由图10-1可知，该供电系统的两个分配电箱引出的4条回路均由总配电箱控制，所以各分箱引出的回路不能作为独立的系统，因此正确的电气调试系统工程量应为一个。

第十章 电气调整试验工程计量与计价

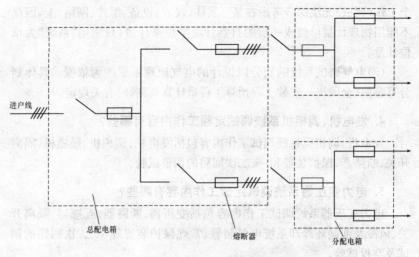

图 10-1 某电气调试系统图

2. 电气调整试验工程工程量清单包括哪些项目？

电气调整试验工程工程量清单项目包括电力变压器系统、送配电装置系统、特殊保护装置系统、自动投入装置、中央信号装置事故照明切换装置、不间断电源、母线、避雷器、接地装置、电容器、电抗器、消弧线圈、电除尘器、硅整流设备、可控硅整流装置。

3. 电气调整试验工程量清单项目设置应注意哪些问题？

电气调整试验工程量清单项目设置应注意以下几点：

(1)电气调整内容的项目特征是以系统名称或保护装置及设备本体名称来设置的。如变压器系统调试就以变压器的名称、型号、容量来设置。

(2)供电系统的项目设置：1kV 以下和直流供电系统均以电压来设置，而 10kV 以下的交流供电系统则以供电用的负荷隔离开关、断路器和带电抗器分别设置。

(3)特殊保护装置调试的清单项目按其保护名称设置，其他均按需要调试的装置或设备的名称来设置。

(4)调整试验项目系指一个系统的调整试验，它是由多台设备、组件(配件)、网络连在一起，经过调整试验才能完成某一特定的生产过程，这个工作(调试)无法综合考虑在某一实体(仪表、设备、组件、网络)上,因此不能用物理计量单位或一般的自然计量单位来计量,只能用"系统"为单位计量。

(5)电气调试系统的划分以设计的电气原理系统图为依据。具体划分可参照《全国统一安装工程预算工程量计算规则》的有关规定。

4. 发电机、调相机系统调试定额工作内容有哪些?

发电机、调相机系统调试工作内容包括发电机、调相机、励磁机、隔离开关、断路器、保护装置和一、二次回路的调整试验。

5. 电力变压器系统调试定额工作内容有哪些?

电力变压器系统调试工作内容包括变压器、断路器、互感器、隔离开关、风冷及油循环冷却系统电气装置、常规保护装置等一、二次回路的调试及空投试验。

6. 如何计算变压器系统调试定额工程量?

(1)变压器系统调试,以每个电压侧有一台断路器为准。多于一个断路器的,按相应电压等级送配电设备系统调试的相应定额另行计算。

(2)干式变压器、油浸电抗器调试,执行相应容量变压器调试定额,乘以系数 0.8。

7. 送配电装置系统调试定额工作内容有哪些?

送配电装置系统调试工作内容包括自动开关或断路器、隔离开关、常规保护装置、电测量仪表、电力电缆等一、二次回路系统的调试。

8. 如何计算送配电装置系统调试工程的定额工程费用?

(1)送配电设备系统调试,系按一侧有一台断路器考虑的,若两侧均有断路器时,则应按两个系统计算。

(2)送配电设备系统调试,适用于各种供电回路(包括照明供电回路)的系统调试。凡供电回路中带有仪表、继电器、电磁开关等调试元件的(不包括闸刀开关、保险器),均按调试系统计算。移动式电器和以插座连接的家电设备,一经厂家调试合格、不需要用户自调的设备,均不应计算调试费用。

【例 10-2】 某配电所主接线如图 10-2 所示,能从该图中计算出哪些调试,并计算各项工程量。

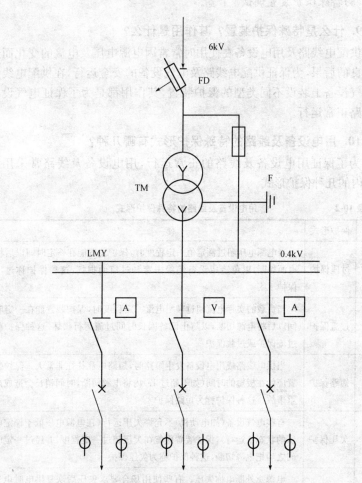

图 10-2　某配电所主接线图

【解】　所需计算的调试与工程量如下
(1)避雷器调试　1组
(2)变压器系统调试　1个系统
(3)1kV以下母线系统调试　1段

(4)1kV 以下供电送配电线统调试　3 个系统
(5)特殊保护装置调试　1 套。

9. 什么是特殊保护装置？其作用是什么？

供配电线路及用电设备在使用时常常因电源电压及电流的变化而造成不良的后果，为保证供配电线路及电气设备的安全运行，在供配电线路及电气设备上装设不同类型的保护装置，其作用都是为了保证电气设备及线路正常运行。

10. 用电设备及线路的特殊保护形式有哪几种？

为了保证用电设备及线路的正常运行，用电设备及线路常采用表 10-2 内的几种保护形式。

表 10-2　　　　用电设备及线路的特殊保护形式

序号	保护形式	释　义
1	过压保护	当电源电压超过额定值一定程度时，保护装置能在一定时间以后将电源切断，以免造成设备绝缘击穿和过流而损坏，这种保护称过压保护
2	过流保护	当负载的实际电流超过额定电流一定程度时，保护装置能在一定时间以将电源切断，以防止设备因长时间过流运行损坏，这种保护称过流保护或过载保护
3	短路保护	当供电线路或用电设备发生短路时，短路电流往往非常大。保护装置应能在极短的时间(如不超过 1s)内将电源切断，时间稍长会造成严重事故。这种保护称为短路保护
4	欠压保护	有些电气设备(如电动机)不允许欠压运行(在电源电压低于额定电压的状态下运行)，保护装置应能在欠压超过一定程度，并经过一定时间之后把电源切断，这种保护称为欠压保护
5	失压保护	电源意外断电称失压。有些使用场合要求失压后恢复供电时电气设备不得自动投入运行，否则可能造成事故。满足这种要求的保护称失压保护
6	缺相保护	有的三相用电设备不允许缺相运行(在电源一相断开的情况下运行)，电动机缺相运行时，一方面造成自身过载；另一方面破坏了电网的平衡，这时要求保护装置能迅速切断电源。满足上述要求的保护称缺相保护

第十章 电气调整试验工程计量与计价

11. 控制和保护设备的选择有哪些原则?

照明线路的控制和保护设备是按照一定的技术条件制造的。设计时应根据周围环境特征、电压级别、电流大小、保护要求(过负荷、短路和失压保护)等条件进行选择。

(1)根据周围环境特征选择。普通的低压电器都是按正常工作环境条件来设计和制造的。

(2)根据电压、电流选择。在选择时必须按实际所需的电流和电压来选择适当型号和规格的设备。

(3)根据保护要求选择。对照明线路的保护,通常要求有过负荷、短路及漏电保护等三种。

12. 什么是普通低压电器的正常工作环境条件?

所谓正常工作环境条件是指海拔高度不超过2500m;周围空气温度在0～40℃范围内;相对湿度<90%;无显著摇动和振动的地方;无爆炸危险、无腐蚀金属和破坏绝缘的气体和尘埃;没有雨雪侵蚀的环境。

13. 控制保护设备在照明电路中的设置原则有哪些?

(1)进户线一般要装设刀开关或隔离开关。当要求自动切换电源时,应装设自动开关或交流接触器。

(2)所有的配电线路应装设短路保护装置,短路保护一般采用熔断器或自动开关。

(3)办公场所、居住场所、重要的仓库及公共建筑中的照明线路应有过负荷保护。

(4)旅馆、饭店、公寓等建筑物内的客房,每套房间宜设一保护装置。

(5)保护线路的熔断器应装在各相的相线上,中性线和保护线不允许装设熔断器。但在用电环境正常、用电设备无接零要求的单相线路上,若开关能同时分断相线和中性线时,中性线亦可装设熔断器。

(6)在配电线路变截面处、分支处或要求有选择性保护的位置,应装设保护电器。

(7)潮湿、易触电、易燃扬所及移动式用电设备供电的回路,其电源开关宜采用有漏电保护的装置。

(8)在按设置原则配备控制、保护设备的同时,还要尽可能考虑使用和维护的方便。

14. 特殊保护装置系统调试定额工作内容有哪些?

特殊保护装置系统调试工作内容包括保护装置本体及二次回路的调整试验。

15. 如何计算特殊保护装置系统调试定额工程量?

特殊保护装置,均以构成一个保护回路为一套,其工程量计算规定见表 10-3。(特殊保护装置未包括在各系统调试定额之内,应另行计算。)

表 10-3　　　　　　特殊保护装置工程量计算规则

序号	项目	工程量计算规则
1	发电机转子接地保护	发电机转子接地保护按全厂发电机共用一套考虑
2	距离保护	距离保护按设计规定所保护的送电线路断路器台数计算
3	高频保护	高频保护按设计规定所保护的送电线路断路器台数计算
4	故障录波器的调试	故障录波器的调试,以一块屏为一套系统计算
5	失灵保护	失灵保护按设置该保护的断路器台数计算
6	失磁保护	失磁保护按所保护的电机台数计算
7	变流器的断线保护	变流器的断线保护按变流器台数计算
8	小电流接地保护	小电流接地保护按装设该保护的供电回路断路器台数计算
9	保护检查及打印机调试	保护检查及打印机调试按构成该系统的完整回路为一套计算

16. 备用电源自动投入装置有什么作用?

备用电源自动投入装置简称(BZT),在有双电源供电的变配电所中,装设备用电源自动投入装置可以缩短备用电源的切换时间,保证供电的连续性。

在有些情况下,备用电源自动投入装置还能简化继电保护装置,加速保护动作时间。

17. 备用电源自动投入装置应符合哪些要求？

（1）工作电源电压，除了因手动断开或电源进线开关保护动作而消失外，在其他原因造成电压消失时，备用电源自动投入装置均应动作。

（2）应保证在工作电源断开后，备用电源有足够的电压时，才投入备用电源。

（3）应保证备用电源自动投入装置延时动作并只动作一次。

（4）当电压互感器的熔断器之一熔断时，备用电源自动投入装置的启动元件不应动作。

（5）当采用备用电源自动投入装置时，应校验备用电源过负荷情况和电动机自启动的情况。如过负荷严重或不能保证电动机自启动时，应在备用电源自动投入装置动作前自动减小负荷。

（6）备用电源自动投入装置如投入到稳定性故障，必要时应使投入断路器的保护加速动作。

18. 如何装设备用电源自动投入装置？

备用电源自动投入装置的装设一般有两种基本方法。

（1）有一个工作电源和一个备用电源供电，当工作电源自动投入装置装设在备用电源进线断路器上，正常时由工作电源供电，当工作电源发生故障被切除时，备用电源进线断路器自动合闸，保证变配电所的继续供电，如图10-3（a）所示。

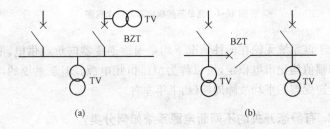

图 10-3 备用电源自动投入装置的装设
(a)一个工作电源和一个备用电源的变配电所，BZT 装在备用电源进线断路器上；
(b)两个工作电源的变配电所，BZT 装在分段断路器上

（2）有两个工作电源的变配电所，备用电源自动投入装置在母线分段

断路器上,正常时两断母线分别由两个工作电源供电,当一个工作电源发生故障被切除后,母线分段断路器自动合闸,由另一个工作电源供给变配电所的负荷,如图 10-3(b) 所示。

19. 自动投入装置调试定额工作内容有哪些？

自动投入装置调试工作内容包括自动装置、继电器及控制回路的调整试验。

20. 什么是不间断电源？如何分类？

不间断电源是指用来提供连续供电的一种装置。不间断电源装置一般分为简单不间断电源系统、有静态开关的不间断电源系统和并联式不间断电源系统三种。

21. 什么是简单不间断电源系统？

简单不间断电源系统就是在正常情况下,将市电变成直流电后,一方面给蓄电池充电,同时向逆变器供电,由逆变器将直流电变换成交流电后提供给负载。当市电出现故障或突然中断后,蓄电池提供的储能通过逆变器继续对负载供电,如图 10-4 所示。

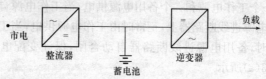

图 10-4 简单不间断电源系统示意图

由于该系统无论在何种情况下均是通过逆变器向负载供电,所以其频率和幅值均比市电稳定,可以称为恒压恒频电源。但该系统的可靠性取决于逆变器的平均故障周期(约半年左右)。

22. 有静态开关的不间断电源系统如何分类？

有静态开关的不间断电源系统有两种类型,即在线式不间断电源和后备式不间断电源。

(1) 在线式不间断电源。在此系统中,当逆变器出现故障时,市电可通过静态开关直接向负载供电。待逆变器正常后,可重新切换由逆变器供电。有静态开关的在线式不间断电源系统如图 10-5 所示。

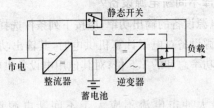

图 10-5 有静态开关在线式不间断电源

(2)后备式不间断电源。通常由于在线式不间断电源系统易于实现稳压稳频供电,明显优越于后备式不间断电源系统。但后者有效率高、噪声小及价格低等优点。在工程中可根据实际情况对这两种产品予以选用。有静态开关的后备式不间断电源系统如图 10-6 所示。

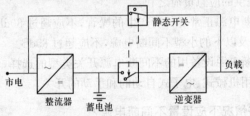

图 10-6 有静态开关的后备式不间断电源

23. 并联不间断电源系统作用是什么?

为了解决切换过程中引发的电压波动或短暂的供电中断现象,可采用如图 10-7 所示的两台不间断电源系统并联运行方式,以提高供电的可靠性。

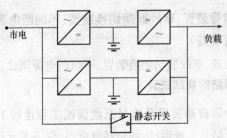

图 10-7 并联式不间断电源系统

24. 如何选择不间断电源设备？

(1) 不间断电源设备的输出功率，应按下列条件选择：

1) 不间断电源设备对电子计算机供电时，其输出功率应大于电子计算机各设备频率功率总和的 1.5 倍；对其他用电设备供电时，为最大负荷的 1.3 倍。

2) 负荷的最大冲击电流不应大于不间断电源设备的额定电流的 150%。

(2) 不间断电源的过压保护除应符合《半导体电力变流器》关于电压保护的规定外，对没有输出电压稳定措施的不间断电源，应有输出过电压的防护措施，以使负荷免受输出过电压的损害。

(3) 不间断电源装置配套的整流器容量，应大于或等于逆变器需要容量与蓄电池提供的应急负荷之和。

(4) 不间断电源正常运行所产生的噪音，不应超过 80dB，对于额定输出电流在 5A 及以下的小型不间断电源，不应超过 85dB。

(5) 不间断电源设备用的不间断电源开关类型的选择，可根据供电连续性要求，选用机械式、电子式自动的和手动的开关。

25. 哪些情况下应设置不间断电源？

有下列情况之一的应设置不间断电源：

(1) 当用电负荷不允许中断供电时（如用于实时性计算机的电子数据处理装置等）。

(2) 当用电负荷允许中断供电时间要求在 1.5s 以内时。

(3) 重要场所（如监控中心等）的应急备用电源。

26. 中央信号装置、事故照明切换装置、不间断电源调试定额工作内容有哪些？

中央信号装置、事故照明切换装置、不间断电源调试工作内容包括装置本体及控制回路的调试试验。

27. 如何计算自动装置及信号系统调试工程定额工程量？

自动装置及信号系统调试，均包括继电器、仪表等元件本身和二次回路的调整试验。具体规定见表 10-4。

表 10-4　　　自动装置及信号系统调试工程量计算规则

序号	项目	计算规则
1	备用电源自动投入装置	备用电源自动投入装置按连锁机构的个数确定备用电源自投装置系统数。一个备用厂用变压器,作为三段厂用工作母线备用的厂用电源,计算备用电源自动投入装置调试时,应为三个系统。装设自动投入装置的两条互为备用的线路或两台变压器,计算备用电源自动投入装置调试时,应为两个系统。备用电动机自动投入装置亦按此计算
2	线路自动重合闸调试系统	线路自动重合闸调试系统按采用自动重合闸装置的线路自动断路器的台数计算系统数
3	自动调频装置的调试	自动调频装置的调试以一台发电机为一个系统
4	同期装置的调试	同期装置调试按设计构成一套能完成同期并车行为的装置为一个系统计算
5	蓄电池及直流监视系统调试	蓄电池及直流监视系统调试一组蓄电池按一个系统计算
6	事故照明切换装置调试	事故照明切换装置调试按设计能完成交直流切换的一套装置为一个调试系统计算
7	周波减负荷装置调试	周波减负荷装置调试凡有一个周率继电器,不论带几个回路,均按一个调试系统计算
8	变送器屏	变送器屏以屏的个数计算
9	中央信号装置调试	中央信号装置调试按每一个变电所或配电室为一个调试系统计算工程量
10	不间断电源装置调试	按容量以"套"为单位计算

28. 母线调试定额工作内容有哪些?

母线调试工作内容包括母线耐压、试验、母线绝缘监视装置。

29. 如何进行母线试验?

母线和其他供电线路一样,安装完毕后,要做电气交接试验。必须注意,6kV 以上(含 6kV)的硬母线试验时与穿墙套管要断开,因为有时两者的试验电压是不同的。

(1)穿墙套管、支柱绝缘子和母线的工频耐压试验,其试验电压标准如下:

35kV 及以下的支柱绝缘子,可在母线安装完毕后一起进行。试验电压应符合表 10-5 的规定。

表 10-5　　穿墙套管、支柱绝缘子及母线的工频耐压试验电压标准

		[1min 工频耐受电压(kV)有效值]		kV
额定电压/kV		3	6	10
支柱绝缘子		25	32	42
穿墙套管	纯瓷和纯瓷充油绝缘	18	23	30
	固体有机绝缘	16	21	27

(2)母线绝缘电阻。母线绝缘电阻不作规定,也可参照表 10-6 的规定。

表 10-6　　常温下母线的绝缘电阻最低值

电压等级/kV	1 以下	3~10
绝缘电阻/MΩ	1/1000	>10

(3)抽测母线焊(压)接头的直流电阻。对焊(压)接接头有怀疑或采用新施工工艺时,可抽测母线焊(压)接接头的 2%,但不少于 2 个,所测接头的直流电阻值应不大于同等长度母线的 1.2 倍(对软母线的压接头应不大于 1);对大型铸铝焊接母线,则可抽查其中的 20%~30%,同样应符合上述要求。

(4)高压母线交流工频耐压试验必须按现行国家标准《电气装置安装工程　电气设备交接试验标准》(GB 50150—2006)的规定交接试验合格。

(5)低压母线的交接试验应符合下列规定:

1)规格、型号,应符合设计要求;

2)相间和相对地间的绝缘电阻值应大于 0.5MΩ;

3)母线的交流工频耐压试验电压为 1kV,当绝缘电阻值大于 10MΩ 时,可采用 2500V 绝缘电阻表摇测替代,试验持续时间 1min,无击穿闪络现象。

30. 如何进行母线试运行?

(1)试运行条件。变配电室已达到送电条件,土建及装饰工程及其他工程全部完工,并清理干净。与插接式母线连接设备及联线安装完毕,绝缘良好。

(2)通电准备。对封闭式母线进行全面的整理,清扫干净,接头连接紧密,相序正确,外壳接地(PE)或接零(PEN)良好。绝缘摇测和交流工频耐压试验合格,才能通电。

(3)试验要求。低压母线的交流耐压试验电压为 1kV,当绝缘电阻值大于 10MΩ 时,可用 2500V 绝缘电阻表摇测替代,试验持续时间 1min,无闪络现象;高压母线的交接耐压试验,必须符合现行国家标准《电气装置安装工程 电气设备交接试验标准》(GB 50150—2006)的规定。

(4)结果判定。送电空载运行 24h 无异常现象,办理验收手续,交建设单位使用,同时提交验收资料。

31. 如何用测量仪测量接地电阻?

(1)把电位探测针 P' 插在被测接地 E' 和电流探测针 C' 之间,依直线布置彼此相距 20m。如果检流计的灵敏度过高,可把电位探测针插浅一些;如果检流计灵敏度不够,可沿电位探测针和电流探测针注水使土壤湿润。

(2)用导线把 E'、P'、C' 联于仪表相应的端钮 E、P、C。

(3)将仪表放置水平位置,检查检流计的指针是否指于中心线上,可调整零位调整器校正。

(4)将"倍率标度"置于最大倍数,慢慢转动发电机的摇把,同时转动"测量标度盘",使检流计的指针处于中心线。

(5)当检流计的指针接近平衡时,加快发电机摇把的转速,使其达到 120r/min 以上,调整"测量标度盘"使指针指于中心线上。

(6)如"测量标度盘"的读数小于 1 时,应将"倍率标度"置于较小的倍数,再重新调整"测量标度盘"以得到正确读数。

在使用小量程绝缘电阻表测量小于 1Ω 的接地电阻时,应将 C_2、P_2 间联结片打开,分别用导线连接到被测接地体上,这样可以消除测量时连接导线电阻附加的误差。

32. 母线、避雷器、电容器、接地装置调试定额工作内容有哪些?

母线、避雷器、电容器、接地装置调试工作内容包括母线耐压试验,接触电阻测量,避雷器、母线绝缘监视装置、电测量仪表及一、二次回路的调试,接地电阻测试。

33. 如何计算避雷器、电容器调试定额工程量?

避雷器、电容器的调试,按每三相为一组计算,单个装设的亦按一组计算。上述设备如设置在发电机、变压器、输、配电线路的系统或回路内,仍应按相应定额另外计算调试费用。

34. 如何计算接地网调试定额工程量?

(1)接地网接地电阻的测定。一般的发电厂或变电站连为一体的母网,按一个系统计算;自成母网不与厂区母网相连的独立接地网,另按一个系统计算。大型建筑群各有自己的接地网(接地电阻值设计有要求),虽然在最后也将各接地网联在一起,但应按各自的接地网计算,不能作为一个网,具体应按接地网的试验情况而定。

(2)避雷针接地电阻的测定。每一避雷针均有单独接地网(包括独立的避雷针、烟囱避雷针等)时,均按一组计算。

(3)独立的接地装置按组计算。如一台柱上变压器有一个独立的接地装置,即按一组计算。

35. 电抗器、消弧线圈、电除尘器调试定额工作内容有哪些?

电抗器、消弧线圈、电除尘器调试工作内容包括电抗器、消弧圈的直流电阻测试、耐压试验,高压静电除尘装置本体及一、二次回路的调试。

高压电气除尘系统调试,按一台升压变压器、一台机械整流器及附属设备为一个系统计算,分别按除尘器范围(m^2)执行定额。

36. 什么是硅整流装置? 其特点是什么?

硅整流装置是指将交流电转化为直流电的装置。目前发展迅速,其品种和数量不断增加,质量和水平不断提高。原有较落后的氧化铜、硒整流设备和直流发电机组已经逐步被新型的硅整流装置和可控硅整流装置所取代。

37. 什么是可控硅整流装置?

在硅整流装置中接入一滑动变阻器,可通过调节滑动变阻器改变通过二极管的电流,从而人为地控制输出经整流后的直流电的电流大小。

38. 硅整流装置有哪些特点?

(1)体积小,在同等输出功率下,硅整流器件的体积仅为硒整流设备器件的1/10,而直流发电机组则无法相比。

(2)寿命长,硅整流器件抗老化性能强。

(3)整流效率高。

(4)整流性能好,与氧化亚铜、硒、锗等整流器件相比,硅整流器件能耐的反向电压最高,反相电流最小,允许电流密度最大。

(5)工作温度高,氧化亚铜整流器件60℃左右,硒整流器件为75℃左右,而硅整流器件P—N结温度可达140℃。

(6)与直流电机相比,无噪声、无旋转,易磨损部分使用维修简便。

硅和可控硅整流装置是目前整流装置中比较理想的新型产品,优点很多,其发展方向,成套装置已趋向系列化、标准化。

39. 硅整流设备、可控硅整流装置调试定额工作内容有哪些?

硅整流设备、可控硅整流装置调试一般包括开关、调压设备、整流变压器、硅整流设备及一、二次回路的调试,可控硅控制系统调试等。

40. 电动机调试定额工作内容有哪些?

(1)普通小型直流电动机调试工作内容包括直流电动机(励磁机)、控制开关、隔离开关、电缆、保护装置及一、二次回路的调试。

(2)可控硅调速直流电动机系统调试工作内容包括:

1)一般可控硅调速电机:控制调节器的开环、闭环调试、可控硅整流装置调试、直流电机及整组试验,快速开关,电缆及一、二次回路的调试。

2)全数字或控制可控硅调速电机:微机配合电气系统调试、可控硅整流装置调试、直流电机及整组试验,快速开关、电缆及一、二次回路的调试。

(3)普通交流同步电动机调试工作内容包括电动机、励磁机、断路器、保护装置、启动设备和一、二次回路的调试。

(4)低压交流异步电动机调试工作内容包括电动机、开关、保护装置、电缆等及一、二次回路调试。

(5)高压交流异步电动机调试工作内容包括电动机、断路器、互感器、保护装置、电缆等一、二次回路的调试。

(6)交流变频调速电动机(AC—AC、AC—AD—AC系统)调试工作内容包括：

1)交流同步电动机变频调速：变频装置本体、变频母线、电动机、励磁机、断路器、互感器、电力电缆、保护装置等一、二次回路的调试。

2)交流异步电动机变频调速：变频装置本体、变频母线、电动机、互感器、电力电缆、保护装置等一、二次设备回路的调试。

(7)微型电机、电加热器调试工作内容包括微型电机、电加热器、开关、保护装置及一、二次回路的调试。

(8)电动机组及联锁装置调试工作内容包括电动机组、开关控制回路调试、电机联锁装置调试。

41. 如何计算电动机调试定额工程量？

(1)硅整流装置调试，按一套硅整流装置为一个系统计算。

(2)普通电动机的调试，分别按电机的控制方式、功率、电压等级，以"台"为计量单位。

(3)可控硅调速直流电动机调试以"系统"为计量单位。其调试内容包括可控硅整流装置系统和直流电动机控制回路系统两个部分的调试。

(4)交流变频调速电动机调试以"系统"为计量单位。其调试内容包括变频装置系统和交流电动机控制回路系统两个部分的调试。

(5)微型电机系指功率在 0.75kW 以下的电机，不分类别，一律执行微电机综合调试定额，以"台"为计量单位。电机功率在 0.75kW 以上的电机调试，应按电机类别和功率分别执行相应的调试定额。

42. 如何计算电气工程供电调试定额工程量？

(1)一般的住宅、学校、办公楼、旅馆、商店等民用电气工程的供电调

试应按下列规定:

1) 配电室内带有调试元件的盘、箱、柜和带有调试元件的照明主配电箱,应按供电方式执行相应的"配电设备系统调试"定额。

2) 每个用户房间的配电箱(板)上虽装有电磁开关等调试元件,但如果生产厂家已按固定的常规参数调整好,不需要安装单位进行调试就可直接投入使用的,不得计取调试费用。

3) 民用电度表的调整校验属于供电部门的专业管理,一般皆由用户向供电局订购调试完毕的电度表,不得另外计算调试费用。

(2) 高标准的高层建筑、高级宾馆、大会堂、体育馆等具有较高控制技术的电气工程(包括照明工程中由程控调光控制的装饰灯具),应按控制方式执行相应的电气调试定额。

43. 如何计算电气调整试验清单项目工程量?

电气调整试验清单项目工程量按设计图示数量、系统计算。

【例10-3】 某电气调试系统如图10-1所示,试求其清单工程量。

【解】 根据清单工程量计算规则清单工程量计算见表10-7。

表10-7   清单工程量计算表

项目编码	项目名称	项目特征描述	计量单位	工程量
030211002001	送配电装置系统	送配电装置系统,1kV	系统	1

44. 什么是调试报告? 其内容有哪些?

调试报告是调试施工的总结性技术文件。它反映调试对象经调试后的技术参数状况,是评价被调试的装置能否投入正常运行的依据,是以后运行维修的重要参考技术资料。

调试报告的内容如下:

(1) 总说明:调试报告开始部分应对被调试装置的功能、在工艺系统中的作用、工作原理等作扼要说明,使读者能够对该项调试工作有一个总体的了解。

(2) 主要调试项目以及所采用的技术标准:调试项目要按照调试大纲的技术规范以及产品出厂说明书指定的项目进行。

(3) 调试中采用的接线原理图,以及测试原理说明:使人明白测试的正确性和实施的具体方法,对调试中出现的问题、处置方法、最后效果,都应给予如实的说明。

(4)调试中使用的仪器仪表清单:这是用以说明调试工作结果准确性和可靠性的程度。只有在调试施工中使用合格的仪器仪表才能保证测试结果准确可靠,给人可信的结论。

(5)调试数据结果评述:结合调试施工检测的数据,按所设计装置或系统应具备的性能,评述装置或工艺系统满足设计要求的程度,给出装置能否投入正常运行的结论。同时还应说明,为满足设计要求,调试中所采用的特殊技术措施及运行中应注意的事项。

(6)调试报告的附件:对于工艺系统调试报告,除系统调试(或试运行)记录外,还应附有系统内所有单体装置的调试记录,作为调试报告的一部分,以保证系统调试资料的完整。

附件:电气调整试验工程工程量清单项目设置

电气调整试验工程量清单项目编码、项目名称、项目特征、计量单位及工程内容见表10-8。

表10-8　　　　　电气调整试验(编码:030211)

项目编码	项目名称	项目特征	计量单位	工程内容
030211001	电力变压器系统	1. 型号。 2. 容量(kV·A)	系统	系统调试
030211002	送配电装置系统	1. 型号。 2. 电压等级(kV)	系统	
030211003	特殊保护装置	类型	套	调试
030211004	自动投入装置			
030211005	中央信号装置、事故照明切换装置、不间断电源		系统	

第十章 电气调整试验工程计量与计价

续表

项目编码	项目名称	项目特征	计量单位	工程内容
030211006	母线	电压等级	段	调试
030211007	避雷器、电容器	电压等级	组	调试
030211008	接地装置	类别	系统	接地电阻测试
030211009	电抗器、消弧线圈、电除尘器	1. 名称、型号。 2. 规格	台	调试
030211010	硅整流设备、可控硅整流装置	1. 名称、型号。 2. 电流(A)	台	调试

第十一章
照明器具安装工程计量与计价

1. 照明种类有哪些?

照明的种类按用途可分为:正常照明、应急照明、值班照明、警卫照明、障碍照明和景观照明。

2. 什么是正常照明?

正常照明是指在正常情况下使用的室内外照明。所有居住房间和工作、运输、人行车道以及室内外庭院和场地等,都应设置正常照明。

3. 什么是应急照明? 可分为哪几类?

应急照明指因正常照明失效而启动的照明,应急照明必须采用能瞬时可靠点燃的照明光源,一般采用白炽灯和卤钨灯。

应急照明包括备用照明、安全照明和疏散照明。

(1)备用照明。指用于确保正常活动继续进行的照明。应急照明主要设置在由于工作中断或误操作容易引起爆炸、火灾和人身伤亡或造成严重后果和经济损失的场所,如医院的手术室和急救室、商场、体育馆、剧院等、变配电室、消防控制中心等。

(2)安全照明。指用于确保处于潜在危险之中的人员安全的照明。

(3)疏散照明。指用于确保疏散通道被有效地辨认和使用的照明。疏散照明主要设置在一旦正常照明熄灭或发生火灾,将引起混乱的人员密集的场所,如宾馆、影剧院、展览馆、大型百货商场、体育馆、高层建筑的疏散通道等。

4. 什么是值班照明?

值班照明是指非工作时间为值班所设置的照明,宜利用正常照明中能单独控制的一部分或利用应急照明的一部分或全部。

5. 什么是警卫照明?

警卫照明是指为改善对人员、财产、建筑物、材料和设备的保卫而采用的照明。例如用于警戒以及配合闭路电视监控而配备的照明。

6. 什么是障碍照明?

障碍照明是指在建筑物上装设的作为障碍标志的照明。例如为保障航空飞行安全,在高大建筑物和构筑物上安装的障碍标志灯,障碍标志灯的电源应按主体建筑中最高负荷等级要求供电。

7. 什么是景观照明?

景观照明是指用于室内外特定建筑物、景观而设置的带艺术装饰性的照明。包括装饰建筑外观照明、喷泉水下照明、用彩灯勾画建筑物的轮廓、给室内景观投光以及广告照明灯等。

8. 什么是光源?

凡可以将其他形式的能量转换为光能,从而提供光通量的设备、器具,统称为光源。

9. 什么是电光源? 有哪些种类?

光源中,可将电能转换为光能,从而提供光通量的设备、器具,称为电光源。

电光源按工作原理可分为热光源和气体放电光源两大类,其典型产品如图 11-1 所示。

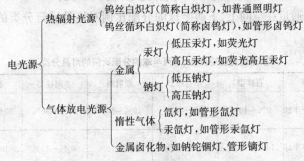

图 11-1　电光源的种类及其典型产品

10. 什么是热辐射光源?

热辐射光源主要是利用电流的热效应,把具有耐高温、低挥发性的灯丝加热到白炽程度而产生可见光,如白炽灯、卤钨灯等。

11. 什么是气体放电光源?

气体放电光源主要是利用电流通过气体(蒸气)时,激发气体(或蒸气)电离和放电而产生可见光。

12. 什么是电气照明? 其特点是什么?

电光源能将电能转换为光能,从而实现各种各样的照明,称为电气照明。

电气照明是人们生活环境中不可缺少的组成部分,其特点是随时可用、明暗可调、光线稳定、美观洁净,它可以创造良好的光照环境,使人眼既无困难又无损害地、舒适地而又高效地从事视觉工作,从而提高生产效率、提高产品质量、保证人们身心健康、保持室内整洁、减少和避免各种事故,而且还可以利用光照的方向性和层次性等特点得到渲染建筑的效果,采用各种照明器还可烘托环境气氛,配合相应的辅助措施创造各种绚丽的光环境。

13. 什么是灯具? 其作用是什么?

灯具即控制器,其主要作用是固定光源,将光源发出的光通量进行再分配,防止光源引起的眩光,保护光源不受外力的破坏和外界潮湿气体的影响,装饰和美化周围的环境等。

14. 按光通量的分配比例可将灯具分为哪几类?

按光通量在空间上、下两半球的分配比例对灯具进行分类的方法见表11-1。

表11-1 按光通量在空间上、下两半球的分配比例的灯具分类

灯具类型		直接型	半直接型	漫射型	半间接型	间接型
光通量分布特性(占照明器总光通量)	上半球	0%~10%	10%~40%	40%~60%	60%~90%	90%~100%
	下半球	100%~90%	90%~60%	60%~40%	40%~10%	10%~0%
特 点		光线集中,工作面上可获得充分照度	光线能集中在工作面上,空间也能得到适当照度。比直接型眩光小	空间各个方向光强基本一致,可达到无眩光	增加了反射光的作用,使光线比较均匀柔和	扩散性好,光线柔和均匀。避免了眩光,但光的利用率低

续表

类 型	直接型	半直接型	漫射型	半间接型	间接型
示意图					

15. 按结构不同灯具分为哪几类？

按结构不同，灯具的分类见表 11-2。

表 11-2　　　　　　　按结构不同划分灯具的种类

序号	类别	特 点
1	开启式灯具	光源与外界环境直接相通
2	保护式灯具	具有闭合的透光罩，但内外仍能自由通气，如半圆罩天棚灯和乳白玻璃球形灯等
3	密封式灯具	透光罩将灯具内外隔绝，如防水防尘灯具
4	防爆式灯具	在任何条件下，不会因灯具引起爆炸的危险

16. 按用途不同灯具分为哪几类？

按用途不同，灯具的分类见表 11-3。

表 11-3　　　　　　　按用途不同划分灯具种类

序号	类别	释 义
1	功能为主的灯具	功能为主的灯具指那些为了符合高效率的低眩光的要求而采用的灯具，如商店用荧光灯、路灯、室外用投光灯和陈列用聚光灯等
2	装饰为主的灯具	装饰用灯具一般由装饰性零部件围绕光源组合而成，其形式从简单的普通吊灯到豪华的大型枝型吊灯

17. 按固定方式不同灯具分为哪几类？

按固定方式不同，灯具可分为吸顶灯、镶嵌灯、吊灯、壁灯、台灯、立灯和轨道灯等。

18. 什么是吸顶灯？其形式有哪些？主要应用于哪些场所？

吸顶灯是指直接固定于顶棚上的灯具。

吸顶灯的形式相当多，有带罩和不带罩的。以白炽灯作为光源的吸顶灯大多采用乳白玻璃罩、彩色玻璃罩和有机玻璃罩，形状有方形、圆形和长方形等；以荧光灯作为光源的吸顶灯，大多采用有晶体花纹的有机玻璃罩和乳白玻璃罩，外形多为长方形。

吸顶灯多用于整体照明，如办公室、会议室、走廊等场所。

19. 什么是镶嵌灯？其特点是什么？

镶嵌灯是指镶嵌灯嵌入顶棚中的灯具。镶嵌灯本身有聚光型和散光型，其最大特点是使顶棚简洁大方，而且可以减少较低顶棚产生的压抑感，如果使用得当，会使环境气氛更有情趣。

20. 什么是吊灯？主要应用于哪些场所？

吊灯是利用导线或钢管（链）将灯具从顶棚上吊下来。大部分吊灯都带有灯罩。灯罩常用金属、玻璃和塑料制作而成。

吊灯一般用于整体照明，门厅、餐厅、会议厅等都可采用。因为其造型、大小、质地、色彩等对室内气氛会有影响，作为灯饰，在选用时一定要使它与室内环境条件相适应。

21. 什么是壁灯？其特点是什么？主要应用于哪些场所？

壁灯是指装设在墙壁上的灯具，在大多数情况下它与其他灯具配合使用，具有很强的装饰性。

壁灯的光线比较柔和，造型精巧别致。

壁灯常用于大门、门厅、卧室、浴室、走廊等。

22. 台灯的作用是什么？

台灯主要用于局部照明。书桌上、床头柜上和茶几上都可用台灯。它不仅是照明用具，又是很好的装饰品，对室内环境起美化作用。

23. 什么是立灯？其作用是什么？

立灯又称落地灯，也是一种局部照明灯具。它常摆设在茶几附近，作为待客、休息和阅览区域照明。立灯便于移动，具有明显的装饰作用，使室内陈设别具一格,使房间增色。

24. 什么是轨道灯？其作用是什么？

轨道灯由轨道和灯具组成,灯具沿轨道移动,灯具本身也可改变投射的角度,是一种局部照明用的灯具。主要用于通过集中投光以增强某些特别需要强调物体的场合。例如用于商店、展览馆、起居室时,便可以用它来重点照射商品、展品和工艺品等,以引人注目。

25. 照明器具安装工程工程量清单包括哪些项目？

照明器具安装工程清单项目包括:普通吸顶灯及其他灯具、工厂灯、装饰灯、荧光灯、医疗专用灯、一般路灯、广场灯、高杆灯、桥栏杆灯、地道涵洞灯。

26. 什么是方形吸顶灯？

方形吸顶灯即外形为方形,吸附在顶棚上的灯具。

27. 什么是半圆球吸顶灯？

半圆球吸顶灯即外形为半圆球形,吸附在顶棚上的灯具。安装时,一般可直接将木台固定在顶棚板的预埋木砖上或用预埋的螺栓固定,然后再把灯具固定在木台上。当灯泡和木台距离太近时,应在灯泡与木台间放置石棉板或石棉布作隔热层。

28. 什么是防水吊灯？

防水吊灯一般为密封型的灯具,将透光罩固定处加以密封,与外界可靠地隔离,内外空气不能流通。防水吊灯一般适用于浴室、厨房、厕所、潮湿或有水蒸气的车间、仓库及隧道、露天堆场等场所。

29. 什么是软线吊灯？

软线吊灯是指利用软导线来吊装灯具的一种吊灯。软线吊灯的安装通常需要吊线盒和木台两种配件。

30. 什么是一般弯脖灯？其作用是什么？

一般弯脖灯指灯具成长圆条弯颈形。弯脖灯一般制作成节源灯,且有一定装饰效果。

31. 什么是成套灯具？其作用是什么？

成套灯具是指包括灯泡、灯罩、灯座、导线等的一整套照明装置。它的功能是将光源所发出的光通进行再分配，并具有装饰和美化环境的作用。

32. 什么是圆球吸顶灯？其特点是什么？

圆球吸顶灯是一种圆球形的吸附在顶棚上的灯具。

圆球吸顶灯适用于顶棚比较光洁而且房间不高的建筑内。这种安装型式常能有一个较亮的顶棚，使房间有个总体的明亮感，但易产生眩光，光利用率可能不高。

33. 什么是半圆球吸顶灯？

半圆球吸顶灯是一种半圆球形的吸附在顶棚上的灯具。

34. 普通灯具的安装定额工作内容有哪些？

(1) 吸顶灯具工作内容包括测定、划线、打眼、埋螺栓、上木台、灯具安装、接线、焊接包头。

(2) 其他普通灯具工作内容包括测定、划线、打眼、埋螺栓、上木台、支架安装、灯具组装、上绝缘子、保险器、吊链加工、接线、焊接包头。

35. 灯具有哪些安装方式？

灯具的安装方式分吸顶式(D)、吊链式(L)、吊管式(G)、壁装式(B)、嵌入式(R)等，电气施工图中，经常见到灯具安装的标注格式为

$$a-b\frac{c\times d}{e}f$$

式中　a——灯具的数量；

　　　b——灯具的型号；

　　　c——每盏灯灯泡数或灯管数量；

　　　d——灯泡的容量(W)；

　　　e——安装高度(m)；

　　　f——安装方式。

36. 如何组装吸顶灯？

吸顶花灯组装时，首先将灯具的托板放平，如为多块拼装托板，就要

将所有的边框对齐,并用螺钉固定,将其连成一体,然后按照产品样本或示意图把多个灯座安装好。

37. 普通灯具安装定额适用范围是怎样的?

普通灯具安装定额适用范围见表 11-4。

表 11-4　　　　　普通灯具安装定额适用范围

定额名称	灯 具 种 类
圆球吸顶灯	材质为玻璃的螺口、卡口圆球独立吸顶灯
半圆球吸顶灯	材质为玻璃的独立的半圆球吸顶灯、扁圆罩吸顶灯、平圆形吸顶灯
方形吸顶灯	材质为玻璃的独立的矩形罩吸顶灯、方形罩吸顶灯、大口方罩顶灯
软线吊灯	利用软线为垂吊材料,独立的,材质为玻璃、塑料、搪瓷,形状如碗、伞、平盘灯罩组成的各式软线吊灯
吊链灯	利用吊链作辅助悬吊材料,独立的,材质为玻璃、塑料罩的各式吊链灯
防水吊灯	一般防水吊灯
一般弯脖灯	圆球弯脖灯、风雨壁灯
一般墙壁灯	各种材质的一般壁灯、镜前灯
软线吊灯头	一般吊灯头
声光控座灯头	一般声控、光控座灯头
座灯头	一般塑胶、瓷质座灯头

38. 如何计算普通灯具安装定额工程量?

普通灯具安装的工程量,应区别灯具的种类、型号、规格,以"套"为计量单位计算。

39. 工厂灯的种类有哪些? 其特点是什么?

通常工厂灯包括日光灯、太阳灯(碘钨灯)、高压水银灯、高压钠灯等。其中日光灯作为办公照明,其效率比较高,光线比较柔和;太阳灯价格便宜,亮度高,但效率低,一般作为临时照明;高压水银灯、高压钠灯亮度高,效率高,但价格较贵,电压要求比较高,作为车间照明和场地照明。

工厂灯还包括工地上用的镝灯(3.5kW,380V)及机场停机坪用的氙灯。

40. 卤钨灯的原理、特点是什么？

卤钨灯是一种新型的辐射电光源，主要由电极、灯丝和石英灯管组成。管内抽真空后充以微量的卤素和氩气。卤钨灯是在白炽灯的基础上改进而来，与白炽灯相比，它有以下特点：体积小、光通量稳定、光效高、光色好、寿命长。

41. 高压汞灯的原理、特点是什么？

高压汞灯又称高压水银灯，是一种较新型的电光源。高压汞灯的主要部件有灯头、石英放电管和玻璃外壳。石英放电管抽真空后，充有一定量的汞和少量的氩气。管内封装有钨制的主电极 E_1、E_2 和辅助电极 E_3，如图 11-2 所示。工作时管内的压力可升高至 $0.2～0.6$MPa，因此称高压汞灯。高压汞灯的主要优点是发光效率较高，寿命长、省电、耐震，广泛应用于街道、广场、车站、施工工地等大面积场所的照明。

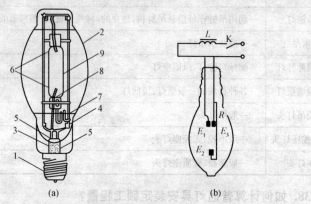

图 11-2　高压汞灯
(a)高压汞灯的构造；(b)高压汞灯的工作电路图
1—灯头；2—玻璃壳；3—抽气管；4—支架；5—导线；
6—主电极 E_1、E_2；7—启动电阻；8—辅助电极 E_3；9—石英放电管

42. 什么是防水防尘灯？其适用范围是怎样的？

防水防尘灯是一种密封型灯具，透明灯具固定处有严密封口，内外隔绝可靠，具有很好的防水防尘性能，适用于有水蒸气的车间、仓库及露天堆场。

防水防尘灯有直杆式、弯杆式和吸顶式三种形式。

43. 工厂灯及防水防尘灯安装定额工作内容有哪些?

(1)工厂灯及防水防尘灯的安装工作内容包括测位、划线、打眼、埋螺栓、上木台、吊管的加工、灯具安装、接线、焊接包头。

(2)工厂其他灯具的安装工作内容包括:

1)碘钨灯、投光灯:测定、划线、打眼、埋螺栓、灯具组装、接线、接焊包头。

2)混光灯:测位、划线、打眼、埋螺栓、支架制作安装、灯具及镇流箱组装、接线、接地、接焊包头。

3)烟囱、水塔、独立式塔架标志灯:测位、划线、埋螺栓、灯具安装、接线、接焊包头。

4)密闭灯具:测位、划线、打眼、埋螺栓、上底台、支架安装、灯具安装、接线、接焊包头。

44. 工厂灯安装定额适用于哪些范围?

工厂灯安装定额适用范围见表11-5。

表 11-5 工厂灯安装定额适用范围

定额名称	灯 具 种 类
直杆工厂吊灯	配照(GC_1-A),广照(GC_3-A),深照(GC_5-A),斜照(GC_7-A),圆球($GC_{17}-A$),双罩($GC_{19}-A$)
吊链式工厂灯	配照(GC_1-B),深照(GC_3-B),斜照(GC_5-C),圆球(GC_7-B),双罩($GC_{19}-A$),广照($GC_{19}-B$)
吸顶式工厂灯	配照(GC_1-C),广照(GC_3-C),深照(GC_5-C),斜照(GC_7-C),双罩($GC_{19}-C$)
弯杆式工厂灯	配照(GC_1-D/E),广照(GC_3-D/E),深照(GC_5-D/E),斜照(GC_7-D/E),双罩($GC_{19}-C$),局部深罩($GC_{26}-F/H$)
悬挂式工厂灯	配照($GC_{21}-2$),深照($GC_{23}-2$)
防水防尘灯	广照(GC_9-A,B,C),广照保护网($GC_{11}-A,B,C$),散照($GC_{15}-A,B,C,D,E,F,G$)

续表

定额名称	灯具种类
防潮灯	扁形防潮灯(GC—31),防潮灯(GC—33)
腰形舱顶灯	腰形舱顶灯(CCD—1)
碘钨灯	DW 型,220V,300~1000W
管形氙气灯	自然冷却式,200V/380V,20kW 内
投光灯	TG 型室外投光灯
高压水银灯镇流器	外附式镇流器具 125~450W
安全灯	AOB—1,2,3 型和 AOC—1,2 型安全灯
防爆灯	CBC—200 型防爆灯
高压水银防爆灯	CBC—125/250 型高压水银防爆灯
防爆荧光灯	CBC—1/2 单/双管防爆型荧光灯

45. 如何计算工厂灯及防水防尘灯安装定额工程量？

(1)工厂灯及防水防尘灯安装的工程量,应区别不同安装形式,以"套"为计量单位计算。

(2)工厂其他灯具安装的工程量,应区别不同灯具类型、安装形式、安装高度,以"套"、"个"、"延长米"为计量单位计算。

46. 什么是装饰灯？

装饰灯指为美化和装饰某一特定空间而设置的照明器。装饰照明可以是正常照明或局部照明的一部分。以纯装饰性为目的的照明,不兼作一般照明和局部照明,适用于新建、扩建、改建的宾馆、饭店、影剧院、商场、住宅等建筑物装饰用灯具安装。

装饰照明可以创造出满足人们生理和心理要求的空间环境,使人从精神上得到满足。

47. 装饰灯包括哪些种类？

装饰灯用于室内外的美化、装饰、点缀等。室内装饰灯一般包括壁灯、组合式吸顶花灯、吊式花灯等;室外装饰灯一般包括霓虹灯、彩灯、庭院灯等。

48. 什么是点光源艺术装饰灯？

当发光体的直径小于它至被照面距离的 1/5，或线状发光体的长度小于照射距离 1/4 时，我们就可将其视为点光源。点光源艺术装饰灯具就是指以点光源为光源的艺术性装饰灯。

49. 歌舞厅照明控制方式有哪几种？

目前，歌舞厅照明控制方式一般有手动控制、声控系统、程序控制三种：

(1) 手动控制：将大厅各种用途的照明灯具分成若干个回路，根据各种场合的要求实行人工操作和调节。

(2) 声控系统：这种控制方式是由声控器实现的，根据音乐节奏自动控制灯的开闭和色彩的变换。

(3) 程序控制：程序控制把各种场合的不同场面所需要的照明形式存储起来，然后根据场面的交换，自动实现预先存储的照明程序。

50. 彩灯有什么特点？其工作原理是怎样的？

彩灯并不是照明用光源，是一种用途极广泛的装饰用光源，常用于建筑装饰，在娱乐场所、商业装饰及广告中应用尤其普遍。

彩灯是一种辉光放电光源，主要由灯管、电极和引入线组成。彩灯的灯管是一根密封的玻璃管，管径在 5~45mm，但常用的管径是 6~20mm。玻璃管可以是无色的，也可以是彩色的，内壁还可以涂上荧光粉。灯管内抽成真空后充入一种或多种氖、氩、氦等惰性气体，还可充入少量的汞。根据管玻璃的色彩、荧光粉性质和充入的气体，可得到多种不同光色的彩灯。

彩灯玻璃管的两端装有铜制电极，表面经过一定的化学处理，可防止被腐蚀。由电极引出与电源相接的导线称为引入线，要求与玻璃具有基本相同的热膨胀性能，为防止玻璃破裂，一般采用镍合金制作。

当通过变压器将 10~15kV 高压加在彩灯两端时，管内气体被电离激发，使管内气体导通，发出彩色的辉光。加在彩灯两端的电压取决于灯管的直径和长度，并与管内所充气体的种类和气压有关。应加的电压基本上反比于灯管直径，正比于灯管长度；管内气压越高，所需电压也越高，一般彩灯灯管中的气压约为 1333.22~1999.83Pa(10~15Torr)。

彩灯用的变压器是高漏磁的变压器,有高的开路电压,保证彩灯灯管的导通。一旦导通后,由于漏磁的存在,电压会下降,限制了灯管电流。这种变压器即使次级短路,由于漏磁增大,短路电流也仅比正常工作电流高约15%～25%。当变压器次级开路电压高于7500V时,因次级绕组一般设有中心抽头,并接地,这可以减小变压器次级在工作状态下的对地电压,因而可减小危险性。

51. 什么是建筑装饰照明?其形式有哪些?

建筑装饰照明是将灯与建筑构件(顶棚、墙、梁、柱、檐及窗帘盒等)合成一体的照明方式,因其有较好的建筑装饰作用,所以常称为建筑装饰照明。

建筑装饰照明有发光顶棚、光带、檐板照明装置和暗槽照明装置四种形式。

52. 什么是发光顶棚?其特点是什么?

在透光吊顶与建筑构造之间装灯时,该顶棚就成了发光顶棚。发光顶棚的光源安装在顶棚上面的夹层中。夹层要有一定的高度,以保证灯之间的距离与灯悬挂高度之比值选得恰当,并可以在夹层中对照明设备进行维护。发光顶棚的构造如图11-3所示。

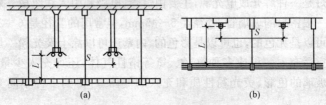

图 11-3 发光顶棚一般构造
(a)玻璃发光天棚;(b)格栅发光天棚

发光顶棚的优点是工作面上可以获得均匀的照度,可以减小,甚至消除室内的阴影,且顶棚明亮,使人觉得敞亮,但这种照明方式往往缺乏立体感,显得平淡单调,因此大面积的发光顶棚已较少采用。

53. 什么是光带?其作用是什么?

光带是指房间顶棚上长条状的照明装置。采用光带照明可以克服发光顶棚照明的平淡单调,并可在顶棚上排列成各种图案,装饰效果好。

54. 什么是檐板照明装置?

利用不透光檐板遮住光源,将墙壁照亮的照明设备就称檐板照明装置。这种照明装置中的檐板作为建筑装饰构件,可以安装在墙的上部,也可固定在顶棚上。与窗帘盒合为一体的就称为窗帘盒照明装置。檐板照明装置如图 11-4 所示。

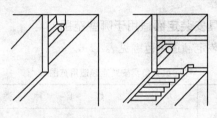

图 11-4　檐板照明装置

55. 什么是暗槽照明装置? 其有什么特点?

凡是利用凹槽遮住光源,并将光主要投向上方和侧方的间接照明装置就是暗槽照明装置。

暗槽照明装置可以作为功能性照明,其特点是光线柔和,无阴影。这种照明方式更多地用于装饰照明,能形成温馨的或华贵的不同气氛。

56. 装饰灯具安装定额工作内容有哪些?

装饰灯具的安装定额工作内容包括吊式、吸顶式艺术装饰灯具、荧光艺术装饰灯具,几何形状组合艺术灯具,标志、诱导装饰灯具,水下装饰灯具,点光源装饰灯具,草坪灯具,歌舞厅灯具。工作内容包括:开箱检查,测定划线,打眼埋螺栓,支架制作、安装,灯具拼装固定、挂装饰部件,接焊线包头等。

57. 壁灯安装应注意哪些问题?

(1)壁灯装在砖墙上时,可用预埋螺栓或膨胀螺栓固定,但不能用木楔代替木砖。

(2)如果壁灯装在柱上,将绝缘台固定在预埋柱内的螺栓上,也可打眼用膨胀螺丝固定灯具绝缘台。

(3)安装壁灯如需要设置绝缘台时,应根据灯具底座的外形选择或制作合适的绝缘台,把灯具底座摆放在上面,四周留出的余量要对称,确定好出线孔和安装孔的位置,再用电钻在绝缘台上钻孔。当安装壁灯数量较多时,可按底座形状及出线孔和安装孔的位置,预先做一个样板,集中在绝缘台上定好眼位,再统一钻孔。

(4)同一工程中成排安装的壁灯,安装高度应一致,高低差不应大于 5mm。

58. 装饰灯具安装定额适用于哪些范围?

装饰灯具安装定额适用范围见表 11-6。

表 11-6　　　　　　　装饰灯具安装定额适用范围

定额名称	灯　具　种　类
吊式艺术装饰灯具	不同材质、不同灯体垂吊长度、不同灯体直径的蜡烛灯、挂片灯、串珠(穗)灯、串棒灯、吊杆式组合灯、玻璃罩(带装饰)灯
吸顶式艺术装饰灯具	不同材质、不同灯体垂吊长度、不同灯体几何形状的串珠(穗)灯、串棒灯、挂片、挂碗、挂吊蝶灯、玻璃(带装饰)灯
荧光艺术装饰灯具	不同安装形式、不同灯管数量的组合荧光灯光带,不同几何组合形式的内藏组合式灯,不同几何尺寸、不同灯具形式的发光棚,不同形式的立体广告灯箱、荧光灯光沿
几何形状组合艺术灯具	不同固定形式、不同灯具形式的繁星灯、钻石星灯、礼花灯、玻璃罩钢架组合灯、凸片灯、反射挂灯、筒形钢架灯、U 形组合灯、弧形管组合灯
标志、诱导装饰灯具	不同安装形式的标志灯、诱导灯
水下艺术装饰灯具	简易型彩灯、密封型彩灯、喷水池灯、幻光型灯
点光源艺术装饰灯具	不同安装形式、不同灯体直径的筒灯、牛眼灯、射灯、轨道射灯
草坪灯具	各种立柱式、墙壁式的草坪灯

续表

定额名称	灯具种类
歌舞厅灯具	各种安装形式的变色转盘灯、雷达射灯、幻影转彩灯、维纳斯旋转彩灯、卫星旋转效果灯、飞蝶旋转效果灯、多头转灯、滚筒灯、频闪灯、太阳灯、雨灯、歌星灯、边界灯、射灯、泡泡发生器、迷你满天星彩灯、迷你单立(盘彩灯)、多头宇宙灯、镜面球灯、蛇光管

59. 如何计算装饰灯具安装定额工程量?

(1)吊式艺术装饰灯具的工程量,应根据装饰灯具示意图集所示,区别不同装饰物以及灯体直径和灯体垂吊长度,以"套"为计量单位计算。灯体直径为装饰物的最大外缘直径,灯体垂吊长度为灯座底部到灯梢之间的总长度。

(2)吸顶式艺术装饰灯具安装的工程量,应根据装饰灯具示意图集所示,区别不同装饰物、吸盘的几何形状、灯体直径、灯体周长和灯体垂吊长度,以"套"为计量单位计算。灯体直径为吸盘最大外缘直径,灯体半周长为矩形吸盘的半周长,吸顶式艺术装饰灯具的灯体垂吊长度为吸盘到灯梢之间的总长度。

(3)荧光艺术装饰灯具安装的工程量,应根据装饰灯具示意图集所示,区别不同安装形式和计量单位计算。具体见表 11-7。

表 11-7　荧光艺术装饰灯具安装工程量计算规则

序号	项目	工程量计算规则
1	组合荧光灯光带	组合荧光灯光带安装的工程量,应根据装饰灯具示意图集所示,区别安装形式、灯管数量,以"延长米"为计量单位计算。灯具的设计数量与定额不符时,可以按设计计量加损耗量调整主材
2	内藏组合式灯	内藏组合式灯安装的工程量,应根据装饰灯具示意图集所示,区别灯具组合形式,以"延长米"为计量单位。灯具的设计数量与定额不符时,可根据设计数量加损耗量调整主材

续表

序号	项目	工程量计算规则
3	发光棚	发光棚安装的工程量,应根据装饰灯具示意图集所示,以"m²"为计量单位。发光棚灯具按设计用量加损耗量计算
4	立体广告灯箱、荧光灯光沿	立体广告灯箱、荧光灯光沿的工程量,应根据装饰灯具示意图集所示,以"延长米"为计量单位。灯具设计用量与定额不符时,可根据设计数量加损耗量调整主材

(4)其他灯具(如几何形装组合艺术灯具、标志、诱导装饰灯具,水下艺术装饰灯具、点光源艺术装饰灯具、草坪灯具等),应根据装饰灯具示意图集所示,区别不同安装形式、不同灯具直径,以"套"为计量单位计算。

【例 11-1】 已知某工程建筑面积为 $2400m^2$,共有灯具 120 套,其中 55 套属于光带(光带系数为 0.3),求平均每套灯的控制面积。

【解】 在确定平均每个灯的控制面积时,如果有一部分灯具是光带,应先将其乘以系数,再加其他灯具的套数,则

$$S = 2400/(120-55+55\times 0.3) = 29.45 m^2/灯$$

60. 什么是荧光灯?其特点是什么?

荧光灯是利用管内低压汞蒸汽,放电过程中汞原子被电离时辐射出的紫外线(波长主要为 254nm)去激发内壁上的荧光粉而发出可见光的一种气体放电灯。

荧光灯有很低的管壁负荷($280\sim 400W/m^2$)和较低的亮度(大约 $10^4 cd/m^2$),加工比较简单,成本不高,可以制成不同光色,是一种除白炽灯外产量最高、应用最广的高效光源。

61. 什么是立体广告灯箱?其特点是什么?

立体广告灯箱是将荧光灯管置于有广告画面的广告箱内,以达到在夜间宣传广告产品的作用。立体广告灯箱可根据实际需要而确定其尺寸

大小。立体广告灯箱一般置于街边栅栏上或电杆上。

立体广告灯箱的亮度可根据需要调整，也可以安装多根荧光灯。

62. 普通荧光灯有哪些特点？

普通荧光灯又称日光灯，是一种应用比较普遍的电光源，灯管的形状有直管、环形管、U形管等。荧光灯的主要附件有镇流器和起辉器（继电器）两种，使用时必须按规格配套，否则将损坏镇流器或灯管。

63. H形荧光灯有哪些特点？

H形荧光灯，是一种新颖的节能电光源，为延长H形灯管的使用寿命，H形荧光灯必须配专用灯座，其镇流器必须根据灯管功率来配置。由于灯管的启辉器安装在灯管中，且灯管的内部也不相同，所以，电子镇流器只能配用电容器型的H形灯管，电感式镇流器只能配用启辉器型的H形灯管。

64. 灯座的种类有哪些？

灯座是用来固定光源的，有灯泡用灯座和荧光灯管用灯座。灯泡用灯座有插口和螺口两大类。300W及以上的灯泡均用螺口灯座。

根据灯座的安装方式不同，可将其划分为平灯座、悬吊式灯座和管子灯座等。根据灯座的外壳材料不同又可将其划分为胶木、瓷质及金属三种灯座。

65. 双曲荧光灯的特点是什么？

双曲荧光灯是一种新颖的电光源，其是把双曲荧光灯管（即两支U形管）和微型镇流器封装在一个玻璃管内。它具有耗电省、光效高、寿命长、安装方便等优点。

66. 什么是防爆荧光灯？其种类有哪些？

防爆荧光灯即防爆型的荧光灯。防爆荧光灯能安全地在有爆炸危险的场所使用。荧光灯应用广泛、发展快，因此类型繁多，常见的防爆型荧光灯有直管型荧光灯、异型荧光灯、紧凑型荧光灯和吸顶式荧光灯四种，见表11-8。

表 11-8　　　　　　　　　防爆型荧光灯的分类

序号	类别	释义
1	直管型荧光灯	直管荧光灯作为一般照明用,其产量和使用量均是最大量的。直管荧光灯的品种也很多,按光色分有日光色、(冷)白色、暖白色和三基色。另外还有彩色荧光灯,它们采用不同的荧光粉,可以分别发出蓝、绿、黄、橙红和红色光,用作装饰照明或其他特殊用途
2	异型荧光灯	目前常用的异形荧光灯有 U 形和环形两种,它们的优点是改变了原来只有直管一种类型的局面,便于照明布置。但异形荧光灯的价格高、寿命短,所以远不及直管荧光灯普及
3	紧凑型荧光灯	紧凑型荧光灯是近年来发展迅速的光源,已经采用的外形有:双 U 型、双 D 型、H 型、Ⅱ 型等。由于这类灯管体积小、光效高、造型美观,又常制成高显色性暖色调荧光灯,所以逐渐代替了低光效的白炽灯,应用范围越来越广
4	吸顶式荧光灯	吸顶式荧光灯直接装贴在顶棚或天花板上,不需要灯链或灯杆悬挂,这种形式一般适用于比较低矮的房间。吸顶式有单管、双管和三管之分

67. 荧光灯由哪些部件组成？其组成结构的特点是什么？

荧光灯由荧光灯管、镇流器和启辉器配套组成。荧光灯管的主要部件是灯头、热阴极和内壁涂有荧光粉的玻璃管。热阴极为涂有热发射电子物质的钨丝。玻璃管在抽成真空后充入气压很低的汞蒸汽和惰性气体氩。在管内壁上涂有不同配比的荧光粉,则可制成日光色、白色、暖白色和三基色荧光灯。启辉器主要由一个 U 形双金属片动触点和一个静触点组成,它们装在一个充满惰性气体的玻璃泡内,并用金属外壳作保护。镇流器实质上是一个铁芯线圈,在启动荧光灯时可提高电压。

68. 荧光灯具的安装定额工作内容有哪些？

荧光灯具的安装包括组装型和成套型,工作内容包括测定划线、打眼埋螺栓、上木台、灯具组装(安装)、吊管、吊链加工、接线、焊接包头。

69. 如何进行荧光灯的组装(安装)?

荧光灯灯具组装时先把管座、镇流器和启辉器座安装在灯架的相应位置上,安装好吊链。连接镇流器到一侧管座的接线,再连接启辉器座到两侧管座的接线,用软线再连接好镇流器及管座另一接线管,并由灯架出线孔穿出灯架,与吊链叉编在一起穿入上法兰,应注意这两根导线中间不应有接头。各导线连接处均应挂锡。

组装式荧光灯应在组装后安装前集中加工,安装好灯管经通电试验后再进行现场安装,避免安装后再修理。

在灯具安装时由于此种灯具法兰有大小之分,法兰小的应先将电源线接头放在灯头盒内而后固定木台及灯具法兰。法兰大的可以先固定木台接线后,再固定灯具法兰。需要安装电容器时,把电容器两接点,分别接在经灯具开关控制后的电源相线和电源零线上。应注意吊链灯双链平行,不使之出现梯形。

70. 荧光灯具安装定额适用于哪些范围?

荧光灯具安装定额适用范围见表11-9。

表 11-9　　　　　荧光灯具安装定额适用范围

定额名称	灯具种类
组装型荧光灯	单管、双管、三管吊链式、吸顶式、现场组装独立荧光灯
成套型荧光灯	单管、双管、三管吊链式、吊管式、吸顶式、成套独立荧光灯

71. 什么是医疗专用灯?

医疗专用灯是指安装在医院里使用的一种专业性较强的灯具。它的安装要适应病人以及护士护理、医生手术的要求。

72. 医疗专用灯有哪些种类?

医疗专用灯包括紫外线杀菌灯、病房指示灯、病房暗脚灯及无影灯,见表11-10。

表 11-10　　　　　医疗专用灯的分类

序号	类别	释　义
1	紫外线杀菌灯	医院专用灯,可以利用其发射出的紫外线杀死病菌

续表

序号	类别	释义
2	病房指示灯	一种方便病人的指示性灯具
3	病房暗脚灯	专为病人安装的既不影响病人休息又方便护士查房的灯具,以"10套"为计量单位
4	无影灯	医院专用灯具,设置在手术室内,医生在为病人做手术时,无论从哪个方面都不会出现阴影,故称无影灯。无影灯由多个灯头组成,一般成圆盘状

73. 医院灯具安装定额工作内容有哪些?

医院灯具安装工作内容包括测位、划线、打眼、埋螺栓、灯具安装、接线、接焊包头。

74. 医院灯具安装定额适用于哪些范围?

医院灯具安装定额适用范围见表 11-11。

表 11-11　　　　医院灯具安装定额适用范围

定额名称	灯具种类
病房指示灯	病房指示灯
病房暗脚灯	病房暗脚灯
无影灯	3~12 孔管式无影灯

75. 如何计算医院灯具安装工程定额工程量?

医院灯具安装的工程量,应区别灯具种类,以"套"为计量单位计算。

76. 什么是路灯?

路灯是城市环境中反映道路特征的照明装置,它排列于城市广场、街道、高速公路、住宅区以及园林绿地中的主干园路旁,为夜晚交通提供照明之便。

77. 道路照明质量的影响因素有哪些?

道路照明的质量,一般由以下四个主要因素确定:
(1)路面的平均亮度:路面平均亮度是影响能否看见障碍物的最主要

因素。由于道路照明就是以把路面照亮到足以看清障碍物的轮廓为原则的,为此要求有相当高的路面平均亮度。

(2)路面亮度的均匀度:路面亮度分布的均匀程度称为均匀度,一般用看清前方路面的最小亮度与平均亮度的比值来表示。

(3)眩光:照明设施所产生的眩光,不仅能够降低司机的视见能力,而且不舒适。

(4)诱导性:沿着道路恰当地布置照明器,可以给使用者提供有关前方道路的方向、线型、倾斜度等视觉信息,这称为照明设施的诱导性。

78. 路灯有哪些种类?

路灯一般分为低位置灯柱、步行街路灯、停车场和干道路灯、庭院路灯、工厂厂区内、住宅小区内路灯、大马路弯灯、专用灯和高柱灯。

(1)低位置灯柱。这种路灯所处的空间环境,表现出一种亲切温馨的气氛,以较小间距为行人照明。

(2)步行街路灯。这种路灯一般设置于道路的一侧,可等距离排列,也可自由布置灯具和灯柱造型突出个性,并注重细部处理,以配合人们中近距离观赏。

(3)停车场和干道路灯。灯柱的高度为4~12m,通常采用较强的光源和较远的距离(10~50m)。

(4)庭院路灯。以庭院为中心进行活动或工作所需要的照明器。从效率和维修方面考虑,一般多采用5~12m高的杆头汞灯照明器,此照明器应在不开灯时也要非常醒目,并应与白天的风格相适应。在庭园中也可使用移动式照明器或临时用照明器,因此在眼睛不能直接看到的茂密林木处布置防水插座用作电源,是很方便的。

(5)工厂厂区内、住宅小区内路灯。主要是以庭院式灯具为主,带有美化环境的装饰作用。城市道路的照明则主要以诱导性为主。

(6)大马路弯灯。一般高度在15m以下,沿道路布置灯杆,灯具伸到路面上空,有较好的照明效果。

(7)专用灯。专用灯指设置于具有一定规模的区域空间,高度为6~10m之间的照明装置,它的照明不局限于交通路面,还包括场所中的相关设施及晚间活动场地。

(8)高柱灯。高柱灯也属于区域照明装置,高度一般为20~40m,组合了多个灯管,可代替多个路灯使用,高柱灯亮度高,光照覆盖面广,能使应用场所的各个空间获得充分的光照,起到良好的照明效果。

79. 路灯安装定额工作内容有哪些?

路灯安装工作内容包括测定划线、打眼埋螺栓、支架安装、灯具安装、接线、接焊包头。

80. 路灯照明器安装的高度和纵向间距应符合哪些要求?

路灯照明器安装的高度和纵向间距是道路照明设计中需要确定的重要数据。参考数据见表 11-12 的规定。

表 11-12　　　　　　路灯安装高度　　　　　　　　　m

灯　具	安装高度	灯　具	安装高度
125～250W 荧光高压汞灯 250～400W 高压钠灯	≥5 ≥6	60～100W 白炽灯或 50～80W 荧光高压汞灯	≥4～6

81. 路灯安装定额适用于哪些范围?

路灯安装定额适用范围见表 11-13。

表 11-13　　　　　　路灯安装定额适用范围

定额名称	灯具种类
大马路弯灯	臂长 1200mm 以下,臂长 1200mm 以上
庭院路灯	三火以下,七火以下

82. 如何计算路灯安装工程定额工程量?

路灯安装工程,应区别不同臂长、不同灯数,以"套"为计量单位计算。工厂厂区内、住宅小区内路灯安装执行《全国统一安装工程预算定额》。城市道路的路灯安装执行《全国统一市政工程预算定额》。

83. 什么是广场灯?

广场灯是指用于车站前广场、机场、转盘、公共汽车或货车终点站、立体交叉、服务点、停车场、收费处广场等场所用的灯具。

84. 广场的照明形式有哪几种?

广场的照明方式可根据广场的大小、形状、周围环境的不同,采用灯杆照明、高杆照明或悬索照明的任何一种方式,或几种方式组合使用。包括灯杆照明方式、高杆照明方式和悬索照明方式。

85. 什么是灯杆照明方式？灯杆照明的灯具安装应符合哪些规定？

灯杆照明方式指将灯具安装在高度为15m以下的灯杆顶端,沿广场人行道布置灯杆。其特点是:可以在需要照明的场所任意设置灯杆,而且可以按人行道线型变化设置。

(1)灯具安装高度。一般来说,增加安装高度可减少眩光。但由于高度增加,成本增加,照射到路面之外的光也会增加,照明的效率低。因此,根据经验,灯杆高度以10～15m较为经济。

(2)悬挑长度。一般悬挑长度按发光部位长度(即道路横断方向发光部分的长度)来确定,通常将灯具安装在人行道边缘正上方。悬挑长度选择见表11-14。

(3)倾斜角度。因倾斜角度较大时,会增加眩光,一般安装角度控制在5°左右,见表11-14。

表11-14　　　灯具安装高度、悬挑长度和安装角的关系

安装高度 h/m	悬挑长度 x/m	安装角
10	$-1 \leqslant x \leqslant 1$ (发光部位长度<0.6m)	5°
10	$-1.5 \leqslant x \leqslant 1.5$ (发光部位长度>0.6m)	5°

(4)灯具的布置和排列。灯具的布置和排列基本上有四种,即单侧布灯、交错布灯、对称布灯、中央布灯。

86. 什么是高杆照明？其适用于哪种场所？

在一个比较高的杆子上,安装由多个高功率和高效率光源组装的灯具,这种设置即为高杆照明。一般高杆照明的高度为20～35m(间距为90～100m),最高的可达40～70m。

高杆照明的适用场所如下:

(1)市内广场、公园、站前广场等。

(2)游泳、网球等体育设施。
(3)道路的主体交叉点、高速公路休息场、大型主体道路照明。
(4)停车场、市内街道交叉点。
(5)港口、码头、航空港、调车场、铁路枢纽等。
(6)工矿企业室外作业场。

87. 什么是悬索照明方式？其特点是什么？

在道路中间隔离带上树起高为 15~20m 的灯杆，在这些灯杆之间拉起钢索，将灯具挂在钢索上进行照明。这种方式的灯杆间距为 50~80m，灯具的安装间距约为其安装高度的 1~2 倍。悬索照明方式的特点如下：

(1)可得到比较高的照度和较好的均匀度。
(2)灯具布置整齐，有良好的诱导性。
(3)灯具的光束沿着轴向直线分布，晴天和雨天均有良好的照明效果。

88. 如何选择广场照明的光源？

广场照明用的光源见表 11-15。

表 11-15　　　　　　　　用于广场的光源

照明种类	适用场所	光源类型
广场照明	一般情况	荧光高压汞灯、高压钠灯、金属卤化物灯
	特殊情况	氙灯

89. 广场的分类有哪些？各类广场适合于哪种照明形式？

根据广场的不同用途可将广场分为交通广场、休息广场和集会广场三种，各种广场的作用和适合的照明方式见表 11-16。

表 11-16　　　　　　广场的分类、用途及光源选择

序号	广场类别	广场用途	适用光源
1	交通广场	如火车站、汽车站等是人、车、物集散的交通广场	有显色性良好的光源

序号	广场类别	广场用途	适用光源
2	休息广场	每逢节假日等多人聚集的场所,是亲朋好友欣赏自然景物风光的休息场所	暖色光的照明,可选用白炽灯与荧光灯、钠灯等混合照明
3	集会广场	为开展纪念活动或其他大型集会的场所	高杆照明,应使用显色混合照明光源

90. 如何确定一般广场的照明及其安装高度?

一般广场照明器配置如图 11-5 所示,照明器的安装高度 H 则为

一侧排列:

$$H \geqslant 0.4W + 0.6a$$
$$S \leqslant 2H$$
$$S \approx 2S_1$$

两侧对称排列:

$$H \geqslant 0.2W + 0.6a$$
$$S \leqslant 2.7H$$
$$S \approx 2S_1$$

91. 如何确定收费处广场的照明器及其安装高度?

收费处广场照明器配置如图 11-6 所示,图中 H_1、H_2、H_3 为照明器,一般有三种排列方案:

两侧排列,照明器的安装高度则为

$$H_1 \geqslant 0.5W$$
$$H_2 \geqslant 0.5W$$

一侧排列(照明器只装在 H_1 处),照明器安装高度则为

$$H_1 \geqslant 0.6(W_1 + 0.3W_2)$$

中间设置,如果照明杆塔的高度超过 30m 时,可在中央建立一个照明塔 H_3,各个照明杆塔的高度则为

$$H_1 \geqslant 0.5W_1 \qquad H_2 \geqslant 0.5W_2$$
$$H_3 \geqslant 0.5W_1 \qquad H_3 \geqslant 0.5W_2$$

式中　　W——广场宽度(m)；

　　　　W_1、W_2——广场的1/2宽度(m)；

　　　　　　a——投光灯距广场边缘尺寸(m)；

　　　　　　S——投光灯安装间距(m)；

　　　　S_1、S_2——投光灯距广场边缘尺寸(m)；

H_1、H_2、H_3——投光灯设置位置及高度。

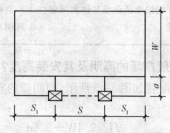

图 11-5　一般广场照明器配置

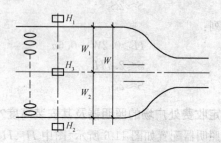

图 11-6　收费处广场照明器配置

92. 高杆灯灯具由哪些部件组成？

高杆灯灯具组成有吊杆、法兰、灯座或灯架，白炽灯出厂前已是组装好的成品，而荧光吊杆灯需进行组装。采用钢管做灯具的吊杆时，钢管内径一般不小于 10mm。

93. 如何进行高杆灯灯具的安装？

白炽吊杆灯在软线加工后，与灯座连接好(荧光灯接线同上述有关内容)，将另一端穿入吊杆内，由法兰(或管口)穿出(导线露出吊杆管口的长度不应小于150mm),准备到现场安装。

灯具安装时先固定木台,然后把灯具用木螺丝固定在木台上。也可以把灯具吊杆与木台固定好再一并安装。超过3kg的灯具,吊杆应吊挂在预埋的吊钩上。灯具固定牢固后再拧好法兰顶丝,应使法兰在木台中心,偏差不应大于2mm,安装好后吊杆应垂直。双杆吊杆荧光灯安装后双杆应平行。

94. 什么是桥栏杆灯?其特点是什么?

桥栏杆灯属于区域照明装置,亮度高、覆盖面广,一般可代替路灯使用,能使应用场所的各个空间获得充分照明。桥栏杆灯占地面积小,可避免灯杆林立的杂乱现象,同时桥栏杆灯可节约投资,具有经济性。

95. 什么是地道涵洞灯?

地道涵洞灯是地道涵的灯光设备,设在地道涵洞的通航桥孔迎车辆(船只)一面的上方中央和两侧桥柱上,夜间发出灯光信号,用于标示地道涵洞的通航孔位置,指引船舶驾驶员确认地道涵洞的通航孔位置,安全通过桥区航道,保障地道涵洞的安全和车辆(船只)的航行安全。

96. 如何进行地道涵洞灯的安装?

(1)单向通行隧道入口区照明宜距隧道口5～10m处开始布灯,布灯长度不应少于40m,其照度宜为1000～1500lx(白天)。隧道出口区的布灯长度不宜少于80m,照度不宜低于500lx(白天)。

(2)隧道内夜间照明的照度可为白天照度的1/2,出入口区的照度可为1/10,并宜采用调光方式。

(3)隧道内照明灯具安装高度H不宜低于4m并宜采用连续光带式布灯。当采用非连续光带布灯时,灯间距离S可按下式确定:

两侧对称式布灯:$S \leqslant 2.5H$;两侧交错式布灯:$S \leqslant 1.5H$。

为避免出现频率2～10Hz时的频闪现象,此时:

$$V/18 \geqslant S \geqslant H/18$$

式中 V——行车速度(km/h);

H、S 单位为(m)。

(4)隧道内应设有应急照明。隧道内避难区照度应为该区段照度的1.5～2倍。

(5)隧道内的标志照明,如应急照明设备、不允许变线等标志灯,应设置在易于寻找和观察的明显部位。隧道照明的控制可采用定时器、光电控制器、电视摄像监视等方式。

(6)隧道照明应采用两路电源供电。应急照明应由备用电源(如自备发电机组)独立系统供电。

(7)隧道内照明缓和段长度的确定。如果隧道或立交桥洞的长度小于40m时,可以不设照明缓和段。当长度超过100m时,必须设置照明缓和段。照明缓和段的主要长度取决于隧道内外亮度之差,还与车速、洞外光环境(如树木高矮、树木品种等)、季节变化、纬度、洞内照明标准等因素有关。

97. 如何计算照明器具安装工程清单工程量?

照明器具安装工程清单工程量应按设计图示数量计算。

附件:照明器具安装工程工程量清单项目设置

照明器具安装工程清单项目编码、项目名称、项目特征、计量单位及工程内容见表11-17。

表11-17　　　　照明器具安装(编码 030213)

项目编码	项目名称	项目特征	计量单位	工程内容
030213001	普通吸顶灯及其他灯具	1. 名称、型号。 2. 规格	套	1. 支架制作、安装。 2. 组装。 3. 油漆
030213002	工厂灯	1. 名称、安装。 2. 规格。 3. 安装形式及高度		1. 支架制作、安装。 2. 安装。 3. 油漆
030213003	装饰灯	1. 名称。 2. 型号。 3. 规格。 4. 安装高度		1. 支架制作、安装。 2. 安装

续表

项目编码	项目名称	项目特征	计量单位	工程内容
030213004	荧光灯	1. 名称。 2. 型号。 3. 规格。 4. 安装形式	套	安装
030213005	医疗专用灯	1. 名称。 2. 型号。 3. 规格		
030213006	一般路灯	1. 名称。 2. 型号。 3. 灯杆材质及高度。 4. 灯架形式及臂长。 5. 灯杆形式(单、双)	套	1. 基础制作、安装。 2. 立灯杆。 3. 杆座安装。 4. 灯架安装。 5. 引下线支架制作、安装。 6. 焊压接线端子。 7. 铁构件制作、安装。 8. 除锈、刷油。 9. 灯杆编号。 10. 接地
030213007	广场灯安装	1. 灯杆的材质及高度。 2. 灯架的型号。 3. 灯头数量。 4. 基础形式及规格		1. 基础浇筑(包括土石方)。 2. 立灯杆。 3. 杆座安装。 4. 灯架安装。 5. 引下线支架制作、安装。 6. 焊压接线端子。 7. 铁构件制作、安装。 8. 除锈、刷油。 9. 灯杆编号。 10. 接地

续表

项目编码	项目名称	项目特征	计量单位	工程内容
030213008	高杆灯安装	1. 灯杆高度。 2. 灯架型式（成套或组装、固定或升降）。 3. 灯头数量。 4. 基础形式及规格	套	1. 基础浇筑（包括土石方）。 2. 立杆。 3. 灯架安装。 4. 引下线支架制作、安装。 5. 焊压接线端子。 6. 铁构件制作、安装。 7. 除锈、刷油。 8. 灯杆编号。 9. 升降机构接线调试。 10. 接地
030213009	桥栏杆灯	1. 名称。 2. 型号。 3. 规格。 4. 安装形式		1. 支架、铁构件制作、安装，油漆。 2. 灯具安装
030213010	地道涵洞灯			

第十二章
·电气工程工程价款结算与索赔·

1. 我国现行工程价款结算可采用哪几种方式?

我国现行工程价款结算根据不同情况可采取按月结算、竣工后一次结算、分段结算、目标结款方式和结算双方约定的其他结算方式。

2. 如何实行电气工程价款的按月结算?

实行旬末或月中预支,月终结算,竣工后清算的方法。跨年度竣工的工程,在年终进行工程盘点,办理年度结算。我国现行建筑安装工程价款结算中,相当一部分是实行这种按月结算。

3. 如何实行电气工程价款的竣工后一次结算?

建设项目或单项工程全部建筑安装工程建设期在12个月以内,或者工程承包合同价值在100万元以下的,可以实行工程价款每月月中预支,竣工后一次结算。

4. 如何实行电气工程价款的分段结算?

分段结算即当年开工、当年不能竣工的单项工程或单位工程按照工程形象进度,划分不同阶段进行结算。分段结算可以按月预支工程款。分段的划分标准,由各部门、自治区、直辖市、计划单列市规定。

5. 工程价款按月结算、竣工后一次结算和分段结算方式的收支确认应符合哪些规定?

(1)实行旬末或月中预支,月终结算,竣工后清算办法的工程合同,应分期确认合同价款收入的实现,即:各月份终了,与发包单位进行已完工程价款结算时,确认为承包合同已完工部分的工程收入实现,本期收入额为月终结算的已完工程价款金额。

(2)实行合同完成后一次结算工程价款办法的工程合同,应于合同完成,施工企业与发包单位进行工程合同价款结算时,确认为收入实现,实现的收入额为承发包双方结算的合同价款总额。

(3)实行按工程形象进度划分不同阶段、分段结算工程价款办法的工程合同,应按合同规定的形象进度分次确认已完阶段工程收益实现。即:应于完成合同规定的工程形象进度或工程阶段,与发包单位进行工程价款结算时,确认为工程收入的实现。

6. 什么是目标结款方式?

目标结款方式即在工程合同中,将承包工程的内容分解成不同的控制界面,以业主验收控制界面作为支付工程价款的前提条件。也就是说,将合同中的工程内容分解成不同的验收单元,当承包商完成单元工程内容并经业主(或其委托人)验收后,业主支付构成单元工程内容的工程价款。

7. 目标结款方式下,承包商若想获得工程价款应该怎么做?

目标结款方式下,承包商要想获得工程价款,必须按照合同约定的质量标准完成界面内的工程内容;要想尽早获得工程价款,承包商必须充分发挥自己组织实施能力,在保证质量前提下,加快施工进度。这意味着承包商拖延工期时,则业主推迟付款,增加承包商的财务费用、运营成本,降低承包商的收益,客观上使承包商因延迟工期而遭受损失。同样,当承包商积极组织施工,提前完成控制界面内的工程内容,则承包商可提前获得工程价款,增加承包收益,客观上承包商因提前工期而增加了有效利润。同时,因承包商在界面内质量达不到合同约定的标准而业主不预验收,承包商也会因此而遭受损失。可见,目标结款方式实质上是运用合同手段、财务手段对工程的完成进行主动控制。

目标结款方式中,对控制界面的设定应明确描述,便于量化和质量控制,同时要适应项目资金的供应周期和支付频率。

8. 工程造价进行按月结算和分段结算的依据是什么?

施工企业在采用按月结算工程价款方式时,要先取得各月实际完成的工程数量,并按照工程预算定额中的工程直接费预算单价、间接费用定额和合同中采用利税率,计算出已完工程造价。实际完成的工程数量,由施工单位根据有关资料计算,并编制"已完工程月报表",然后按照发包单位编制"已完工程月报表"(表12-1),将各个发包单位的本月已完工程造价汇总反映。再根据"已完工程月报表"编制"工程价款结算账单",与"已

第十二章 电气工程工程价款结算与索赔

完工程月报表"一起,分送发包单位和经办银行,据以办理结算。

表 12-1　　　　　　　　　已完工程月报表

发包单位名称:　　　　　　　　年　月　日　　　　　　　　　　　　　　元

单项工程和单位工程名称	合同造价	建筑面积	开竣工日期		实际完成数		备注
			开工日期	竣工日期	至上月(期)止已完工程累计	本月(期)已完工程	

施工企业:　　　　　　　　　　　　　　　　编制日期:　年　月　日

施工企业在采用分段结算工程价款方式时,要在合同中规定工程部位完工的月份,根据已完工程部位的工程数量计算已完工程造价,按发包单位编制"已完工程月报表"和"工程价款结算账单"(表12-2)。

表 12-2　　　　　　　　　工程价款结算账单

发包单位名称:　　　　　　　　年　月　日　　　　　　　　　　　　　　元

单项工程和单位工程名称	合同造价	本月(期)应收工程款	应扣款项			本月(期)实收工程款	尚未归还	累计已收工程款	备注
			合计	预收工程款	预收备料款				

施工企业:　　　　　　　　　　　　　　　　编制日期:　年　月　日

对于工期较短、能在年度内竣工的单项工程或小型建设项目,可在工程竣工后编制"工程价款结算账单",按合同中工程造价一次结算。

"工程价款结算账单"是办理工程价款结算的依据。工程价款结算账单中所列应收工程款应与随同附送的"已完工程月报表"中的工程造价相符,"工程价款结算账单"除了列明应收工程款外,还应列明应扣预收工程款、预收备料款、发包单位供给材料价款等应扣款项、算出本月实收工程款。

为了保证工程按期收尾竣工,工程在施工期间,不论工程长短,其结算工程款,一般不得超过承包工程价值的 95%,结算双方可以在 5% 的幅度内协商确定尾款比例,并在工程承包合同中订明。施工企业如已向发包单位出具履约保函或其他保证的,可以不留工程尾款。

9. 定额计价模式下工程结算的编制依据是什么?

定额计价模式下,工程结算的编制依据主要有以下内容:

(1)国家有关法律、法规、规章制度和相关的司法解释。

(2)国务院建设行政主管部门以及各省、自治区、直辖市和有关部门发布的工程造价计价标准、计价办法、有关规定及相关解释。

(3)施工发承包合同、专业分包合同及补充合同,有关材料、设备采购合同。

(4)招投标文件,包括招标答疑文件、投标承诺、中标报价书及其组成内容。

(5)工程竣工图或施工图、施工图会审记录,经批准的施工组织设计,以及设计变更、工程洽商和相关会议纪要。

(6)经批准的开、竣工报告或停、复工报告。

(7)建设工程工程量清单计价规范或工程预算定额、费用定额及价格信息、调价规定等。

(8)工程预算书。

(9)影响工程造价的相关资料。

(10)结算编制委托合同。

10. 定额计价模式下工程结算编制要求有哪些?

(1)工程结算一般经过发包人或有关单位验收合格且点交后方可进行。

(2)工程结算应以施工发承包合同为基础,按合同约定的工程价款调整方式对原合同价款进行调整。

（3）工程结算应核查设计变更、工程洽商等工程资料的合法性、有效性、真实性和完整性。对有疑义的工程实体项目，应视现场条件和实际需要核查隐蔽工程。

（4）建设项目由多个单项工程或单位工程构成的，应按建设项目划分标准的规定，将各单项工程或单位工程竣工结算汇总，编制相应的工程结算书，并撰写编制说明。

（5）实行分阶段结算的工程，应将各阶段工程结算汇总，编制工程结算书，并撰写编制说明。

（6）实行专业分包结算的工程，应将各专业分包结算汇总在相应的单位工程或单项工程结算内，并撰写编制说明。

（7）工程结算编制应采用书面形式，有电子文本要求的应一并报送与书面形式内容一致的电子版本。

（8）工程结算应严格按工程结算编制程序进行编制，做到程序化、规范化，结算资料必须完整。

11. 定额计价模式下工程结算编制可分为哪几个阶段？

定额计价模式下，工程结算应按准备、编制和定稿三个工作阶段进行，并实行编制人、校对人和审核人分别署名盖章确认的内部审核制度。

（1）结算编制准备阶段。

1）收集与工程结算编制相关的原始资料；

2）熟悉工程结算资料内容，进行分类、归纳、整理；

3）召集相关单位或部门的有关人员参加工程结算预备会议，对结算内容和结算资料进行核对与充实完善；

4）收集建设期内影响合同价格的法律和政策性文件。

（2）结算编制阶段。

1）根据竣工图及施工图以及施工组织设计进行现场踏勘，对需要调整的工程项目进行观察、对照、必要的现场实测和计算，做好书面或影像记录；

2）按既定的工程量计算规则计算需调整的分部分项、施工措施或其他项目工程量；

3）按招投标文件、施工发承包合同规定的计价原则和计价办法对分

部分项、施工措施或其他项目进行计价;

4)对于工程量清单或定额缺项以及采用新材料、新设备、新工艺的,应根据施工过程中的合理消耗和市场价格,编制综合单价或单位估价分析表;

5)工程索赔应按合同约定的索赔处理原则、程序和计算方法,提出索赔费用,经发包人确认后作为结算依据;

6)汇总计算工程费用,包括编制分部分项工程费、施工措施项目费、其他项目费、零星工作项目费或直接费、间接费、利润和税金等表格,初步确定工程结算价格;

7)编写编制说明;

8)计算主要技术经济指标;

9)提交结算编制的初步成果文件待校对、审核。

(3)结算编制定稿阶段。

1)由结算编制受托人单位的部门负责人对初步成果文件进行检查、校对;

2)由结算编制受托人单位的主管负责人审核批准;

3)在合同约定的期限内,向委托人提交经编制人、校对人、审核人和受托人单位盖章确认的正式的结算编制文件。

12. 定额计价模式下工程结算的编制内容有哪些?

工程结算采用定额计价的应包括:套用定额的分部分项工程量、措施项目工程量和其他项目,以及为完成所有工程量和其他项目并按规定计算的人工费、材料费和设备费、机械费、间接费、利润和税金。

13. 清单计价模式下办理竣工结算的依据是什么?

工程量清单计价模式下,工程竣工结算的依据主要有以下几个方面:

(1)《建设工程工程量清单计价规范》(GB 50500—2008);

(2)施工合同;

(3)工程竣工图纸及资料;

(4)双方确认的工程量;

(5)双方确认追加(减)的工程价款;

(6)双方确认的索赔、现场签证事项及价款;

(7)投标文件;
(8)招标文件;
(9)其他依据。

14. 清单计价模式下办理竣工结算的要求有哪些?

(1)分部分项工程费的计算。分部分项工程费应依据发、承包双方确认的工程量、合同约定的综合单价计算。如发生调整的,以发、承包双方确认的综合单价计算。

(2)措施项目费的计算。措施项目费应依据合同中约定的项目和金额计算,如合同中规定采用综合单价计价的措施项目,应依据发、承包双方确认的工程量和综合单价计算,规定采用"项"计价的措施项目,应依据合同约定的措施项目和金额或发、承包双方确认调整后的措施项目费金额计算。如发生调整的,以发承包双方确认调整的金额计算。

措施项目费中的安全文明施工费应按照国家或省级、行业建设主管部门的规定计算。施工过程中,国家或省级、行业建设主管部门对安全文明施工费进行了调整的,措施项目费中的安全文明施工费应作相应调整。

(3)其他项目费的计算。办理竣工结算时,其他项目费的计算应按以下要求进行:

1)计日工的费用应按发包人实际签证确认的数量和合同约定的相应单价计算。

2)当暂估价中的材料是招标采购的,其单价按中标在综合单价中调整。当暂估价中的材料为非招标采购的,其单价按发、承包双方最终确认的单价在综合单价中调整。

当暂估价中的专业工程是招标采购的,其金额按中标价计算。当暂估价中的专业工程为非招标采购的,其金额按发、承包双方与分包人最终确认的金额计算。

3)总承包服务费应依据合同约定的金额计算,发、承包双方依据合同约定对总承包服务进行了调整的,应按调整后的金额计算。

4)索赔事件产生的费用在办理竣工结算时应在其他项目费中反映。索赔费用的金额应依据发、承包双方确认的索赔事项和金额计算。

5)现场签证发生的费用在办理竣工结算时应在其他项目费中反映。现场签证费用金额依据发、承包双方签证资料确认的金额计算。

6)合同价款中的暂列金额在用于各项价款调整、索赔与现场签证后,若有余额,则余额归发包人,若出现差额,则由发包人补足并反映在相应的工程价款中。

(4)规费和税金的计算。办理竣工结算时,规费和税金应按照国家或省级、行业建设主管部门规定的计取标准计算。

15. 清单计价模式下办理竣工结算的程序是什么?

(1)承包人应在合同约定时间内编制完成竣工结算书,并在提交竣工验收报告的同时递交给发包人。

(2)发包人在收到承包人递交的竣工结算书后,应按合同约定时间核对。

(3)发包人或受其委托的工程造价咨询人收到承包人递交的竣工结算书后,在合同约定时间内,不核对竣工结算或未提出核对意见的,视为承包人递交的竣工结算书已经认可,发包人应向承包人支付工程结算价款。

(4)发包人应对承包人递交的竣工结算书签收,拒不签收的,承包人可以不交付竣工工程。

承包人未在合同约定时间内递交竣工结算书的,发包人要求交付竣工工程,承包人应当交付。

(5)竣工结算书是反映工程造价计价规定执行情况的最终文件。工程竣工结算办理完毕,发包人应将竣工结算书报送工程所在地工程造价管理机构备案。竣工结算书作为工程竣工验收备案、交付使用的必备文件。

(6)竣工结算办理完毕,发包人应根据确认的竣工结算书在合同约定时间内向承包人支付工程竣工结算价款。

(7)工程竣工结算办理完毕后,发包人应按合同约定向承包人支付工程价款。

16. 发、承包双方在竣工结算核对过程中的权、责体现在哪些方面?

竣工结算的核对是工程造价计价中发、承包双方应共同完成的重要工作。按照交易的一般原则,任何交易结束,都应做到钱、货两清,工程建设也不例外。工程施工的发、承包活动作为期货交易行为,当工程竣工验收合格后,承包人将工程移交给发包人时,发、承包双方应将工程价款结算清楚,即竣工结算办理完毕。发、承包双方在竣工结算核对过程中的权、责主要体现在以下方面:

竣工结算的核对时间:按发、承包双方合同约定的时间完成。根据《最高人民法院关于审理建设工程施工合同纠纷案件适用法律问题的解释》(法释[2004]14号)第二十条规定:"当事人约定,发包人收到竣工结算文件后,在约定期限内不予答复,视为认可竣工结算文件的,按照约定处理。承包人请求按照竣工结算文件结算工程价款的,应予支持"。发、承包双方不仅应在合同中约定竣工结算的核对时间,并应约定发包人在约定时间内对竣工结算不予答复,视为认可承包人递交的竣工结算。

合同中对核对竣工结算时间没有约定或约定不明的,根据财政部、原建设部印发的《建设工程价款结算暂行办法》(财建[2004]369号)的有关规定,按表12-3规定时间进行核对并提出核对意见。

表 12-3 　　　　　　　　工程竣工结算核对的时间规定

	工程竣工结算书金额	核对时间
1	500 万元以下	从接到竣工结算书之日起 20 天
2	500 万~2000 万元	从接到竣工结算书之日起 30 天
3	2000 万~5000 万元	从接到竣工结算书之日起 45 天
4	5000 万元以上	从接到竣工结算书之日起 60 天

建设项目竣工总结算在最后一个单项工程竣工结算核对确认后15天内汇总,送发包人后30天内核对完成。合同约定或《建设工程工程量清单计价规范》(GB 50500—2008)规定的结算核对时间含发包人委托工程造价咨询人核对的时间。

另外,《建设工程工程量清单计价规范》(GB 50500—2008)还规定:"同一工程竣工结算核对完成,发、承包双方签字确认后,禁止发包人又要求承包人与另一个或多个工程造价咨询人重复核对竣工结算。"这有效地解决了工程竣工结算中存在的一审再审、以审代拖、久审不结的现象。

17. 清单计价模式下工程结算的内容有哪些?

(1)工程结算采用工程量清单计价的应包括:

1)工程项目的所有分部分项工程量,以及实施工程项目采用的措施项目工程量;为完成所有工程量并按规定计算的人工费、材料费和设备费、机械费、间接费、利润和税金;

2)分部分项和措施项目以外的其他项目所需计算的各项费用。

(2)采用工程量清单或定额计价的工程结算还应包括:

1)设计变更和工程变更费用;

2)索赔费用;

3)合同约定的其他费用。

18. 工程结算的编制方法有哪些?

工程结算的编制应区分施工发承包合同类型,采用相应的编制方法。

(1)采用总价合同的,应在合同价基础上对设计变更、工程洽商以及工程索赔等合同约定可以调整的内容进行调整。

(2)采用单价合同的,应计算或核定竣工图或施工图以内的各个分部分项工程量,依据合同约定的方式确定分部分项工程项目价格,并对设计变更、工程洽商、施工措施以及工程索赔等内容进行调整。

(3)采用成本加酬金合同的,应依据合同约定的方法计算各个分部分项工程以及设计变更、工程洽商、施工措施等内容的工程成本,并计算酬金及有关税费。

19. 工程结算中涉及工程单价调整时应遵循哪些原则?

工程结算中涉及工程单价调整时,应当遵循以下原则:

(1)合同中已有适用于变更工程、新增工程单价的,按已有的单价结算。

(2)合同中有类似变更工程、新增工程单价的,可以参照类似单价作为结算依据。

(3)合同中没有适用或类似变更工程、新增工程单价的,结算编制受托人可商洽承包人或发包人提出适当的价格,经对方确认后作为结算依据。

20. 工程结算编制中,涉及的工程单价应采用哪几种形式?

工程结算编制中涉及的工程单价应按合同要求分别采用综合单价或工料单价。工程量清单计价的工程项目应采用综合单价;定额计价的工程项目可采用工料单价。

(1)综合单价。把分部分项工程单价综合成全费用单价,其内容包括直接费(直接工程费和措施费)、间接费、利润和税金,经综合计算后生成。各分项工程量乘以综合单价的合价汇总后,生成工程结算价。

(2)工料单价。把分部分项工程量乘以单价形成直接工程费,加上按规定标准计算的措施费,构成直接费。直接工程费由人工、材料、机械的消耗量及其相应价格确定。直接费汇总后另计算间接费、利润、税金,生成工程结算价。

21. 工程结算的审查依据有哪些?

(1)工程结算审查委托合同和完整、有效的工程结算文件。

(2)国家有关法律、法规、规章制度和相关的司法解释。

(3)国务院建设行政主管部门以及各省、自治区、直辖市和有关部门发布的工程造价计价标准、计价办法、有关规定及相关解释。

(4)施工发承包合同、专业分包合同及补充合同,有关材料、设备采购合同;招投标文件,包括招标答疑文件、投标承诺、中标报价书及其组成内容。

(5)工程竣工图或施工图、施工图会审记录,经批准的施工组织设计,以及设计变更、工程洽商和相关会议纪要。

(6)经批准的开、竣工报告或停、复工报告。

(7)建设工程工程量清单计价规范或工程预算定额、费用定额及价格信息、调价规定等。

(8)工程结算审查的其他专项规定。

(9)影响工程造价的其他相关资料。

22. 工程结算的审查要求有哪些?

(1)严禁采取抽样审查、重点审查、分析对比审查和经验审查的方法,避免审查疏漏现象发生。

(2)应审查结算文件和与结算有关的资料的完整性和符合性。

(3)按施工发承包合同约定的计价标准或计价方法进行审查。

(4)对合同未作约定或约定不明的,可参照签订合同时当地建设行政主管部门发布的计价标准进行审查。

(5)对工程结算内多计、重列的项目应予以扣减;对少计、漏项的项目应予以调增。

(6)对工程结算与设计图纸或事实不符的内容,应在掌握工程事实和真实情况的基础上进行调整。工程造价咨询单位在工程结算审查时发现的工程结算与设计图纸或与事实不符的内容应约请各方履行完善的确认手续。

(7)对由总承包人分包的工程结算,其内容与总承包合同主要条款不相符的,应按总承包合同约定的原则进行审查。

(8)工程结算审查文件应采用书面形式,有电子文本要求的应采用与书面形式内容一致的电子版本。

(9)结算审查的编制人、校对人和审核人不得由同一人担任。

(10)结算审查受托人与被审查项目的发承包双方有利害关系,可能影响公正的,应予以回避。

23. 工程结算的审查内容有哪些?

(1)审查结算的递交程序和资料的完备性。

1)审查结算资料递交手续、程序的合法性,以及结算资料具有的法律效力;

2)审查结算资料的完整性、真实性和相符性。

(2)审查与结算有关的各项内容。

1)建设工程发承包合同及其补充合同的合法性和有效性;

2)施工发承包合同范围以外调整的工程价款;

3)分部分项、措施项目、其他项目工程量及单价;

4)发包人单独分包工程项目的界面划分和总包人的配合费用;

5)工程变更、索赔、奖励及违约费用;

6)取费、税金、政策性高速以及材料价差计算;

7)实际施工工期与合同工期发生差异的原因和责任,以及对工程造价的影响程度;

8)其他涉及工程造价的内容。

24. 工程结算的审查方法有哪些？

(1)工程结算的审查应依据施工发承包合同约定的结算方法进行,根据施工发承包合同类型,采用不同的审查方法。

1)采用总价合同的,应在合同价的基础上对设计变更、工程洽商以及工程索赔等合同约定可以调整的内容进行审查;

2)采用单价合同的,应审查施工图以内的各个分部分项工程量,依据合同约定的方式审查分部分项工程价格,并对设计变更、工程洽商、工程索赔等调整内容进行审查;

3)采用成本加酬金合同的,应依据合同约定的方法审查各个分部分项工程以及设计变更、工程洽商等内容的工程成本,并审查酬金及有关税费的取定。

(2)除非已有约定,对已被列入审查范围的内容,结算应采用全面审查的方法。

(3)对法院、仲裁或承发包双方合意共同委托的未确定计价方法的工程结算审查或鉴定,结算审查受托人可根据事实和国家法律、法规和建设行政主管部门的有关规定,独立选择鉴定或审查适用的计价方法。

25. 工程竣工结算审查分为哪几个阶段？

工程结算审查应按准备、审查和审定三个工作阶段进行,并实行编制人、校对人和审核人分别署名盖章确认的内部审核制度。

26. 工程竣工结算审查准备阶段的工作内容有哪些？

(1)审查工程结算手续的完备性、资料内容的完整性,对不符合要求的应退回限时补正。

(2)审查计价依据及资料与工程结算的相关性、有效性。

(3)熟悉招投标文件、工程发承包合同、主要材料设备采购合同及相关文件。

(4)熟悉竣工图纸或施工图纸、施工组织设计、工程状况,以及设计变更、工程洽商和工程索赔情况等。

27. 工程竣工结算审查阶段的工作内容有哪些？

(1)审查结算项目范围、内容与合同约定的项目范围、内容的一致性。

(2)审查工程量计算准确性、工程量计算规则与计价规范或定额保持一致性。

(3)审查结算单价时应严格执行合同约定或现行的计价原则、方法;对于清单或定额缺项以及采用新材料、新工艺的,应根据施工过程中的合理消耗和市场价格审核结算单价。

(4)审查变更身份证凭据的真实性、合法性、有效性,核准变更工程费用。

(5)审查索赔是否依据合同约定的索赔处理原则、程序和计算方法以及索赔费用的真实性、合法性、准确性。

(6)审查取费标准时,应严格执行合同约定的费用定额标准及有关规定,并审查取费依据的时效性、相符性。

(7)编制与结算相对应的结算审查对比表。

28. 工程竣工结算审定阶段的工作内容有哪些?

(1)工程结算审查初稿编制完成后,应召开由结算编制人、结算审查委托人及结算审查受托人共同参加的会议,听取意见,并进行合理的调整。

(2)由结算审查受托人单位的部门负责人对结算审查的初步成果文件进行检查、校对。

(3)由结算审查受托人单位的主管负责人审核批准。

(4)发承包双方代表人和审查人应分别在"结算审定签署表"上签认并加盖公章。

(5)对结算审查结论有分歧的,应在出具结算审查报告前,至少组织两次协调会;凡不能共同签认的,审查受托人可适时结束审查工作,并作出必要说明。

(6)在合同约定的期限内,向委托人提交经结算审查编制人、校对人、审核人和受托人单位盖章确认的正式的结算审查报告。

29. 工程计价争议的处理方法有哪些?

(1)在工程计价中,对工程造价计价依据、办法以及相关政策规定发生争议事项的,由工程造价管理机构负责解释。工程造价管理机构是工程造价计价依据、办法以及相关政策的制定和管理机构。对发包人、承包人或工程造价咨询人在工程计价中,对计价依据、办法以及相关政策规定发生的争议进行解释是工程造价管理机构的职责。

(2)发包人以对工程质量有异议,拒绝办理工程竣工结算的,已竣工验收或已竣工未验收但实际投入使用的工程,其质量争议按该工程保修合同执行,竣工结算按合同约定办理;已竣工未验收且未实际投入使用的工程以及停工、停建工程的质量争议,双方应有争议的部分委托有资质的检测鉴定机构进行检测,根据检测结果确定解决方案,或按工程质量监督机构的处理决定执行后办理竣工结算,无争议部分的竣工结算按合同约定办理。

(3)发、承包双方发生工程造价合同纠纷时,应通过下列办法解决:

1)双方协商;

2)提请调解,工程造价管理机构负责调解工程造价问题;

3)按合同约定向仲裁机构申请仲裁或向人民法院起诉。协议仲裁时,应遵守《中华人民共和国仲裁法》第四条:"当事人采用仲裁方式解决纠纷,应当双方自愿,达到仲裁协议。没有仲裁协议,一方申请仲裁的,仲裁委员会不予受理"。第五条:"当事人达到仲裁协议,一方向人民法院起诉的,人民法院不予受理,但仲裁协议无效的除外"。第六条:"仲裁委员会应当由当事人协议选定。仲裁不实行级别管辖和地域管辖"的规定。

(4)在合同纠纷案件处理中,需作工程造价鉴定的,应委托具有相应资质的工程造价咨询人进行。

30. 什么是工程变更?

工程变更是在工程项目实施过程中,按照合同约定的程序对部分或全部工程在材料、工艺、功能、构造、尺寸、技术指标、工程数量及施工方法等方面做出的改变。

建设工程施工合同签订以后,对合同文件中的任何一部分的变更都属于工程变更的范畴。建设单位、设计单位、施工单位和监理单位等都可以提出工程变更的要求。因此在工程建设的过程中,如果对工程变更处理不当,都将对工程的投资、进度计划、工程质量造成影响,甚至引发合同的有关方面的纠纷,因此对工程变更应予以重视,严加控制,并依照法定程序予以解决。

31. 发生工程变更的原因有哪些？

工程变更的主要原因包括以下几个方面：

(1) 设计变更。在施工前或施工过程中，由于遇到不能预见的情况、环境，或为了降低成本，或原设计的各种原因引起的设计图纸、设计文件的修改、补充，而造成的工程修改、返工、报废等。

(2) 工程量的变更。由于各种原因引起的工程量的变化，或建设单位指令要求增加或减少附加工程项目、部分工程，或提高工程质量标准、提高装饰标准等。监理工程师必须对这些变化进行认证。

(3) 有关技术标准、规范、技术文件的变更。由于情况变化，或有关方面的要求，对合同文件中规定的有关技术标准、规范、技术文件需增加或减少，以及建设单位或监理工程师的特殊要求，指令施工单位进行合同规定以外的检查、试验而引起的变更。

(4) 施工时间的变更。施工单位的进度计划，在监理工程师审核批准以后，由于建设单位的原因，包括没有按期交付设计图纸、资料，没有按期交付施工场地和水源、电源，以及建设单位供应的材料、设备、资金筹集等未能按工程进度及时交付，或提供的材料设备因规格不符或有缺陷不宜使用，影响了原进度计划的实施，特别是这种影响使关键线路上的关键节点受到影响，而要求施工单位重新安排施工时间时引起的变更。

(5) 施工工艺或施工次序的变更。施工组织设计经监理工程师确认以后，因为各种原因需要修改时，改变了原施工合同规定的工程活动的顺序及时间，打乱了施工部署而引起的变更。

(6) 合同条件的变更。建设工程施工合同签订以后，甲乙双方根据工程实际情况，需要对合同条件的某些方面进行修改、补充，待双方对修改部分达成一致意见以后，引起的变更。

32. 项目监理机构处理工程变更的程序是怎样的？

(1) 设计单位对原设计存在的缺陷提出的工程变更，应编制设计变更文件；建设单位或承包单位提出的工程变更，应提交总监理工程师，由总监理工程师组织专业监理工程师审查。审查同意后，应由建设单位转交原设计单位编制设计变更文件。当工程变更涉及安全、环保等内容时，应按规定经有关部门审定。

(2)项目监理机构应了解实际情况和收集与工程变更有关的资料。

(3)总监理工程师必须根据实际情况、设计变更文件和其他有关资料,按照施工合同的有关条款,在指定专业监理工程师完成下列工作后,对工程变更的费用和工期作出评估:

1)确定工程变更项目与原工程项目之间的类似程度和难易程度;

2)确定工程变更项目的工程量;

3)确定工程变更的单价或总价。

(4)总监理工程师应就工程变更费用及工期的评估情况及承包单位和建设单位进行协调。

(5)总监理工程师签发工程变更单。

(6)项目监理机构应根据工程变更单监督承包单位实施。

33. 怎样确定工程变更价款?

(1)按《建设工程施工合同(示范文本)》约定的工程变更价款的确定方法:

1)合同中已有适用于变更工程的价格,按合同已有的价格变更合同价款;

2)合同中只有类似于变更工程的价格,可以参照类似价格变更合同价款;

3)合同中没有适用或类似于变更工程的价格,由承包人提出适当的变更价格,经工程师确认后执行。

(2)采用合同中工程量清单的单价和价格,具体有下面几种情况:

1)直接套用,即从工程量清单上直接拿来使用;

2)间接套用,即依据工程量清单,通过换算后采用;

3)部分套用,即依据工程量清单,取其价格中的某一部分使用。

(3)协商单价和价格。协商单价和价格是基于合同中没有或者有些不合适的情况下采取的一种方法。

34. 工程变更时间是怎样限定的?

(1)施工中发包人需对原工程设计进行变更,应提前14天以书面形式向承包人发出变更通知。

(2)承包人在工程变更确定后14天内,提出变更工程价款的报告,经监理工程师确认后调整合同价款。

(3) 承包人在双方确定变更后 14 天内不向监理工程师提出变更工程价款报告时，视为该项变更不涉及合同价款的变更。

(4) 监理工程师应在收到变更工程价款报告之日起 14 天内予以确认，监理工程师无正当理由不确认时，自变更工程价款报告送达之日起 14 天后视为变更工程价款报告已被确认。

(5) 监理工程师不同意承包人提出的变更价款，按关于争议的约定处理。

35. 什么是索赔？

索赔是当事人在合同实施过程中，根据法律、合同规定及惯例，对不应由自己承担责任的情况造成的损失，向合同的另一方当事人提出给予赔偿或补偿要求的行为。

36. 什么是建设工程索赔？

建设工程索赔通常是指在工程合同履行过程中，合同当事人一方因非自身因素或对方不履行或未能正确履行合同而受到经济损失或权利损害时，通过一定的合法程序向对方提出经济或时间补偿的要求。索赔是一种正当的权利要求，它是发包方、监理工程师和承包方之间一项正常的、大量发生而且普遍存在的合同管理业务，是一种以法律和合同为依据的、合情合理的行为。

建设工程索赔包括狭义的建设工程索赔和广义的建设工程索赔。

狭义的建设工程索赔，是指人们通常所说的工程索赔或施工索赔。工程索赔是指建设工程承包商在由于发包人的原因或发生承包商和发包人不可控制的因素而遭受损失时，向发包人提出的补偿要求。这种补偿包括补偿损失费用和延长工期。

广义的建设工程索赔，是指建设工程承包商由于合同对方的原因或合同双方不可控制的原因而遭受损失时，向对方提出的补偿要求。这种补偿可以是损失费用索赔，也可以是索赔实物。它不仅包括承包商向发包人提出的索赔，而且还包括承包商向保险公司、供货商、运输商、分包商等提出的索赔。

37. 引起索赔的干扰事件有哪些？

在施工过程中，通常引起索赔的干扰事件主要有：

(1) 发包人没有按合同规定的时间交付设计图纸数量和资料，未按时交付合格的施工现场等，造成工程拖延和损失。

(2) 工程地质条件与合同规定、设计文件不一致。

(3) 发包人或监理工程师变更原合同规定的施工顺序，扰乱了施工计划及施工方案，使工程数量有较大增加。

(4) 发包人指令提高设计、施工、材料的质量标准。

(5) 由于设计错误或发包人、工程师错误指令，造成工程修改、返工、窝工等损失。

(6) 发包人和监理工程师指令增加额外工程，或指令工程加速。

(7) 发包人未能及时支付工程款。

(8) 物价上涨、汇率浮动，造成材料价格、工人工资上涨，承包商蒙受较大损失。

(9) 国家政策、法令修改。

(10) 不可抗力因素等。

38. 索赔的作用是什么？

索赔与工程施工合同同时存在，它的主要作用有：

(1) 索赔是合同和法律赋予正确履行合同者免受意外损失的权利，索赔是当事人一种保护自己、避免损失、增加利润、提高效益的重要手段。

(2) 索赔是落实和调整合同双方经济责、权、利关系的手段，也是合同双方风险分担的又一次合理再分配，离开了索赔，合同责任就不能全面体现，合同双方的责、权、利关系就难以平衡。

(3) 索赔是合同实施的保证。索赔是合同法律效力的具体体现，对合同双方形成约束条件，特别能对违约者起到警戒作用，违约方必须考虑违约后的后果，从而尽量减少其违约行为的发生。

(4) 索赔对提高企业和工程项目管理水平起着重要的促进作用。我国承包商在许多项目上提不出或提不好索赔，与其企业管理松散混乱、计划实施不严、成本控制不力等有着直接关系；没有正确的工程进度网络计划就难以证明延误的发生及天数；没有完整翔实的记录，就缺乏索赔定量要求的基础。

39. 根据索赔目的的不同可将其分为哪几类？

根据索赔目的不同，可将索赔分为工期索赔和费用索赔。

(1)工期索赔。由于非承包人责任的原因而导致施工进程延误，要求批准顺延合同工期的索赔，称之为工期索赔。工期索赔形式上是对权利的要求，以避免在原定合同竣工日不能完工时，被发包人追究拖期违约责任。一旦获得批准合同工期顺延后，承包人不仅免除了承担拖期违约赔偿费的严重风险，而且可能提前工期得到奖励，最终仍反映在经济收益上。

(2)费用索赔。费用索赔的目的是要求经济补偿。当施工的客观条件改变导致承包人增加开支，要求对超出计划成本的附加开支给予补偿，以挽回不应由他承担的经济损失。

40. 根据索赔当事人不同可将其分为哪几类？

根据索赔当事人不同，可将索赔分为承包商与发包人间索赔、承包商与分包商间索赔及承包商与供货商索赔。

(1)承包商与发包人间索赔。这类索赔大都是有关工程量计算、变更、工期、质量和价格方面的争议，也有中断或终止合同等其他违约行为的索赔。

(2)承包商与分包商间索赔。其内容与前一种大致相似，但大多数是分包商向总包商索要付款和赔偿及承包商向分包商罚款或扣留支付款等。

(3)承包商与供货商间索赔。其内容多系商贸方面的争议，如货品质量不符合技术要求、数量短缺、交货拖延、运输损坏等。

41. 根据索赔的原因不同可将其分为哪几类？

根据索赔的原因不同，可将其分为工程延误索赔、工程范围变更索赔、施工加速索赔和不利现场条件索赔。

(1)工程延误索赔。因发包人未按合同要求提供施工条件，如未及时交付设计图纸、施工现场、道路等，或因发包人指令工程暂停或不可抗力事件等原因造成工期拖延的，承包商对此提出索赔。

(2)工程范围变更索赔。工作范围的索赔是指发包人和承包商对合同中规定工作理解的不同而引起的索赔。其责任和损失不如延误索赔那么容易确定,如某分项工程所包含的详细工作内容和技术要求,施工要求很难在合同文件中用语言描述清楚,设计图纸也很难对每一个施工细节的要求都说得清清楚楚。另外设计的错误和遗漏,或发包人和设计者主观意志的改变都会向承包商发布变更设计的命令。

工作范围的索赔很少能独立于其他类型的索赔,例如,工作范围的索赔通常导致延期索赔。如设计变更引起的工作量和技术要求的变化都可能被认为是工作范围的变化,为完成此变更可能增加时间,并影响原计划工作的执行,从而可能导致随之而来的延期索赔。

(3)施工加速索赔。施工加速索赔经常是延期或工作范围索赔的结果,有时也被称为"赶工索赔"。而加速施工索赔与劳动生产率的降低关系极大,因此又可称为劳动生产率损失索赔。

如果发包人要求承包商比合同规定的工期提前,或者因工程前段的承包商的工程拖期,要后一阶段工程的另一位承包商弥补已经损失的工期,使整个工程按期完工。这样,承包商可以因施工加速成本超过原计划的成本而提出索赔,其索赔的费用一般应考虑加班工资,雇用额外劳动力,采用额外设备,改变施工方法,提供额外监督管理人员和由于拥挤,干扰加班引起的疲劳造成的劳动生产率损失等所引起的费用的增加。在国外的许多索赔案例中对劳动生产率损失通常数量很大,但一般不易被发包人接受。这就要求承包商在提交施工加速索赔报告中提供施工加速对劳动生产率的消极影响的证据。

(4)不利现场条件索赔。不利现场条件索赔是指合同的图纸和技术规范中所描述的条件与实际情况有实质性的不同或虽合同中未作描述,而承包商无法预料的索赔。一般是地下的水文地质条件,但也包括某些隐藏着的不可知的地面条件。

不利现场条件索赔近似于工作范围索赔,然而又不大像大多数工作范围索赔。不利现场条件索赔应归咎于确实不易预知的某个事实。如现场的水文、地质条件在设计时全部弄得一清二楚几乎是不可能的,只能根据某些地质钻孔和土样试验资料来分析和判断。要对现场进行彻底全面的调查将会耗费大量的成本和时间,一般发包人不会这样做,承包商在短短的投标报价的时间内更不可能做这种现场调查工作。这种不利现场条件的风险由发包人来承担是合理的。

42. 根据索赔的依据不同可将其分为哪几类？

根据索赔的依据不同,可将其分为合同内索赔、合同外索赔和道义索赔(又称额外支付)。

(1)合同内索赔。此种索赔是以合同条款为依据,在合同中有明文规定的索赔,如工期延误、工程变更、工程师提供的放线数据有误、发包人不按合同规定支付进度款等等。这种索赔由于在合同中有明文规定,往往容易成功。

(2)合同外索赔。此种索赔在合同文件中没有明确的叙述,但可以根据合同文件的某些内容合理推断出可以进行此类索赔,而且此索赔并不违反合同文件的其他任何内容。例如在国际工程承包中,当地货币贬值可能给承包商造成损失,对于合同工期较短的,合同条件中可能没有规定如何处理。当由于发包人原因使工期拖延,而又出现汇率大幅度下跌时,承包商可以提出这方面的补偿要求。

(3)道义索赔(又称额外支付)。道义索赔是指承包商在合同内或合同外都找不到可以索赔的合同依据或法律根据,因而没有提出索赔的条件和理由,但承包商认为自己有要求补偿的道义基础,而对其遭受的损失提出具有优惠性质的补偿要求,即道义索赔。道义索赔的主动权在发包人手中,发包人在下面四种情况下,可能会同意并接受这种索赔:第一,若另找其他承包商,费用会更大;第二,为了树立自己的形象;第三,出于对承包商的同情和信任;第四,谋求与承包商更密切或更长久的合作。

43. 根据索赔处理方式不同可将其分为哪几类？

根据索赔处理方式不同,可将其分为单项索赔和综合索赔。

(1)单项索赔。单项索赔是针对某一干扰事件提出的,在影响原合同正常运行的干扰事件发生时或发生后,由合同管理人员立即处理,并在合同规定的索赔有效期内向发包人或监理工程师提交索赔要求和报告。单项索赔通常原因单一、责任单一,分析起来相对容易,由于涉及的金额一般较小,双方容易达成协议,处理起来也比较简单。因此合同双方应尽可能地用此种方式来处理索赔。

(2)综合索赔。综合索赔又称一揽子索赔,一般在工程竣工前和工程移交前,承包商将工程实施过程中因各种原因未能及时解决的单项索赔集中起来进行综合考虑,提出一份综合索赔报告,由合同双方在工程交付前后进行最终谈判,以一揽子方案解决索赔问题。在合同实施过程中,有些单项索赔问题比较复杂,不能立即解决,为不影响工程进度,经双方协商同意后留待以后解决。有的是发包人或监理工程师对索赔采用拖延办法,迟迟不作答复,使索赔谈判旷日持久。还有的是承包商因自身原因,未能及时采用单项索赔方式等,都有可能出现一揽子索赔。由于在一揽子索赔中许多干扰事件交织在一起,影响因素比较复杂而且相互交叉,责任分析和索赔值计算都很困难,索赔涉及的金额往往又很大,双方都不愿或不容易作出让步,使索赔的谈判和处理都很困难。因此综合索赔的成功率比单项索赔要低得多。

44. 什么条件下应该提出索赔?

合同一方向另一方提出索赔时,应有正当的索赔理由和有效证据,并应符合合同的相关约定。建设工程施工中的索赔是发、承包双方行使正当权利的行为,承包人可向发包人索赔,发包人也可向承包人索赔。任何索赔事件的确立,其前提条件是必须有正当的索赔理由。对正当索赔理由的说明必须具有证据,因为进行索赔主要是靠证据说话。没有证据或证据不足,索赔是难以成功的。

45. 在承包工程中,索赔要求有哪些?

在承包工程中,索赔要求通常有两个:

(1)合同工期的延长。承包合同中都有工期(开始期和持续时间)和工程拖延的罚款条款。如果工程拖期是由承包商管理不善造成的,则他必须承担责任,接受合同规定的处罚。而对外界干扰引起的工期拖延,承包商可以通过索赔,取得发包人对合同工期延长的认可,则在这个范围内可免去对他的合同处罚。

(2)费用补偿。由于非承包商自身责任造成工程成本增加,使承包商增加额外费用,蒙受经济损失,承包商可以根据合同规定提出费用赔偿要求。如果该要求得到发包人的认可,发包人应向承包商追加支付这笔费用以补偿损失。这样,实质上承包商通过索赔提高了合同价格,常常不仅可以弥补损失,而且能增加工程利润。

46. 承包人应如何进行索赔?

在合同实施过程中经常会发生一些非承包商责任引起的,而且承包商不能影响的干扰事件。它们不符合"合同状态",造成施工工期的拖延和费用的增加,是承包商的索赔机会。承包商必须对索赔机会有敏锐的感觉。寻找和发现索赔机会是索赔的第一步。

若承包人认为非承包人原因发生的事件造成了承包人的经济损失,承包人应在确认该事件发生后,持证明索赔事件发生的有效证据和依据正当的索赔理由,按合同约定的时间向发包人发出索赔通知。发包人应按合同约定的时间对承包人提出的索赔进行答复和确认。发包人在收到最终索赔报告后并在合同约定时间内,未向承包人作出答复,视为该项索赔已经认可。

47. 什么是索赔工作程序?其特点是什么?

索赔工作程序是指从索赔事件产生到最终处理全过程所包括的工作内容和工作步骤。

由于索赔工作实质上是承包商和业主在分担工程风险方面的重新分配过程,涉及双方的众多经济利益,因而是一项繁琐、细致、耗费精力和时间的过程。因此,合同双方必须严格按照合同规定办事,按合同规定的索赔程序工作,才能获得成功的索赔。

48. 承包人的索赔程序是什么?

承包人的索赔通常可分为以下几个步骤:

(1)发出索赔意向通知。索赔事件发生后,承包商应在合同规定的时间内,及时向发包人或工程师书面提出索赔意向通知,亦即向发包人或工程师就某一个或若干个索赔事件表示索赔愿望、要求或声明保留索赔的权利。

(2)资料准备。监理工程师和发包人一般都会对承包商的索赔提出一些质疑,要求承包商作出解释或出具有力的证明材料。因此,承包商在提交正式的索赔报告之前,必须尽力准备好与索赔有关的一切详细资料,以便在索赔报告中使用,或在监理工程师和发包人要求时出示。根据工程项目的性质和内容不同,索赔时应准备的证据资料也是多种多样、复杂多变的。

(3)索赔报告的编写。索赔报告是承包商在合同规定的时间内向监理工程师提交的,要求发包人给予一定经济补偿和延长工期的正式书面报告。索赔报告的水平与质量如何,直接关系到索赔的成败与否。大型土木工程项目的重大索赔报告,承包商都是非常慎重、认真而全面地论证和阐述,充分地提供证据资料,甚至专门聘请合同及索赔管理方面的专家,帮助编写索赔报告,以尽力争取索赔成功。承包商的索赔报告必须有力地证明:自己正当合理的索赔报告资格,受损失的时间和金钱,以及有关事项与损失之间的因果关系。

(4)递交索赔报告。索赔意向通知提交后的 28 天内,或工程师可能同意的其他合理时间,承包人应递送正式的索赔报告。

(5)索赔报告的审查。施工索赔的提出与审查过程,是当事双方在承包合同基础上,逐步分清在某些索赔事件中的权力和责任以使其数量化的过程。

(6)索赔的处理与解决。从递交索赔文件到索赔结束是索赔的处理与解决过程。经过工程师对索赔文件的评审,与承包商进行了较充分的讨论后,工程师应提出对索赔处理决定的初步意见,并参加发包人和承包商之间的索赔谈判,根据谈判达成索赔最后处理的一致意见。

49. 承包人提出索赔意向应符合哪些规定?

索赔意向的提出是索赔工作程序中的第一步,其关键是抓住索赔机会,及时提出索赔意向。

我国建设工程施工合同条件规定:承包商应在索赔事件发生后的 28 天内,将其索赔意向通知工程师。反之如果承包商没有在合同规定的期限内提出索赔意向或通知,承包商则会丧失在索赔中的主动和有利地位,发包人和工程师也有权拒绝承包商的索赔要求,这是索赔成立的有效和必备条件之一。因此在实际工作中,承包商应避免合理的索赔要求由于未能遵守索赔时限的规定而导致无效。

在实际的工程承包合同中,对索赔意向提出的时间限制不尽相同,只要双方经过协商达成一致并写入合同条款即可。

50. 为什么要求承包商在规定期限内提出索赔意向?

施工合同要求承包商在规定期限内首先提出索赔意向,是基于以下考虑：

(1)提醒发包人或工程师及时关注索赔事件的发生、发展等全过程。

(2)为发包人或工程师的索赔管理作准备，如可进行合同分析、收集证据等。

(3)如属发包人责任引起索赔，发包人有机会采取必要的改进措施，防止损失的进一步扩大。

(4)对于承包商来讲，意向通知也可以起到保护作用，使承包商避免"因被称为'志愿者'而无权取得补偿"的风险。

51. 索赔意向通知应包括哪些内容？

一般索赔意向通知仅仅是表明意向，应写得简明扼要，涉及索赔内容但不涉及索赔数额。通常包括以下几方面的内容：

(1)事件发生的时间和情况的简单描述。

(2)合同依据的条款和理由。

(3)有关后续资料的提供，包括及时记录和提供事件发展的动态。

(4)对工程成本和工期产生的不利影响的严重程度，以期引起工程师(发包人)的注意。

52. 索赔报告的编写应符合哪些要求？

(1)索赔报告的基本要求。

1)必须说明索赔的合同依据，即基于何种理由有资格提出索赔要求，一种是根据合同某条某款规定，承包商有资格因合同变更或追加额外工作而取得费用补偿和(或)延长工期；一种是发包人或其代理人如果违反合同规定给承包商造成损失，承包商有权索取补偿。

2)索赔报告中必须有详细准确的损失金额及时间的计算。

3)要证明客观事实与损失之间的因果关系，说明索赔事件前因后果的关联性，要以合同为依据，说明发包人违约或合同变更与引起索赔的必然性联系。如果不能有理有据说明因果关系，而仅在事件的严重性和损失的巨大上花费过多的笔墨，对索赔的成功都无济于事。

(2)索赔报告必须准确。编写索赔报告是一项比较复杂的工作，需有一个专门的小组和各方的大力协助才能完成。索赔小组的人员应具有合同、法律、工程技术、施工组织计划、成本核算、财务管理、写作等各方面的知识,进行深入的调查研究,对较大的、复杂的索赔需要向有关专家咨询,对索赔报告进行反复讨论和修改,写出的报告不仅有理有据,而且必须准确可靠。

53. 承包人何时报送索赔报告?

如果索赔事件的影响持续存在,28天内还不能算出索赔额和工期展延天数时,承包人应按工程师合理要求的时间间隔(一般为28天),定期陆续报出每一个时间段内的索赔证据资料和索赔要求。在该项索赔事件的影响结束后的28天内,报出最终详细报告,提出索赔论证资料和累计索赔额。

承包人发出索赔意向通知后,可以在工程师指示的其他合理时间内再报送正式索赔报告,也就是说,工程师在索赔事件发生后有权不马上处理该项索赔。如果事件发生时,现场施工非常紧张,工程师不希望立即处理索赔而分散各方抓施工管理的精力,可通知承包人将索赔的处理留待施工不太紧张时再去解决。但承包人的索赔意向通知必须在事件发生后的28天内提出,包括因对变更估价双方不能取得一致意见,而先按工程师单方面决定的单价或价格执行时,承包人提出的保留索赔权利的意向通知。如果承包人未能按时间规定提出索赔意向和索赔报告,则他就失去了就该项事件请求补偿的索赔权力。此时他所受到损害的补偿,将不超过工程师认为应主动给予的补偿额。

54. 索赔审查应符合哪些要求?

(1)作为发包人或工程师,应明确审查的目的和作用,掌握审查的内容和方法,处理好索赔审查中的特殊问题,促进工程的顺利进行。

(2)当承包商将索赔报告呈交工程师后,工程师首先应予以审查和评价,然后与发包人和承包商一起协商处理。

(3)在具体索赔审查操作中,应首先进行索赔资格条件的审查,然后进行索赔具体数据的审查。

55. 采取综合索赔时,承包人应提交哪些证明材料?

采取综合索赔时,承包人应提出以下证明:

(1)承包商的投标报价是合理的;

(2)实际发生的总成本是合理的;

(3) 承包商对成本增加没有任何责任;
(4) 不可能采用其他方法准确地计算出实际发生的损失数额。

56. 索赔事件应怎样处理和解决?

如果索赔在发包人和承包商之间未能通过谈判得以解决,可将有争议的问题进一步提交工程师决定;如果一方对工程师的决定不满意,双方可寻求其他友好解决方式;如中间人调解、争议评审团评议等;友好解决无效,一方可将争端提交仲裁或诉讼。

57. 什么是发包人的索赔?

《建设工程施工合同(示范文本)》规定,承包人未能按合同约定履行自己的各项义务或发生错误而给发包人造成损失时,发包人也应按合同约定向承包人提出索赔。

58. 发包人应如何进行索赔?

发包人应在确认引起索赔的事件后,按合同约定向承包人发出索赔通知。承包人在收到发包人索赔通知后并在合同约定时间内未向发包人作出答复,视为该项索赔已经认可。

当合同中未就发包人的索赔事项作具体约定,按以下规定处理。

(1) 发包人应在确认引起索赔的事件发生后 28 天内向承包人发出索赔通知,否则,承包人免除该索赔的全部责任。

(2) 承包人在收到发包人索赔报告后的 28 天内,应作出回应,表示同意或不同意并附具体意见,如在收到索赔报告后的 28 天内,未向发包人作出答复,视为该项索赔报告已经认可。

59. 在承包合同实施中,索赔机会的表现有哪些?

在承包合同的实施中,索赔机会通常表现为如下几点:

(1) 发包人或他的代理人、工程师等有明显的违反合同,或未正确地履行合同责任的行为。

(2) 承包商自己的行为违约,已经或可能完不成合同责任,但究其原因却在发包人、工程师或他的代理人等。由于合同双方的责任是互相联系、互为条件的,如果承包商违约的原因是发包人造成,同样是承包商的索赔机会。

(3)工程环境与"合同状态"的环境不一样,与原标书规定不一样,出现"异常"情况和一些特殊问题。

(4)合同双方对合同条款的理解发生争执,或发现合同缺陷、图纸出错等。

(5)发包人和工程师作出变更指令,双方召开变更会议,双方签署了会谈纪要、备忘录、修正案、附加协议。

(6)在合同监督和跟踪中承包商发现工程实施偏离合同,如月形象进度与计划不符、成本大幅度增加、资金周转困难、工程停滞、质量标准提高、工程量增加、施工计划被打乱、施工现场紊乱、实际的合同实施不符合合同事件表中的内容,或存在差异等。

寻找索赔机会是合同管理人员的工作重点之一,一经发现索赔机会就应进行索赔处理,不能有任何拖延。

60. 索赔证据的重要性有哪些?

索赔证据是关系到索赔成败的重要文件之一,在索赔过程中应注重对索赔证据的收集。否则即使抓住了合同履行中的索赔机会,但拿不出索赔证据或证据不充分,则索赔要求往往难以成功或被大打折扣。又或者拿出的证据漏洞百出,前后自相矛盾,经不起对方的推敲和质疑,不仅不能促进自方索赔要求的成功,反而会被对方作为反索赔的证据,使承包商在索赔问题上处于极为不利的地位。因此,收集有效的证据是搞好索赔管理中不可忽视的一部分。

61. 索赔证据的分类有哪些?

(1)证明干扰事件存在和事件经过的证据,主要有来往信件、会谈纪要、发包人指令等。

(2)证明干扰事件责任和影响的证据。

(3)证明索赔理由的证据,如合同文件、备忘录等。

(4)证明索赔值的计算基础和计算过程的证据,如各种账单、记工单、工程成本报表等。

62. 索赔证据具有哪些特点?

一般,有效的索赔证据都具有及时性、真实性、全面性、关联性和法律证明效力。

(1)及时性:既然干扰事件已发生,又意识到需要索赔,就应在有效时间内提出索赔意向。在规定的时间内报告事件的发展影响情况,在规定时间内提交索赔的详细额外费用计算账单,对发包人或工程师提出的疑问及时补充有关材料。如果拖延太久,将增加索赔工作的难度。

(2)真实性:索赔证据必须是在实际过程中产生,完全反映实际情况,能经得住对方的推敲。由于在工程过程中合同双方都在进行合同管理,收集工程资料,所以双方应有相同的证据。使用不实的、虚假证据是违反商业道德甚至法律的。

(3)全面性:所提供的证据应能说明事件的全过程。索赔报告中所涉及的干扰事件、索赔理由、索赔值等都应有相应的证据,不能凌乱和支离破碎,否则发包人将退回索赔报告,要求重新补充证据。这会拖延索赔的解决,损害承包商在索赔中的有利地位。

(4)关联性:索赔的证据应当能互相说明,相互具有关联性,不能互相矛盾。

(5)法律证明效力:索赔证据必须有法律证明效力,特别对准备递交仲裁的索赔报告更要注意这一点。

1)证据必须是当时的书面文件,一切口头承诺、口头协议不算。

2)合同变更协议必须由双方签署,或以会谈纪要的形式确定,且为决定性决议。一切商讨性、意向性的意见或建议都不算。

3)工程中的重大事件、特殊情况的记录应由工程师签署认可。

63. 索赔证据的来源有哪些?

索赔的证据主要来源于施工过程中的信息和资料。承包商只有平时经常注意这些信息资料的收集、整理和积累,存档于计算机内,才能在索赔事件发生时,快速地调出真实、准确、全面、有说服力、具有法律效力的索赔证据来。

可以直接或间接作为索赔证据的资料很多,详见表12-4。

表12-4 索赔证据的来源

施工记录方面	财务记录方面
(1)施工日志	(1)施工进度款支付申请单
(2)施工检查员的报告	(2)工人劳动计时卡

续表

施工记录方面	财务记录方面
(3)逐月分项施工纪要	(3)工人分布记录
(4)施工工长的日报	(4)材料、设备、配件等的采购单
(5)每日工时记录	(5)工人工资单
(6)同发包人代表的往来信函及文件	(6)付款收据
(7)施工进度及特殊问题的照片或录像带	(7)收款单据
(8)会议记录或纪要	(8)标书中财务部分的章节
(9)施工图纸	(9)工地的施工预算
(10)发包人或其代表的电话记录	(10)工地开支报告
(11)投标时的施工进度表	(11)会计日报表
(12)修正后的施工进度表	(12)会计总账
(13)施工质量检查记录	(13)批准的财务报告
(14)施工设备使用记录	(14)会计往来信函及文件
(15)施工材料使用记录	(15)通用货币汇率变化表
(16)气象报告	(16)官方的物价指数、工资指数
(17)验收报告和技术鉴定报告	

64. 工期延误的影响因素有哪些？

工期延误的影响因素，可以归纳为两大类：第一类是合同双方均无过错的原因或因素而引起的延误，主要指不可抗力事件和恶劣气候条件等；第二类是由于发包人或工程师原因造成的延误。

65. 工期索赔的处理原则是什么？

(1)一般工期延误的处理原则。一般来说，根据工程惯例，对于第一类原因造成的工期延误，承包商只能要求延长工期，很难或不能要求发包人赔偿损失；而对于第二类原因，假如发包人的延误已影响了关键线路上的工作，承包商既可要求延长工期，又可要求相应的费用赔偿；如果发包人的延误仅影响非关键线路上的工作，且延误后的工作仍属非关键线路，而承包商能证明，如劳动窝工、机械停滞费用等引起的损失或额外开支，则承包商不能要求延长工期，但完全有可能要求费用赔偿。

(2)交叉延误的处理原则。交叉延误的处理可能会出现以下几种情况：

1)在初始延误是由承包商原因造成的情况下，随之产生的任何非承包商原因的延误都不会对最初的延误性质产生任何影响，直到承包商的延误缘由和影响已不复存在。因而在该延误时间内，发包人原因引起的延误和双方不可控制因素引起的延误均为不可索赔延误。

2)如果在承包商的初始延误已解除后，发包人原因的延误或双方不可控制因素造成的延误依然在起作用，那么承包商可以对超出部分的时间进行索赔。

3)如果初始延误是由于发包人或工程师原因引起的，那么其后由承包商造成的延误将不会使发包人摆脱（尽管有时或许可以减轻）其责任。此时承包商将有权获得从发包人的延误开始到延误结束期间的工期延长及相应的合理费用补偿。

4)如果初始延误是由双方不能控制因素引起的，那么在该延误时间内，承包商只可索赔工期，而不能索赔费用。

66. 工期索赔的依据是什么？

(1)合同规定的总工期计划。

(2)合同签订后由承包商提交的并经过工程师同意的、详细的进度计划。

(3)合同双方共同认可的对工期的修改文件，如认可信、会谈纪要、来往信件等。

(4)发包人、工程师和承包商共同商定的月进度计划及其调整计划。

(5)受干扰后实际工程进度，如施工日记、工程进度表、进度报告等。

67. 工期索赔的分析方法有哪些？

工期索赔的分析方法有网络分析法和比例分析法两种。

(1)网络分析法。网络分析法通过分析延误发生前后网络计划，对比两种工期计算结果，计算索赔值。

(2)比例分析法。网络分析法虽然最科学，也是最合理的，但在实际工程中，干扰事件常常仅影响某些单项工程、单位工程或分部分项工程的工期，分析它们对总工期的影响，可以采用更为简单的比例分析法，即以某个技术经济指标作为比较基础,计算出工期索赔值。

68. 如何利用网络分析法进行工期索赔值分析?

分析的基本思路为:假设工程施工一直按原网络计划确定的施工顺序和工期进行。现发生了一个或多个延误,使网络中的某个或某些活动受到影响,如延长持续时间,或活动之间逻辑关系变化,或增加新的活动。将这些活动受影响后的持续时间代入网络中,重新进行网络分析,得到一新工期。则新工期与原工期之差即为延误对总工期的影响,即为工期索赔值。

69. 如何利用比例分析法进行工期索赔值计算?

(1)合同价比例法。对于已知部分工程的延期的时间:

$$工期索赔值 = \frac{受干扰部分工程的合同价}{原整个工程合同总价} \times 该部分工程受干扰工期拖延时间$$

对于已知增加工程量或额外工程的价格:

$$工期索赔值 = \frac{增加的工程量或额外工程的价格}{原合同总价} \times 原合同总工期$$

(2)按单项工程拖期的平均值计算。如有若干单项工程 $A_1, A_2, \cdots, A_m$,分别拖期 $d_1, d_2, \cdots, d_m$ 天,求出平均每个单项工程拖期天数 $\overline{D} = \sum_{i=1}^{m} d_i/m$,则工期索赔值为 $T = \overline{D} + \Delta d$,$\Delta d$ 为考虑各单项工程拖期对总工期的不均匀影响而增加的调整量($\Delta d > 0$)。

比例计算法简单方便,但有时不符合实际情况,也不适用于变更施工顺序、加速施工、删减工程量等事件的索赔。

70. 费用索赔的计算应遵循哪些原则?

(1)赔偿实际损失的原则,实际损失包括直接损失(成本的增加和实际费用的超支等)和间接损失(可能获得的利益的减少,比如发包人拖欠工程款,使得承包商失去了利息收入等)。

(2)合同原则,通常是指要符合合同规定的索赔条件和范围、符合合同规定的计算方法、以合同报价为计算基础等。

(3)符合通常的会计核算原则,通过计划成本或报价与实际工程成本或花费的对比得到索赔费用值。

(4)符合工程惯例原则,费用索赔的计算必须采用符合人们习惯的、合理、科学的计算方法,能够让发包人、监理工程师、调解人、仲裁人接受。

71. 费用索赔的原因有哪些?

引起费用索赔的原因是由于合同环境发生变化使承包商遭受了额外的经济损失。归纳起来,费用索赔产生的常见原因主要有:

(1)发包人违约索赔。
(2)工程变更。
(3)发包人拖延支付工程款或预付款。
(4)工程加速。
(5)发包人或工程师责任造成的可补偿费用的延误。
(6)工程中断或终止。
(7)工程量增加(不含发包人失误)。
(8)发包人指定分包商违约。
(9)合同缺陷。
(10)国家政策及法律、法令变更等。

72. 费用索赔的计算方法有哪些?

费用索赔的计算方法有总费用法和分项法两种。

73. 如何利用总费用法进行费用索赔的计算?

总费用法的基本思路是把固定总价合同转化为成本加酬金合同,以承包商的额外成本为基点加上管理费和利润等附加费作为索赔值。

74. 总费用法的使用条件是什么?

总费用法是一种最简单的计算方法,但通常用得较少,且不容易被对方、调解人和仲裁人认可,因为它的使用有几个条件:

(1)合同实施过程中的总费用核算是准确的;工程成本核算符合普遍认可的会计原则;成本分摊方法,分摊基础选择合理;实际总成本与报价总成本所包括的内容一致。

(2)承包商的报价是合理的,反映实际情况。如果报价计算不合理,则按这种方法计算的索赔值也不合理。

(3)费用损失的责任,或干扰事件的责任完全在于发包人或其他人,承包商在工程中无任何过失,而且没有发生承包商风险范围内的损失。

(4)合同争执的性质不适用其他计算方法。例如由于发包人原因造成工程性质发生根本变化,原合同报价已完全不适用。这种计算方法常用于对索赔值的估算。有时,发包人和承包商签订协议,或在合同中规定,对于一些特殊的干扰事件,例如特殊的附加工程、发包人要求加速施工、承包商向发包人提供特殊服务等,可采用成本加酬金的方法计算赔(补)偿值。

75. 利用总费用法进行费用索赔应注意哪些问题?

(1)索赔值计算中的管理费率一般采用承包商实际的管理费分摊率。这符合赔偿实际损失的原则。但实际管理费率的计算和核实是很困难的,所以通常都用合同报价中的管理费率,或使用双方商定的费率。这全在于双方商讨。

(2)在费用索赔的计算中,利润是一个复杂的问题,故一般不计利润,以保本为原则。

(3)由于工程成本增加使承包商支出增加,这会引起工程的负现金流量的增加。为此,在索赔中可以计算利息支出(作为资金成本)。利息支出可按实际索赔数额、拖延时间和承包商向银行贷款的利率(或合同中规定的利率)计算。

76. 分项法计算费用索赔有哪些特点?

分项法是按每个(或每类)干扰事件,以及这事件所影响的各个费用项目分别计算索赔值的方法,其特点有:

(1)它比总费用法复杂,处理起来困难。

(2)它反映实际情况,比较合理、科学。

(3)它为索赔报告的进一步分析评价、审核,双方责任的划分,双方谈判和最终解决提供方便。

(4)应用面广,人们在逻辑上容易接受。

77. 如何利用分项法进行费用索赔的计算?

(1)分析每个或每类干扰事件所影响的费用项目。这些费用项目通常应与合同报价中的费用项目一致。

(2)确定各费用项目索赔值的计算基础和计算方法,计算每个费用项目受干扰事件影响后的实际成本或费用值,并与合同报价中的费用值对比,即可得到该项费用的索赔值。

(3)将各费用项目的计算值列表汇总,得到总费用索赔值。

用分项法计算,重要的是不能遗漏。在实际工程中,许多现场管理者提交索赔报告时常常仅考虑直接成本,即现场材料、人员、设备的损耗(这是由他直接负责的),而忽略计算一些附加的成本,例如工地管理费分摊;由于完成工程量不足而没有获得企业管理费;人员在现场延长停滞时间所产生的附加费,如假期、差旅费、工地住宿补贴、平均工资的上涨;由于推迟支付而造成的财务损失;保险费和保函费用增加等。

78. 费用索赔与工程延期索赔有关联时该怎么办?

索赔事件发生后,在造成费用损失时,往往会造成工期的变动。当索赔事件造成的费用损失与工期相关联时,承包人应根据发生的索赔事件,在向发包人提出费用索赔要求的同时,提出工期延长的要求。

79. 什么是现场签证?

现场签证是在施工过程中遇到问题时,由于报批需要时间,所以在施工现场由现场负责人当场审批的一个过程。

现场签证属于由承包人根据承包合同约定而提出的关于零星用工量、零星用机械量、设计变更或工程洽商所引致返工量、合同外新增零星工程量的确认。

80. 发承包双方关于现场签证的处理应符合哪些规定?

(1)承包人应发包人要求完成合同以外的零星工作或非承包人责任事件发生时,承包人应按合同约定及时向发包人提出现场签证。若合同中未对此作出具体约定,按照财政部、原建设部印发的《建设工程价款结算暂行办法》(财建[2004]369号)的规定,发包人要求承包人完成合同以外零星项目,承包人应在接受发包人要求的7天内就用工数量和单价、机械台班数量和单价、使用材料和金额等向发包人提出施工签证,发包人签证后施工,如发包人未签证,承包人施工后发生争议的,责任由承包人自负。

(2)发包人应在收到承包人的签证报告48小时内给予确认或提出修改意见,否则,视为该签证报告已经认可。

(3) 按照财政部、原建设部印发的《建设工程价款结算办法》(财建[2004]369号)等十五条的规定:"发包人和承包人要加强施工现场的造价控制,及时对工程合同外的事项如实记录并履行书面手续。凡由发、承包双方授权的现场代表签字的现场签证以及发、承包双方协商确定的索赔等费用,应在工程竣工结算中如实办理,不得因发、承包双方现场代表的中途变更改变其有效性"。

(4)《建设工程工程量清单计价规范》(GB 50500—2008)规定:"发、承包双方确认的索赔与现场签证费用与工程进度款同期支付。"此举可避免发包方变相拖延工程款以及发包人以现场代表变更而不承认某些索赔或签证的事件发生。

81. 什么情况下可以调整工程价款?

工程建设过程中,发、承包双方都是国家法律、法规、规章及政策的执行者。因此,在发、承包双方履行合同的过程中,当国家的法律、法规、规章及政策发生变化,国家或省级、行业建设主管部门或其授权的工程造价管理机构据此发布工程造价调整文件,工程价款应当进行调整。《建设工程工程量清单计价规范》(GB 50500—2008)中规定:"招标工程以投标截止日前28天,非招标工程以合同签订前28天为基准日,其后国家的法律、法规、规章和政策发生变化影响工程造价的,应按省级或行业建设主管部门或其授权的工程造价管理机构发布的规定调整合同价款。"

82. 因工程量清单漏项或非承包人原因引起的工程变更,造成增加新的工程量清单项目时,该怎样进行工程价款调整?

(1)因分部分项工程量清单漏项或非承包人原因的工程变更,造成增加新的工程量清单项目,其对应的综合单价按下列方法确定:

1) 合同中已有适用的综合单价,按合同中已有综合单价确定。前提条件是其采用的材料、施工工艺和方法相同,亦不因此增加关键线路上工程的施工时间。

2) 合同中类似的综合单价,参照类似的综合单价确定。前提条件是其采用的材料、施工工艺和方法基本相似,不增加关键线路上工程的施工时间,可仅就其变更后的差异部分,参考类似的项目单价由发、承包双方协商新的项目单价。

3)合同中没有适用或类似的综合单价,由承包人提出综合单价,经发包人确认后执行。

(2)因非承包人原因引起的工程量增减,该项工程量变化在合同约定幅度以内的,应执行原有的综合单价;该项工程量变化在合同约定幅度以外的,其综合单价及措施项目费应予以调整,如何进行调整应在合同中约定。如合同中未作约定,按以下原则:

1)当工程量清单项目工程量的变化幅度在10%以内时,其综合单价不做调整,执行原有综合单价。

2)当工程量清单项目工程量的变化幅度在10%以外,且其影响分部分项工程费超过0.1%时,其综合单价以及对应的措施费(如有)均应作调整。调整的方法是由承包人对增加的工程量或减少后剩余的工程量提出新的综合单价和措施项目费,经发包人确认后调整。

83. 因工程量清单漏项或非承包人原因引起的工程变更,造成措施项目变化,该怎样进行工程价款调整?

因分部分项工程量清单漏项或非承包人原因的工程变更,引起措施项目发生变化,造成施工组织设计或施工方案变更,原措施费中已有的措施项目,按原措施费的组价方法调整;原措施费中没有的措施项目,由承包人根据措施项目变更情况,提出适当的措施费变更,经发包人确认后调整。

84. 施工期内市场价格出现波动应怎样进行工程价款调整?

若施工期内市场价格波动超出一定幅度时,应按合同约定调整工程价款;合同没有约定或约定不明确的,可按以下规定执行:

(1)人工单价发生变化时,发、承包双方应按省级或行业建设主管部门或其授权的工程造价管理机构发布的人工成本文件调整工程价款。

(2)材料价格变化超过省级和行业建设主管部门或其授权的工程造价管理机构规定的幅度时应当调整,承包人应在采购材料前将采购数量和新的材料单价报发包人核对,确认用于本合同工程时,发包人应确认采购材料的数量和单价。发包人在收到承包人报送的确认资料后3个工作日不予答复的视为已经认可,作为调整工程价款的依据。如果承包人未报经发包人核对即自行采购材料,再报发包人确认调整工程价款的,如发包人不同意,则不做调整。

(3)施工机械台班单价或施工机械使用费发生变化超过省级或行业建设主管部门或其授权的工程造价管理机构规定的范围时,按其规定进行调整。

85. 因不可抗力事件导致的费用变化该怎样进行工程价款调整?

因不可抗力事件导致的费用,发、承包双方应按以下原则分别承担并调整工程价款。

(1)工程本身的损害、因工程损害导致第三方人员伤亡和财产损失以及运至施工场地用于施工的材料和待安装的设备的损害,由发包人承担。

(2)发包人、承包人人员伤亡由其所在单位负责,并承担相应费用。

(3)承包人的施工机械设备损坏及停工损失,由承包人承担。

(4)停工期间,承包人应发包人要求留在施工场地的必要的管理人员及保卫人员的费用,由发包人承担。

(5)工程所需清理、修复费用,由发包人承担。

86. 工程价款调整报告应怎样提出?确定调整的工程价款应如何支付?

工程价款调整报告应由受益方在合同约定时间内向合同的另一方提出,经对方确认后调整合同价款。受益方未在合同约定时间内提出工程价款调整报告的,视为不涉及合同价款的调整。

收到工程价款调整报告的一方应在合同约定时间内确认或提出协商意见,否则,视为工程价款调整报告已经确认。

当合同中未就工程价款调整报告作出约定或《建设工程工程量清单计价规范》(GB 50500—2008)中有关条款未作规定时,按以下规定处理:

(1)调整因素确定后 14 天内,由受益方向对方递交调整工程价款报告。受益方在 14 天内未递交调整工程价款报告的,视为不调整工程价款。

(2)收到调整工程价款报告的一方,应在收到之日起 14 天内予以确认或提出协商意见,如在 14 天内未作确定也未提出协商意见,视为调整工程价款报告已被确认。

经发、承包双方确定调整的工程价款,作为追加(减)合同价款与工程进度款同期支付。

87. 对物价波动引起的价格调整应有哪几种方式？

按照《中华人民共和国标准施工招标文件》(2007年版)中的有关规定,对物价波动引起的价格调整有以下两种方式：

(1) 采用价格指数调整价格差额：

1) 价格调整公式。因人工、材料和设备等价格波动影响合同价格时,根据投标函附录中的价格指数和权重表约定的数据,按以下公式计算差额并调整合同价格：

$$\Delta P = P_0 \left[A + \left(B_1 \times \frac{F_{t1}}{F_{01}} + B_2 \times \frac{F_{t2}}{F_{02}} + B_3 \times \frac{F_{t3}}{F_{03}} + \cdots + B_n \times \frac{F_{tn}}{F_{0n}} \right) - 1 \right]$$

式中 ΔP——需调整的价格差额；

P_0——约定的付款证书中承包人应得到的已完成工程量的金额。此项金额应不包括价格调整、不计质量保证金的扣留和支付、预付款的支付和扣回。约定的变更及其他金额已按现行价格计价的,也不计在内；

A——定值权重(即不调部分的权重)；

$B_1, B_2, B_3, \cdots, B_n$——各可调因子的变值权重(即可调部分的权重),为各可调因子在投标函投标总报价中所占的比例；

$F_{t1}, F_{t2}, F_{t3}, \cdots, F_{tn}$——各可调因子的现行价格指数,指约定的付款证书相关周期最后一天的前42天的各可调因子的价格指数；

$F_{01}, F_{02}, F_{03}, \cdots, F_{0n}$——各可调因子的基本价格指数,指基准日期的各可调因子的价格指数。

以上价格调整公式中的各可调因子、定值和变值权重,以及基本价格指数及其来源在投标函附录价格指数和权重表中约定。价格指数应首先采用有关部门提供的价格指数,缺乏上述价格指数时,可采用有关部门提供的价格代替。

2) 暂时确定调整差额。在计算调整差额时得不到现行价格指数的,可暂用上一次价格指数计算,并在以后的付款中再按实际价格指数进行调整。

3) 权重的调整。约定的变更导致原定合同中的权重不合理时,由监理人与承包人和发包人协商后进行调整。

4) 承包人工期延误后的价格调整。由于承包人原因未在约定的工期内竣工的,则对原约定竣工日期后继续施工的工程,在使用第 1 款的价格调整公式时,应采用原约定竣工日期与实际竣工日期的两个价格指数中较低的一个作为现行价格指数。

(2) 采用造价信息调整价格差额。施工期内,因人工、材料、设备和机械台班价格波动影响合同价格时,人工、机械使用费按照国家或省、自治区、直辖市建设行政管理部门、行业建设管理部门或其授权的工程造价管理机构发布的人工成本信息、机械台班单价或机械使用费系数进行调整;需要进行价格调整的材料,其单价和采购数应由监理人复核,监理人确认需调整的材料单价及数量,作为调整工程合同价格差额的依据。

参 考 文 献

[1] 中华人民共和国住房和城乡建设部. GB 50500—2008 建设工程工程量清单计价规范[S]. 北京:中国计划出版社,2008.

[2] 《建设工程工程量清单计价规范》编制组.《建设工程工程量清单计价规范 GB 50500—2008》宣贯辅导教材[M]. 北京:中国计划出版社,2008.

[3] 《建筑工程预算必备数据一本全》编委会. 建筑工程预算必备数据一本全[M]. 北京:地震出版社,2007.

[4] 《建筑施工快速计算一本全》编委会. 建筑施工快速计算一本全[M]. 北京:地震出版社,2007.

[5] 《造价工程师实务手册》编写组. 造价工程师实务手册[M]. 北京:机械工业出版社,2006.

[6] 李建峰. 工程计价与造价管理[M]. 北京:中国电力出版社,2005.

[7] 张月明,赵乐宁,王明芳,等. 工程量清单计价与示例[M]. 北京:中国建筑工业出版社,2004.

[8] 姬晓辉. 工程造价管理[M]. 武汉:武汉大学出版社,2004.

[9] 陶学明,等. 工程造价计价与管理[M]. 北京:中国建筑工业出版社,2004.

[10] 张凌云. 工程造价控制[M]. 北京:中国建筑工业出版社,2004.

[11] 李希伦. 建设工程工程量清单计价编制实用手册[M]. 北京:中国计划出版社,2003.